# 高等院校应用心理学专业精品课程规划教材
## 编委会

### 丛书总顾问
莫 雷　刘 鸣

### 丛书主编
张 卫　刘学兰

### 委 员
（以姓氏笔画为序）

王 玲　田丽丽　许思安　何先友　张敏强　迟毓凯
范 方　陈 俊　陈 琦　郑希付　彭子文

高等院校应用心理学专业精品课程规划教材·学校心理系列

DESIGN AND ORGANIZATION
OF MENTAL HEALTH EDUCATION COURSE

# 心理健康教育课程设计与组织

主　编 ◎ 许思安
副主编 ◎ 攸佳宁　罗品超　黄喜珊

"学校心理系列"教材编写时凸显了三个方面的特点：首先，以问题导向为出发点，构思整体架构；其次，以学科前沿为背景，在内容的选择上突出心理学的最新研究成果，引领读者在解决实际问题中感受心理学领域的最新进展；最后，充分考虑学习者的学习需求，力求体现学以致用的基本导向，创新教材的呈现方式，体例灵活。

华中科技大学出版社
http://www.hustp.com
中国·武汉

## 内 容 提 要

心理健康教育课程是以培养学生良好的心理素质、发展健全的人格、增进心理健康水平为目的的教育活动。本书围绕本科高等院校应用型人才培养目标,立足于我国学校心理健康教育课程发展的现状和相关的前沿性问题,从课程的支撑理论、授课教师的自我定位、课程设计的基本要素、课程的组织与评价及相应的课程案例分享等方面进行了全面、系统的阐述。

本书体例简明合理,内容体现了理论与实践的有效结合,案例呈现丰富多样、实践环节清晰易懂、适用面广,凸显对应用能力的培养。本书既可作为各专业本科师范类高等院校的学生使用教材,也可作为各学科教师、班主任培训的参考用书。

**图书在版编目(CIP)数据**

心理健康教育课程设计与组织/许思安主编. —武汉:华中科技大学出版社,2016.9 (2020.1重印)
高等院校应用心理学专业精品课程规划教材. 学校心理系列
ISBN 978-7-5680-1969-9

Ⅰ.①心… Ⅱ.①许… Ⅲ.①心理健康-健康教育-高等学校-教材 Ⅳ.①B844.2

中国版本图书馆 CIP 数据核字(2016)第 144925 号

**心理健康教育课程设计与组织**　　　　　　　　　　　　　　　　许思安　主编
Xinli Jiankang Jiaoyu Kecheng Sheji Yu Zuzhi

策划编辑:周小方
责任编辑:苏克超
封面设计:原色设计
责任校对:何　欢
责任监印:周治超
出版发行:华中科技大学出版社(中国•武汉)
　　　　　武昌喻家山　　邮编:430074　　电话:(027)81321913
录　　排:华中科技大学惠友文印中心
印　　刷:武汉华工鑫宏印务有限公司
开　　本:787mm×1092mm　1/16
印　　张:20.5　插页:2
字　　数:500 千字
版　　次:2020 年 1 月第 1 版第 4 次印刷
定　　价:58.00 元

本书若有印装质量问题,请向出版社营销中心调换
全国免费服务热线:400-6679-118　竭诚为您服务
版权所有　侵权必究

# 总序

随着现代社会的不断发展与进步，心理学正迅速渗透和应用到社会生活的各个角落。心理学在促进人类的健康和全面发展、应对各种各样的社会问题与挑战中正扮演着越来越重要的角色，应用心理学正逐渐成长为一个具有广阔发展前景的重要领域和专业。为适应应用心理学专业建设和人才培养的需要，我们策划了这套"高等院校应用心理学专业精品课程规划教材"，此套教材共分三个系列：学校心理系列、心理咨询与心理治疗系列、人力资源管理与人才测评系列。这三个系列所涵盖的领域也是心理学应用最广泛和较为成熟的领域。

我们在编写本套教材时凸显了以下三个方面的特点。

第一，实践性的导向。本系列教材以问题导向为出发点构思整体架构。在中小学中，最热点的问题包括学生的自我发展、学习困扰、情绪调节、学生之间的同伴关系、师生之间的沟通、家校之间的合作、班级凝聚力的提升、教师课堂教学的驾驭、突发事件的处理、特殊儿童与常态儿童的融合等，本系列教材将针对这些问题给予理论阐释和实践指导。

第二，前沿性的内容。本系列教材以学科前沿为背景，在内容的选择上突出心理学的最新研究成果，引领读者在解决实际问题中感受普通心理学、发展心理学、教育心理学、社会心理学、咨询心理学、教师心理学、心理测量学、性别心理学、脑科学等分支学科、领域的最新进展，以及这些学科进展在诸多实际问题中的具体应用。

第三，创新性的体例。本系列教材充分考虑学习者的学习需求，力求体现学以致用的基本导向，创新教材的呈现方式，体例灵活。每章包括"本章结构"、"案例分享"、"学习导航"、"课外拓展"等板块，以实现理论和实践融合、课堂向课外延伸，具有很强的实用性和可读性。

本系列教材由六册组成，分别是：《学校心理学》、《学校管理心理学》、《学习心理辅导》、《心理健康教育课程设计与组织》、《青少年心理与辅导》、《特殊儿童心理与教育》。其中，《学校心理学》、《学校管理心理学》属于通识模块，侧重介绍跟学校领域相关的心理学基本理论与应用，帮助读者掌握学生的心理发展规律、课堂教学中的心理学效应、班级管理与团队运作的常用策略等方面的基础知识与基本技能。而《学习心理辅导》、《心理健康教育课程设计与组织》《青少年心理与辅导》《特殊儿童心理与教育》这四本教材属于拓展模块，引导读者从发展性教育和补救性教育等多个层面深入具体地掌握相关领域的理论与研究进展、应用技能与方法。

本系列教材的作者大多是多年在心理学领域从事研究、教学和服务的教师，有着扎实的专业功底和丰富的教学、实践经验，保障了本系列教材的水平和质量。由于各种主客观原因，教材存在各种不足或不当之处，请广大学者、专家和读者不吝批评和指正。各位作者在编写本系列教材的过程中付出了大量的辛勤劳动与心血，本系列教材的出版得到了华中科技大学出版社领导及编辑的大力支持，在此一并致以敬意和谢意！

华南师范大学心理学院院长，教授、博士生导师

张卫

2015 年 1 月于广州

  "心理健康教育课程设计与组织"是定位于应用性的一门课程,旨在以培养学生良好的心理素质、发展健全的人格、增进心理健康水平为目的而开展一系列教育活动。本书重在揭示,心理健康教育课程设计与组织技能既可以是一门偏向课堂教学掌控的技术,也可以成为读者提升自身讲演能力、组织活动能力等多方面技能的平台。

  基于这样的目的,本书要承担起教材和生活指导书籍的双重作用。它既要向读者传递心理健康教育课程范畴内的相关理论知识,又要让他们能够熟练运用多种心理学相关理论予以分析、指导甚至解决个案以及自身成长中的多重问题,真正将理论知识实践化。理论是实践的基础和指导,而实践是理论的应用和延伸,两者相辅相成,互助互益。根据这种指导思想,按照理论与应用相结合的科学逻辑,采纳循序渐进的思维习惯,设计全书的基本框架:第一章,重在介绍心理健康教育课程的概况,包括其课程定位,相应的理论支撑,授课教师的自我定位等;第二章,介绍心理健康教育课程的基本要素,包括课程的选题与内容拟定,素材的选择与情境的创设,常规教学法等;第三章,侧重分析课程的组织与评价的细节;第四、五、六章,分别介绍小学、初中和高中的设计案例,包括较为前沿的小学积极行为习惯的培养、初中积极情绪的训练、高中积极人格的塑造等案例分享。

  此外,在呈现方式等诸方面,本书力求在以下方面有所突破。

  第一,可读性。为了增强本书的可读性,编者一方面力求在呈现方式上进行改革,比如用"案例分享"作为每一节的引入,希望能引领读者展开相应的思考,在内文用"知识链接"的形式对部分内容进行补充叙述,使行文更加具有趣味性;另一方面尽量采用非专业化的叙述风格,让课程教学领域的专业知识通俗化、简单化。

  第二,可操作性。全书一方面力求以通俗易懂的语言介绍心理健康教育课程的相关理论,另一方面也着力为读者提供可操作、可模仿的"心理训练"模块以及案例分享,希望借此把相关技术予以具体化。

  第三,前沿性。本书在每章均设有"课外拓展"板块,其中设有"学科前沿"专栏,向读者展示本主题下的发展趋势或新进展,增进读者关于学术层面的新进展。

  本书第一、二、三章由许思安组稿及撰写;第四章由罗品超组稿及撰写;第五章由于跃、黄莹映、黄海芳、周雅洁、张艳云组稿及撰写；第六章由邱文龙、黄嘉琪、廖苑兰、杨微、李宽组稿及撰写。全书统稿由许思安负责。攸佳宁、黄喜珊也参与了本书的相关工作。由于水平与经验的限制，书中难免有错误或不足之处，敬请读者与同行批评指正。

编 者

2016 年 3 月

# 目录

## 第一章 绪论 ..1
### 第一节 心理健康教育课程概论 ..1
一、心理健康教育课程的定位 ..4
二、课程教学设计的基本流程 ..9
### 第二节 授课教师的自我定位 ..12
一、做个"用心"的教育者 ..13
二、科研视角下的教学设计——以"洞察力"为例 ..14

## 第二章 心理健康教育课程设计的基本要素 ..34
### 第一节 选题与内容拟定 ..35
一、选题新动向 ..37
二、课程内容新构想 ..43
### 第二节 素材选择与情景创设 ..51
一、素材选择的"度" ..53
二、"有价值(或有效)"情景的基本特点 ..55
### 第三节 常规教学法 ..60
一、认知法 ..60
二、操作法 ..66
三、讨论法 ..70
四、角色扮演法 ..72
五、行为改变法 ..75

## 第三章 心理健康教育课程的组织与评价 ..82
### 第一节 心理健康教育课程的组织 ..82
一、教学中的心理学效应 ..83
二、教学的控场技术 ..86
### 第二节 心理健康教育课程的评价 ..93
一、课程评价的常规模式 ..95
二、其他多样化的评价方法 ..99

## 第四章　心理健康教育课程案例分享之小学篇 .. 110
### 第一节　小学生的学习适应与思维发展 .. 110
一、小学生的学习适应与思维发展特点 .. 112
二、课程设计的基本思路 .. 114
三、案例分享 .. 117
### 第二节　小学生的自我意识与人际交往 .. 143
一、小学生的自我意识与人际交往发展特点 .. 144
二、课程设计的基本思路 .. 145
三、课程设计的案例分享 .. 150

## 第五章　心理健康教育课程案例分享之初中篇 .. 176
### 第一节　乐观 .. 176
一、概述乐观 .. 177
二、乐观的培养 .. 184
三、案例分享 .. 186
### 第二节　共情 .. 195
一、概述共情 .. 196
二、共情的培养 .. 198
三、案例分享 .. 200
### 第三节　抗逆力 .. 209
一、概述抗逆力 .. 210
二、抗逆力的培养 .. 217
三、案例分享 .. 218

## 第六章　心理健康教育课程案例分享之高中篇 .. 231
### 第一节　时间管理 .. 232
一、概述时间管理 .. 233
二、时间管理的规律与方法 .. 237
三、案例分享 .. 242
### 第二节　开明 .. 252
一、概述开明 .. 253
二、开明人格的培养 .. 256
三、案例分享 .. 257
### 第三节　人际交往 .. 266
一、概述人际交往 .. 267
二、人际交往的技巧 .. 272
三、案例分享 .. 273
### 第四节　生涯规划 .. 286
一、概述生涯规划 .. 286

二、高中生涯规划策略 .. 294
　　三、案例分享 .. 297
各章练习与思考题参考答案 .. 313
参考文献 .. 315
后记 .. 318

# 第一章 绪论

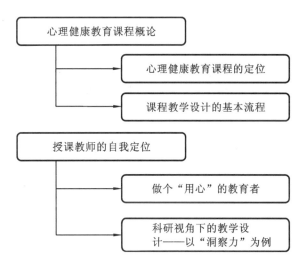

## 第一节 心理健康教育课程概论

**关于小学心理健康课教学设计的几点思考**

心理健康课作为学校全面实施心理健康教育的重要途径之一，有其独特的功能和优势，是其他心理健康教育途径所不能替代的，且事实证明是切实可行、富有成效的。心理健康课要实现其特定的目标和任务，就需要对课程本身进行科学、有效的设计，以充分发挥课程的功能。但目前，我们常常看到很多老师忽视心理健康课的教学设计：一方面，无视学校的差异和学生的心理需求,完全照本宣科,这样不仅使学生的课堂参与性受到打击,而且课堂效果也很差;另一方面,忽视学生的整体发展和学生的个体心理发展,教学设计随意性强,于是我们常看到同一个目标出现在不同年龄段的课堂活动里。这样的心理课不仅起不到促进学生心理发展的作用,而且适得其反,浪费时间。根据多年的心理健康教学体会,笔者觉得要设计好一节心理健康课,有以下几方面的问题需要注意。

一、心理健康课的教学设计应有相应的理论基础

心理健康教育课不同于其他的课程,它是运用有关心理教育的方法和手段,培养学生良好的心理素质,促进学生身心全面和谐发展和素质全面提高的课程教育。所以它的活动设计应有坚实的与心理教育相关的理论基础和实施考虑。活动设计除了各自有所侧重的理论取向外,还必须遵循一些明确的理论依据。具体而言,在设计活动内容时,应考虑的重点有以下几个方面。

(1)学生的心理发展需求。在设计心理健康教育课的活动时应该充分考虑学生的年龄发展特点,以及此年龄段学生的心理发展需求。如正常学生在某一阶段的发展特征、发展任务和典型行为,特定阶段的学生在发展过程中可能遇到的阻力、可能出现的具有代表性的问题等。心理健康课的设计目标就在于能满足学生在各发展维度上的阶段性需求,并协助学生在各维度上顺利地完成阶段性发展任务。

(2)如何促成学生的顺利发展。配合学生的身心发展程度与可能遇到的困难,心理健康课要在学生已有的发展经验基础上,提供新的社会互动经验,以帮助学生完成发展任务。如在活动设计上,能提供一系列的角色活动,在安全的情景中让学生尝试新的经验与行为等。

(3)团体动力。心理健康课在活动选择和设计的考量上必须要考虑到班级的团体动力。团体动力是指团体成员之间的相互关系,包括班级领导者、团体目标、班级成员的个别化、环境、班级结构等。在开展心理健康活动中,团体动力是团体的能源,是团体成员发展的重要影响力量,在选择和设计活动时要考虑以下因素:所选择活动的目标要符合班级团体的整体目标;团体目标至少要有一项符合团体成员的要求;所选的活动是参与者能胜任的;活动场合要恰当。

(4)方案主题的相关理论。在设计特定主题的心理健康课时,首先要考虑特定主题的相关理论,特定问题有特定的辅导策略,这样才能切中学生的心理需要。相关理论主要包括两部分:①针对特定主题的成因分析;②针对特定学生问题的辅导策略等。

二、心理健康教育课的目标要明确、具体

心理健康教育课要想达到预期的目标,就必须对目标有一个清晰的界定。确立活动的目标就是确立活动所欲达成的最后结果。为了上好心理健康课,除要考虑到学生的身心发展规律外,还要分析他们在适应社会的过程中可能发生的问题。一般来说,设置心理健康课的目标时,应注意以下几点。

第一,要侧重于发展性目标,促使学生健康成长。辅导活动的目的在于预防学生的心理疾病,使学生学会正确地看待自我、调整情绪、形成良好的人际关系,培养良好的个性,创造性地解决学习方面的问题,促使学生健康成长。因此,心理辅导活动目标的设置应帮助学生解决在成长中出现的问题,如自我意识、情绪困扰、人际关系问题、学习问题等,这些问题是

从个体问题出发,要具有矫治性。另一方面,辅导活动应更多地着眼于发展性目标,如如何完善自我,如何调控情绪,怎样增强记忆力、学会沟通与合作,等等。

第二,目标要具体化。心理辅导活动一般应有总目标、中间目标和具体目标。心理活动的总目标是帮助学生培养健康的心理及健全人格。中间目标是根据学生存在的问题或要发展的品质而设置的,它可以包括多个方面,例如使学生正确认识自我等。在每一个单元里,又有非常具体的目标。

### 三、心理健康课的教学内容要注意贴近学生生活实际

教师在设计教学方案时,首先要了解学生的真实想法,如他们现在在想什么?谈论什么?做什么活动?关心什么?喜欢什么?其次,在此基础上,与学生一起提出并磋商辅导的内容。最后,由教师从中提炼出具体目标,从而保证学生心理发展的方向性和超越性。对于内容的选择,应始终把握好一个原则,就是要从生活逻辑和问题逻辑出发,选择与学生的实际生活联系最密切的话题,找到他们最渴望得到解决的问题。

### 四、心理健康课的实施流程要有妥善的规划和精心的设计

教学设计的执行过程能否达到预期效果,有赖于实施流程上是否有妥善的规划与精心的设计。在设计教学的活动流程时要注意以下两点。

(1) 心理健康课在进行教学设计时必须对以下几项内容进行完整的考虑,这样才能保证教学方案的可行性。①主题的选择。②目标的设定。③流程的推演。④媒体的准备。⑤场地的规划。⑥资源的协调。⑦效果的评估。

(2) 一般来说,教学实施流程包括以下十二个步骤:引导情绪(暖身运动)、创设情景、建立辅导关系、鼓励自我开放、催化互动与分享、促进自我探索、引发领悟、整合经验、促成行动、彼此回馈、活动延伸以及评估效果等。

### 五、心理健康课的效果评估要合理、规范、科学

及时、科学的教学评价,能为教师提供诸多教学反馈信息,从而有利于教师改进教学设计。因此,有效的教学评价能促进心理健康课的发展。如何对教学效果进行评价?一般认为,应包括以下五个方面的评价指标:教学目标、教学内容、教学组织形式和方法、教学过程和教学效果。在操作时,需注意以下问题。

(1) 在评价的总体思路上坚持目标达成评价与过程评价相结合。虽然我们可以为心理健康课制定具体的目标,并根据目标来实施辅导过程,按目标达成情况来评价辅导活动课。但是,心理辅导活动课的有效性评价仅用目标达成评价是远远不够的,它还需重视"过程评价"。由于心理健康课强调学生的自我探索,强调以个体发展取向为主,强调以活动为中心,强调体验性学习,因此,可以说重视"过程评价"也是心理健康课的本质要求。总之,对心理健康课的评价应关注整个辅导过程,而不能只看课程的目标是否达到,辅导的过程就是评价的过程。

(2) 评价时要综合运用各种评价方法。心理健康课不同于其他普通课程,不能通过学生的考试成绩或学习效果等单一的评价方法来评价学生。要综合运用各种评价方法,例如学生自评、小组互评、教师评议、家长评议相结合,学校评价、家庭评价、社区评价相结合。以便得出科学的综合性的评价结果。

(资料来源:蒋秋斌.关于小学心理健康课教学设计的几点思考[J].读书文摘,2015(4).)

由案例可知，一节心理健康教育课包括理论依据、课程目标、内容选材、规划与组织、实践与评价等多方面的元素。对于该案例中的观点，你是否认同？在哪些板块上有不同的看法？在哪些方面还可以再细化？在哪些方面可以注入新的视角？本节拟就心理健康教育课程的定位、相应的理论支撑等多项内容逐一展开论述。

**学习导航**

## 一、心理健康教育课程的定位

### （一）心理健康教育课程的内涵

**1. 教育部《中小学心理健康教育指导纲要（2012年修订）》的相关内容**

根据国家教育部《中小学心理健康教育指导纲要（2012年修订）》可知以下内容。

心理健康教育的总目标是：提高全体学生的心理素质，培养他们积极乐观、健康向上的心理品质，充分开发他们的心理潜能，促进学生身心和谐可持续发展，为他们健康成长和幸福生活奠定基础。

心理健康教育的具体目标是：使学生学会学习和生活，正确认识自我，升高自主自助和自我教育能力，增强调控情绪、承受挫折、适应环境的能力，培养学生健全的人格和良好的个性心理品质；对有心理困扰或心理问题的学生，进行科学有效的心理辅导，及时给予必要的危机干预，提高其心理健康水平。

**2. 心理健康教育课程的含义**

心理健康教育课程（简称"心育课程"）是以培养学生良好的心理素质、发展健康的人格、增进心理健康水平为目的的专门教育活动。对该课程理念的理解，应注意以下几点[1]。

第一，心理健康教育课程以学生活动为主，不同于以普及知识为主的心理学课程。

第二，心理健康教育课程是专门为心理健康教育而设置的，其目的不同于一般的班级和团队活动。

第三，心理健康教育课程由教师指导，不同于学生自发性的游戏。心理健康教育课程需要教师系统设计、用心组织和全程指导。尽管以学生活动为主，但这些活动都是教师为了实现教学目标而精心设计的，不是学生自发性的游戏。

### （二）心理健康教育课程的特点[2]

**1. 辅导性**

相对于以知识与技能的传授为主要教学目的的常规学科课程，以及以明确的导向性为

---

[1] 刘学兰.中学生心理健康教育[M].广州：暨南大学出版社，2012.
[2] 曹梅静.心理健康教育C证教程[M].广州：广东省语言音像电子出版社，2007.

特点的传统德育课程而言,心育课程最突出的特点就是辅导性。在该课程体系中,往往强调学生在"教师的协助"下,自行领悟、构建符合自身特点的知、情、意、行的适当模式。而所谓"教师的协助",一方面体现为,教师要努力创设合适的学习情景,营造良好气氛,以促进学生健康成长;另一方面则体现为,面对学生提出的问题,教师应侧重于引导、启发学生自己发现问题、找出最适合自己的解决方法,并在解决问题的过程中构建起既符合自身知、情、意、行的特点,又与外界相适应的反应模式,而不是直接地指出问题所在及相应的方法。

### 2. 发展性

心育课程往往依循于学生心理的"最近发展区",以积极的人性观为指导,通过各种途径创造出学生新的心理发展基础,促进学生心理发展不断达到最佳水平。其中,包含了课程的可持续发展、全面发展以及潜能拓展等三方面的具体内容。课程的可持续发展是指,心育课程的开始在于帮助学生解决成长中遇到的各种发展性的问题,预防心理疾病的产生,调适好心态,增强社会适应能力,充分开发学生的潜能,促进学生在原有基础上得到可持续发展。课程的全面发展,一方面指课程的教学对象是面向全体学生,另一方面指课程的内容涉及学生生活、学习、成长的方方面面。课程的潜能拓展,指的是我们坚信每一个学生都有多种潜能,而这些潜能"可以被文化环境激活以解决实际问题和创造该文化所珍惜的产品",因此,我们建议挖掘与拓展每一个学生的潜能。

### 3. 体验性

既"活"又"动",这往往是心育课程的显著标志。而"活"与"动"的最终目的是借助"活动"这一载体来丰富学生的心理体验。而"体验"是根植于学生主体的精神世界,是着眼于自我、文化、社会、自然、教育之整体有机统一的人的"超越经验"。因此,心育课程的意义就在于,通过教师创设的情景以及活动的开展,让学生去探究、琢磨、体会、感受、感悟,使其在情感的交流和思维的碰撞中产生深刻的情绪和情感体验,从而触动其内心的精神世界,促进其心理的反思和意义的建构。因此,从某种意义上来说,该课程是否能成功实施,很大程度上取决于学生获得心理体验和感悟的程度。

### 4. 生活性

心育课程相对于其他学科教学而言,更关注的是学生的现实生活,它是以学生当前的生活状态,包括情绪生活和情感体验等作为课程的资源,并具体地体现在该课程的内容设置之中。例如,该课程关注学生的学习动机、学习策略、学习能力、考试心理;关注学生的自我意识、情绪、人际交往、休闲及性心理;关注学生的生涯规划和生涯决策能力,等等。这些都源于学生的生活、源于学生的实际需要。

### 5. 自助性

心育课程的教学过程是教师为培养学生的某种品格或增进学生的心理适应能力乃至为改变个体意识行为倾向而实施的操作过程。从教学的内在规律来看,这个过程是一个以"他助—互助—自助"为机制的教育过程。在这个过程中,学生首先将他们在"他助"与"互助"中学到的经验内化成自己的人生技能,从而实现"自助",进而达到自我完善和发展。因此,换而言之,心育课程是一个"助人自助"的个体成长过程。

### （三）心理健康教育课程与其他课程的区别

**1. 与常规课程的区别**

心育课程与学科课程作为"课程"有着相似的原理与方法，然而，两者之间也存在着明显的差异，主要表现在以下方面。

第一，内容不同。学科课程主要侧重于人类积累的学科知识的传授，注重知识的内在逻辑性及其相应的技能培养，在此过程中，注重学生的记忆、思维等心理过程的参与。而心育课程既不是单纯的心理学知识传授，也不是单项心理品质的训练，而是以学生个人的直接经验为中心，通过活动的展开，让学生从中得到体验、分享和感悟，从而重新审视自我、认识自我、接纳自我，它更侧重于情感态度价值观的层面。

第二，教学形式不同。常规学科教育一般以讲授为主要的教学形式。虽然现在许多课程也有活动式教学，如学生自学、进行动手操作等，但是总体而言仍以老师的"教"为主。而心育课程的标志就是既"活"又"动"，它是根据学生年龄和心理特点，常以小组为单位，以情景创设、角色扮演、辩论等多种活动为载体来实现教学目标的过程。

第三，评价的方法不同。学科课程的评价主要是以集中考试为主要形式，对学生掌握知识的状况做出量化评价。而心育课程的成效往往侧重于课程目标是否达成，包括学生是否：①树立了健康正确的自我形象，能够自尊、自爱、自信；②能够调控不良情绪，提升挫折承受力，与环境保持平衡；③能够生活上自理、行动上自律；④有良好的人际关系等。在具体操作中，往往结合了学生自评、小组互评、教师评定等多种评价方式。

**2. 与传统德育课程的区别**

在此，传统德育课程是指传统的主题班会、政治学科课程。心育课程与传统德育课程在三个方面存在共性。第一，主题选择雷同。两者均为"德育"范畴下开展的活动，因此，两者所涵盖的话题很容易出现交叉重叠现象。比如，它们都会分析自我问题、探讨情绪的管理、钻研学习中的种种现象、引领人际交往的导向等。第二，教学方法雷同。传统德育课程与心育课程所选用的方法几乎一致。比如，认知法、操作法、讨论法、角色扮演法、行为训练法等方法，均活跃在这些主题活动设计之中。第三，操作形式雷同。传统德育课程与心育课程均以一位老师为核心，在其组织下，在教室里面向全班同学进行为时一节的授课。

两种课程虽然有较多的接近性，但是二者之间仍有区别。传统德育课程主导的侧重点主要在于培养学生正确的人生观、价值观，促使学生形成符合社会要求的道德品质，即最终是为了形成一种共识，得到一个统一的结论。而心育课程的实施往往侧重于指向促进学生心理素质的提高，培养学生形成有利于个性生存发展的心理品质，因此，它更多地倾向于让学生自己去做结论，而且尊重基于不同的体验而有不一样的结论。

### （四）心理健康教育课程的理论支撑

**1. 团体动力学[①]**

20世纪30年代末，社会心理学家库尔特·勒温首次提出团体动力学理论，运用心理学

---

① 范雪.心流体验在人际团体辅导中的作用机制研究[D].成都：电子科技大学，2011.

理论来解释社会问题。勒温(1935)认为,团体动力是所有作用于团体之力,并认为这些作用力应包括内在和外在对团体产生影响的力量。经过几十年的不断发展,其定义内涵也在不断变化,Cartwright和Zander(1968)认为,团体动力旨在探索团体与个体、团体与其他团体及团体与整个社会的相互关系。我国台湾地区学者何长珠(1997)将团体动力定义为:团体一旦开始运作后,所产生并持续改变的一种影响力量。黄惠惠(1998)则认为,团体并非静止不动的,是动态而有生命的组织,这个生命体是由人及他们的互动(团体过程)所组成,而团体的过程会产生影响团体成员及整个团体的力量,这就是团体动力。由以上定义的阐述可以总结出,团体动力是在人们互动过程中产生,对团体及个体的发展有促进作用,并将团体与个体、团体与团体联结起来的动态变化的内在、外在的力量。

**2. 情感教育理论**①

人本主义心理学家罗杰斯在心理治疗的实践中,提出了一种全新的心理治疗方法——"患者中心疗法",把患者置于治疗的中心地位,治疗师要待之以真诚、友好、积极的态度,创造出一种良好的气氛,帮助患者自己客观地了解自我,从而依靠自己的力量来解决问题。罗杰斯把这种思想渗透到教学中,主张教学也应该以学习者为中心,教师与学生应进行真诚的情感交流,创造出一种情感融洽、气氛适宜的学习情景,使学生成为学习的主人。罗杰斯认为,"教师"的作用主要体现在以下方面:创设真诚、温暖、信任的课堂心理气氛,鼓励学生表现真实自我,让学生认清自己的价值,进而发掘自己的潜能;为学生提供丰富的学习资源,供学生自由使用;鼓励学生独立思考,帮助学生澄清自己想解决的问题和想做的事情。

**知识链接 1-1**

### 情感教学模式

情感教学模式是指在一定的教学理论或实践基础上形成的、为预定的教学目标服务的、较为稳定的教学活动结构——要素(环节)和程序。它是教学理论和教学实践的中介,能为教师在实践中组织教学活动提供操作范式。情感教学模式就是在情感教学理念指导下,在情感教学心理学理论基础上形成的,以最大限度地发挥情感因素在教学中的积极作用为导向的,并配有相应的情感教学策略和情感目标评价的,较为稳定的教学活动框架。具体说,它是在"以情优教"的教学理念下,在教学的情感系统观、教学的情感功能观、教学的情知矛盾观和教学的导乐观基础上,通过理论演绎和实践归纳相结合的途径,构建的由四个要素(环节)组成的结构及其相应的程序。这四个要素(环节)就是:诱发—陶冶—激励—调控。

构建了较为符合我国教学实际情况的"三维度四层次"的情感目标分类体系。"三维度"是指教学中的情感目标由乐情度(反映教学在促进学生对其喜欢方面所能发挥作用的程度)、冶情度(反映教学在促进学生获得积极情感体验方面所能发

---

① 杨延昌.基于人本主义心理学的有效教学策略研究——以高中教学情境为例[D].成都:四川师范大学,2010.

挥作用的程度)、融情度(反映教学在促进师生情感融洽方面所能发挥作用的程度)三个维度构成。"四层次"是指每个维度又分别包括逐级递进、逐步内化的四个层次:乐情度,包括接受、反应、兴趣和热爱;冶情度,包括感受、感动、感悟和感化;融情度,包括互动、互悦、互纳和互爱。便于教师在实际教学中对教学的情感目标的把握更具应用性和操作性。

(资料来源:卢家楣.情感教学心理学研究[J].心理科学,2012,35(3).)

**3. 建构主义学习理论**

建构主义学习理论[①]主要包括以下内容。

(1) 学习是学习者主动建构内部心理表征的过程。例如建构主义代表人物威特洛克所提出的人类学习的生成模式,就认为学习过程是学习者利用原有知识经验与环境中接受的感觉信息相互作用,主动建构信息意义的生成过程。

(2) 学习是一个主动的过程,学习不是知识由教师向学生的传递,学生也不是被动地学习和记录信息,而是主动地建构其对信息的解释,体现意识(元认知)的监控作用。

(3) 学习中的建构是双向的,它包括同化与顺应两个方面。

根据上述观点,相关学者提出了新的教学思维模式:以学生为中心,在整个教学过程中由组织者、指导者、帮助者和促进者作用,利用情景、协作、会话、意义建构等学习环境要素,充分发挥学生的主动性、积极性和创造精神,最终达到使学生有效地实现对当前所学知识的意义建构的目的。

建构主义关于学习与教学的主要观点如表1-1所示。

表1-1 建构主义关于学习与教学的主要观点[②]

| 讨论的项目 | 建构主义者的主要观点 |
| --- | --- |
| 学习结果 | 推理,批判性思维,知识的理解与使用,自我调节,有意识的反思 |
| 学习者的作用 | 积极的知识建构者,建构他(她)周围世界的意义 |
| 教师或教学设计者的作用 | 提供复杂而真实的、能挑战学习者识别和解决问题能力的学习环境,支持学生所做的努力并鼓励他们反思学习过程 |
| 学习的输入或先决条件 | 结构不良的问题,支持问题解决的信息和技术资源;自我导向的能力,或有助于这种能力形成的条件 |
| 学习过程 | 除了提到安排知识结构、重组知识和知识的动态性之外,建构主义者并没有阐明学习过程 |

**4. 体验式学习理论[③]**

教育界对体验式学习的定义为:"所谓体验学习,就是通过精心设计的活动、游戏和情

---

① 熊宜勤.建构主义思想对心理学课程教学改革的启示[J].高教论坛,2006(5).
② 皮连生,吴红耘.两种取向的教学论与有效教学研究[J].教育研究,2011(5).
③ 杨思敏.基于体验式学习理论的教学游戏设计研究[D].西安:陕西师范大学,2012.

景,让参加者在参与过程中观察、反思和分享,从而对自己、对他人和环境,获得新的感受和认识,并把它们运用到现实生活中。"体验式学习理论强调以学生为中心的学习过程,认为知识并非由教师通过讲授的方式传递给学习者,强调学习在学习环境中通过"做中学"来掌握和运用知识。学生要经历探究—发现—反思—运用等几个步骤,从而实现有意义的学习。学生所处的体验情景既是他们学习知识的场所,同时又是他们运用知识的场所。学习者学习知识并运用知识在同一个情景中展开。

大卫·库伯把学习定义为:"学习是体验的转换并创造知识的过程。"他认为学习并不是学习内容的获得和传递,而是在经验中去获得知识,转化知识,运用知识。在此基础上大卫·库伯提出了体验式学习的基本过程,即体验式学习圈(见图1-1)。

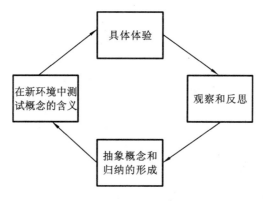

图 1-1 体验式学习圈

根据图1-1,库伯把学习划分为以下四个相互独立但密切联系的环节。①具体体验:学习者在真实情景中活动,获得各种知识,产生相应感悟。②观察和反思:学习者回顾自己的经历,对体验进行分析、反思。③形成抽象概念:学习者把感性认识上升到理性认识,建构概念和理论。④在新情景中进行测试:学习者在新情景中对自己的理论假设进行检验。这四个环节相互作用、相互影响,具体体验为观察和反思提供基础,观察和反思又促进抽象概念的形成,抽象概念又会影响在新情景中的测试,新情景中的测试结果又会产生新经验,然后产生新一轮的学习过程。这样的学习过程在横向上是从具体的体验到抽象的概念,在纵向上是循环往复、螺旋上升。

## 二、课程教学设计的基本流程

### (一)教学设计的基本内涵

在学科层面,教学设计有广义和狭义之分。前者往往是指某一门课程的整体设置与规划,囊括了教学计划、教学资源(含教材、学生用书、教师用书、各式各类教学素材、配套课件等)、教学的具体实施等一系列过程。后者是指一节课的具体教学实施方案,往往包括教学学时、教学理念、教学内容、教学对象分析、教学目标及教学重点与难点的拟定、教法与学法、教学流程、板书设计以及教学反思等多个完整板块。根据这些界定,有人可能会认为,教学设计是一件并不复杂的事情,看起来很简单。事实是否如此？学者彼得森曾绘制了一幅"教学设计因素图"(见图1-2),以此来阐明一份好的教学设计需要综合考虑的众多元素。

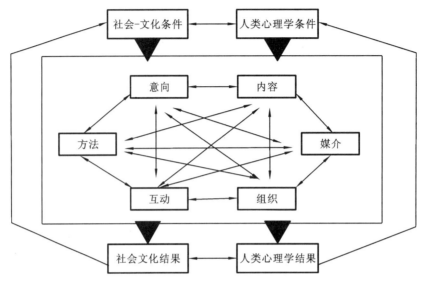

图 1-2　教学设计因素图

笔者颇为赞同彼得森的观点,也想借此平台强调一句经典的话语:"教学无小事。"以笔者的经验,一节课的成败,首先取决于教学设计的优劣。在笔者眼中,一份教学设计若其自身存在着某些"硬伤",那么将直接影响课堂教学的有效性。

（二）课程教学设计的三阶段论

学者威廉·彼得森曾提出教学设计的四个阶段论,如图1-3所示。

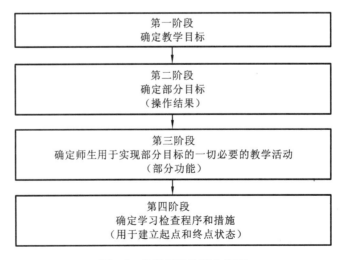

图 1-3　教学设计的基本顺序

彼得森的观点,基本以教学目标的达成为核心,由此而构成设计的四个基本阶段。而根据长期教学实践的经验,笔者认为,狭义的教学设计也可以从"如何上好一节课"这一角度进行策划。因此,提出教学设计的三阶段论,即笔者认为教学设计一般包括以下三个基本过程。

第一阶段:讨论选题并确定相应的教学内容。在该阶段中,设计者需要综合考虑几个细节问题:选题是否符合规范性?选题是否能体现前沿性?选题是否能体现时代性?该选题背景下,相应的学科知识体系如何?在此体系中,如何选择并建构本课程的教学体系?选择中,学生的需求是什么?

第二阶段:进行素材的选择并思考情景创设的问题。在该阶段中,设计者需要搜集合适的素材以创设更有效的教学情景,因此需要着重考虑几个细节问题:如何找到合适的素材?这些素材的时代性如何?与学生之间的共鸣性如何?什么是有价值的情景?当前的素材是否能满足该情景的创设所需?

第三阶段:推敲教法与学法的最优配置。在该阶段中,设计者需要综合考虑以下问题:本课程设计中的教学理论支撑是什么?在该理论背景下,常规的教学法有哪些?其中对于本课程而言,何种方法更合适?这些方法的使用,与设计者本人的匹配度如何?设计者自身的教学风格如何?本节课最终希望体现怎样的课程特色?

上述三个阶段中提及的细节,将于第二章中展开详尽的叙述。

课外拓展

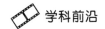
学科前沿

### 导学设计

导学设计是设计者根据一定的学习目标,精选学习资源,通过合理的方式促进学习者有效学习,有效获得知识和技能的活动;导学设计是为实现教学目标而设计的解决学生学习问题的预期设计。

导学设计的任务主要有:

(1) 指导学生学会如何运用学习资源;
(2) 指导学生学会如何取得学习成功;
(3) 指导学生学会系统而有效的学习方法;
(4) 指导学生学会如何创造性地学习;
(5) 指导学生学会如何适应学习化的社会。

(资料来源:邝丽湛,方拥香.中学政治学科导学设计[M].广州:广东高等教育出版社,2014;任顺元.关于导学设计的几个基本问题[J].杭州师范学院学报,2001(4).)

心理训练

试任选一个学段、一个主题进行一次完整的教学设计尝试。教学设计中可包括教学学时、教学理念、教学内容、教学对象分析、教学目标及教学重点与难点的拟定、教法与学法、教学流程、板书设计以及教学反思等多个完整板块。

## 第二节 授课教师的自我定位

**学校心理教师职业发展面临的主要问题**

1. 角色定位不够明确

学校心理教育是心理学与学校教育相融合的一种专业性很强的教育工作。学校心理教师是指受过系统的心理学和教育专业训练,具备专业素质,取得专业资格,并且从事心理学服务与研究的专业教师或人员。我们国家对专门从事学校心理健康教育的人员称呼并不明确,有心理辅导员、心理督导员、心理咨询员和心理老师等。直到2002年,教育部有关负责人就《中小学心理健康教育指导纲要》答记者问时才对从业人员的称呼作了规范,统称为"心理健康教育教师",简称"心理教师"。然而心理教师究竟是干什么的?与学科教师、德育教师有何区别?许多人并不十分明确。特别是在一些学校,心理教师同时扮演着心理咨询工作者、德育工作者、管理者等多重角色,时常产生角色冲突。

2. 职业标准不够规范

心理教师具有像医生、律师一样的专业不可替代性。它作为一种"专业化"的职业,需要有统一的职业标准来规范、指导从业人员的实践活动,但我国目前还没有这样的标准。

3. 工作心理压力过大

学校心理健康教育工作的主要任务是:根据学生的心理特点,有针对性地讲授心理健康知识,开展辅导或咨询活动,帮助学生树立心理健康意识,优化心理品质,增强心理调适能力和社会生活的适应能力,预防和缓解心理问题;帮助学生处理好环境适应、自我管理、学习成材、人际交往、求职择业、人格发展和情绪调节等方面的困惑,提高健康水平,促进德智体美全面发展。这项工作的顺利开展既要社会、学校重视,也需有规范的制度、完善的机构和必要的工作条件。但社会、学校往往把出色完成心理教育的高期望值都寄托在心理教师身上。在一些学校,心理教育在工作计划总结中必要,在接受上级的检查验收时重要,但在经费投入、场地安排、心理教师培训进修等方面往往被忽视,形成了一种工作环境上的心理压力。心理教师因从业时间不长,自身也有一个经验积累和能力提升的过程,加上对工作的个人成就期望,每天教学、科研、管理、社会服务和辅导等事项交织在一起,工作压力超出负荷。心理教育无小事,工作中不断出现的新情况、新问题,也使心理教师时常处于应激、应急状态。

4. 支持系统不够完善

心理教师支持系统的不完善主要表现在进修培训、学校的人际支持、专业的组织督导等方面。各级教育行政部门对心理教师的培训进修、督导检查等制度都有明确规定,但在具体落实时或流于形式,或大打折扣。成立了机构、配备了教师、通过了验收,后续工作就成了专职心理教师的独角戏了。

(资料来源:刘桂芬.运用积极心理学理念促进学校心理教师的自我成长[J].学术论坛,2010(5).)

作为心理教师,我们可能面临着如案例中所提及的种种困境。那么,在困境中如何调整自己的心态,如何体现"适者生存",如何实现自己的职业理想?笔者认为,其中最关键的是我们作为从业者对自己内心的定位:这是选择,也是博弈;这是取舍,也是意义的寻求。

### ◆ 学习导航

## 一、做个"用心"的教育者

### (一)教学中成长的三个阶段

笔者认为,教师在教学中的成长,往往经历了以下三个阶段。

第一阶段,模仿阶段。在该阶段,教师本人往往是教学中的一名"菜鸟"。此时的我们,常常焦虑于如何把一节课完整地完成;彷徨于课程自身是否已经做到了准确的定位;担心于课堂时间的把控;紧张于学生的反应不在预期中;害怕于课程各式各类的突发事件的发生,等等。因此,这个阶段,我们往往没有"自我",所以,我们开始有意识地观察身边的"老教师",逐渐有意识地向他们取经、请教,开始模仿他们的教学语言、控场习惯等。这个阶段也可解释为班杜拉的观察学习期。

第二阶段,试验性探索阶段。在该阶段,教师本人往往已经积累了相对较丰富的实际教学经验与经历,他们开始不满足于只是向某个人进行模仿的练习状态,他们想寻求"变化"。于是,好学者开启了各种不同的尝试,从教学理论的支撑到教学方法的选择,从不同的角度进行属于教师本人的"同课异构"。每次的尝试后,他们往往习惯性地思考其中的得失,在不断反思中迅速成长。在此阶段,最典型的特征是,该教师的每次公开课都会尝试展现不一样的风采。这个阶段也可解释为个人成长的未定性期。

第三阶段,形成个人风格阶段。在该阶段,教师本人往往已成为同行中的资深人士:他们逐渐形成了自己稳定的教学风格;他们拥有自身独特的语言特色;他们已经可以熟练地驾驭课堂中的种种生成资源;他们开始界定自己的教学模式……

### (二)成长新理念

对于教学层面的"菜鸟",也许我们会产生希望加速成长的美好愿望。在此,笔者给予这样的温馨建议:做个"用心"的教育者,以科研的角度设计我们的每一节课,在真实的课堂中去检验我们的设计。这些年来,笔者带领自己的团队一直活跃在教育教学的第一线。我们尝试在中小学课堂融入心理学前沿研究成果。比如,在小学训练积极行为,在初中培养积极情绪,在高中塑造积极人格。"学会分享"、"开启希望的金钥匙"、"Free Your Mind"等课例都是其中的代表作。我们希望借此开启从本土的视角研究上述前沿理论的探索之路,希望基于对本土资源的收集形成对我国当代中小学生心理状况本的了解,并最终应用于中小学课堂。

## 二、科研视角下的教学设计——以"洞察力"为例

### (一) 文献综述[①]

**1. 洞察力的内涵**

随着社会的飞速发展,各种各样的信息蜂拥而至,然而生活在大千世界中的人们的注意力是有限的,无暇顾及诸多信息。在这一形势下,洞察力显得尤为重要。目前,国内外专家对洞察力的解读甚多,但由于每个人对事物关注的方面都不一样,自然会影响其对该事物的洞察力。例如,战国时期,成都盆地十年九灾。地方官李冰一上任便到岷江上游观察,弄清了灾因,修建了至今仍造福川民的都江堰,可见他的洞察力非常人可比。但若让他去观察战场上的形势变化,这就为难这位文官了,难道这又说明了李冰洞察力不行吗?当然不是。因此洞察力的事并不是轻易就能辨别清楚的,不同人对洞察力有不同的理解。

在不同的情况下,洞察力都会有不一样的表现。有人认为,能够为别人提供明智的参考意见;能够以多种方式看世界,认识自己和他人,就是洞察力;也有人认为洞察力就是能对事物观察得清楚明白。传统理论认为洞察力是智慧的同义词,强调智慧的有用和可传递的世界观。克里斯托弗·彼德森认为洞察力是指能够为别人提供明智的参考意见,能够以多种方式看世界,认识自己和他人。洞察力被认为是聪明人的一个积极的特质。洞察力就是准确地把握事物的本质,准确地发现解决问题的关键步骤,分清轻重缓急、有条不紊地做事的能力,即对症下药的能力(贾良定、唐翌等,2004)。所谓洞察力,就是对事物观察得清楚明白(杨百顺,2005)。洞察力指的就是深入了解事物的能力,是人们对个人认知、情感、行为的动机与相互关系的透彻分析(林琳,2010)。洞察力是一种从理性角度质疑和批判的能力,运用洞察力可在习以为常的观念和表述中找出问题,从而走近事实真相、深化思考。在一定意义上说,洞察力是对现成答案和现有结论的质疑能力(王鸿生,2012)。由于存在不同理论和方法论的技术,心理学中对洞察力没有一个单独的定义,但是由于洞察力对于生活的重要性,也有越来越多的学者深入思考洞察力、探究洞察力。日本学者大前研一在《洞察力的原点》一书中提到洞察力是指学会向自己提问,用自己的头脑进行思考,发现那些平时被忽视的细节以及不够严谨的行动计划,从而及时应对变化并加以调整。美国学者克莱因在《洞察力的秘密》中提到洞察力可以改变世界,并举了例子:达尔文凭借洞察力提出进化论、沃森和克里克靠洞察力发现DNA(脱氧核糖核酸),我们寻常人也需要用洞察力去解决那些困惑我们的事,从而使工作和生活效率更高。然而,关于洞察力的激发方式和阻碍洞察力得以发挥的因素,我们却知之甚少。

通俗地讲,洞察力就是透过现象看本质的能力,或者说洞察力是了解人或事物真相的能力。用弗洛伊德的话来讲,洞察力就是变无意识为有意识,从这个层面上看,洞察力即学会用心理学的原理和视角来归纳总结人的行为表现。

---

[①] 资料整理者:刘颖、周子乔、刘秀婷、洪梓竣、陈伟晔、张宁轩。

**2. 洞察力的来源**

洞察力来源于我们在日常生活中的逐渐积累,并不是与生俱来的,而且可以不断地成长下去。研究发现,3到4岁的孩子是儿童洞察力发展的重要阶段,儿童的各种心理洞察能力都是在这个年龄得到显著的发展的。关于儿童洞察力的研究开始于20世纪80年代初期,西方心理学家将个体心理洞察力称为个体的"心态理论"模式,即指人用于认识自己和他人心理状态的一种系统性知识结构,人们可以借助这种结构监控自己的情绪和行为,对他人的行为做出判断、解释和预测。心理学家认为成熟的"心态理论"模式应具有三个特征:①各因素之间具有逻辑上的联系性;②该模式内部各个概念之间具有明确的分类;③该模式对人的行为提供一种因果性的解释机制(陈英和,1999)。

**3. 洞察力的研究**

关于洞察力的研究,不同学者在不同领域持不同看法,在企业管理领域对洞察力的阐述较多。《愿景型领导:中国企业家的实证研究及其启示》(贾良定、唐翌等,2004)一文将洞察力分为内部洞察力和外部洞察力,内部洞察力针对组织和管理问题,外部洞察力针对市场问题。《企业中层管理人员胜任特征初探》一文又提到组织洞察力,指基于对组织的认识,掌握组织中正式和非正式的沟通渠道和工作汇报关系,根据对组织文化的了解,制定相应策略以获得机会的能力;人际洞察力,指引出、察觉、理解和预测他人的情感状态和体会的能力。目前,学术界对洞察力研究最多的当属时间洞察力。时间洞察力是建构心理时间的基本维度之一,指个体对于时间的认知、体验和行动的一种人格特质,反映了人们在时间维度上的人格差异,一般分为过去时间洞察力、现在时间洞察力和未来时间洞察力(吕厚超、黄希庭,2004)。最近的研究指出,时间洞察力被定义为一个因人而异的认知和动机结构(王晨、吕厚超,2015)。

此外,也有研究发现洞察力可以通过睡眠获得。睡眠可以巩固记忆,同时可以改变洞察力的表征结构,睡眠过后的洞察力会比不眠之后的好,但是睡眠不能增强缺乏初始训练的洞察力。洞察力与以下三个心理过程相关:选择性编码,选择性结合,选择性对比。洞察力是可训练的。

**4. 洞察力的培养**

洞察力是后天学习、磨砺的结晶;是动态的,无的可以有,低的可以高。促进洞察力发展,就是运用大脑。大前研一指出,对每件事物都用批判的思维去看待,拒绝理所当然的思维模式,不要让自己的思维僵化,这样才能提升自己的洞察力。其次,对事物的兴趣也很容易影响洞察力。早期的牛顿洞察力超群,屡次发现各种物理层面的规律,而老年沉迷宗教,便再也没有新的发现。正是缺乏对科学的兴趣,使得牛顿无法发挥他的洞察力。无论是多么厉害的人,他的洞察力都是在日常生活中慢慢积累,锻炼出来的。洞察力需终生强化:首先是学习,不忽视基本理论,又不拘泥于已有知识,要锐意穷搜新信息,为创新秣马厉兵。其次,要在实践中增强洞察力。因为"发明跟着发明生长",即洞察力在观察、实验、研究、创新中"生长"(杨百顺,2005)。

在学习中,想要培养洞察力,就要:①整体性学习,准确把握;②通过变式深刻把握;③返璞归真,洞察本质(吴晗清,张霄,2013)。

### 5. 总结

洞察力在日常生活中有着不同的应用。每个人都对其有着不同的使用方式。既有用于引出、察觉、理解和预测他人的情感状态和体会的人际洞察力，又有基于对组织的认识，掌握组织中正式和非正式的沟通渠道和工作汇报关系，根据对组织文化的了解，制定相应策略以获得机会的组织洞察力。还有诸如此类方方面面的使用。即使是儿童也能通过洞察力来分辨谎言。事实表明，想要在这个大千世界中获取更多信息，必须有一定的洞察力。人的信息洞察力是因人而异的，并非一成不变的，关键在于用什么态度对待信息（李丹，李瑞成，2002）。总体来说，洞察力是可培养、可增强、可改善的。

### （二）同课异构

**案例1：环境洞察力（设计者：林佩君、颜秀琳、林诗莹、努尔比亚、古丽尼沙、邱华桥）**

※教学理念

有学者认为，洞察力应分为人际洞察力、环境洞察力和行业洞察力三种。人际洞察力主要运用于人际交往等社会活动的过程当中；环境洞察力主要运用于对外部客观环境的观察活动当中；行业洞察力，主要运用于个人所从事的职业活动的过程当中。综合赵小鹏与某学者对洞察力的定义（洞察力是指一个人多方面观察事物，从多种问题中把握其核心的能力，抑或指个人深入事物或问题的能力），本组决定从环境洞察力的角度，就人们对事物本质差异的多方面观察的能力进行深入讨论。

环境洞察力是指对环境事物的敏感性，发现其内在及潜在的本质，敏锐地发现别人尚未意识到的问题，使其更有效地运用身边的资源。而其中归纳推理和批判性思维的能力有助于环境洞察力的发展，即从不同的角度理解和判断事物的能力。

基于对环境洞察力的了解，将本教学内容分为两大部分。第一部分：初探环境洞察力，让学生明白环境洞察力的定义及其一般应用。第二部分：让学生了解如何培养环境洞察力，通过"沙漠游戏"的情景模拟，让学生体会应用环境洞察力需要观察力、知识和经验以及思维能力。

第一部分主要引导学生了解"环境洞察力"。明白环境洞察力的定义及其一般应用。让学生明白，环境洞察力是指对环境事物的敏感性，发现其内在及潜在的本质，敏锐地发现别人尚未意识到的问题，使其更有效地运用身边的资源。

第二部分让学生了解如何培养环境洞察力，主要讲解如何培养敏锐与客观的观察力，积累知识和经验，提升思维能力。

※教学目标

认知目标：让学生全面认识环境洞察力，了解环境洞察力的应用。

技能目标：让学生掌握培养环境洞察力的方法——培养敏锐与客观的观察力，积累知识和经验，提升思维能力。

情感目标：感悟地理学科与心理学科之间的微妙融合。

※教学时间：40分钟

※教学对象：高一学生

※教学重难点：

教学重点:通过教学活动让学生在了解环境洞察力的基础上具备一定的在生活和学习中运用环境洞察力的能力。

教学难点:让学生具备环境洞察力的运用意识并初步掌握提升自身环境洞察力的方法。

※教学流程:

第一部分:课程导入

观看影片节选视频,激发学生兴趣,并产生环境洞察力的初步印象。

师:今天我们课程的主题是"环境洞察力",那么大家一定会问:环境洞察力是什么呢?下面我将播放一段《金蝉脱壳》的影片节选,让我们一起来看看什么是环境洞察力。

【影片介绍】视频中的主人公被关入秘密的非法监狱,他通过对监狱结构的观察、对身边物品的使用以及对地理环境等相关洞察力的运用,成功逃脱非法监狱,摆脱了不公平的遭遇。

师:好,大家可以看到,主人公在一个陌生的环境中,依旧保持对身边事物的敏感性,透过一些表面现象看到事物的本质,然后运用身边非常有限的资源从非法监狱中逃离。

第二部分:主题深化

1) 环境洞察力的定义

师:我们可以总结出环境洞察力是指对环境事物的敏感性,发现其内在及潜在的本质,敏锐地发现别人尚未意识到的问题,使自身更有效地运用身边的资源。

2) 小体验(游戏:看图猜地方)

师:知道环境洞察力是什么之后,我们一起来体验一下,下面我会给大家看几张图片,大家运用自己的洞察力仔细观察,然后请同学起来回答图片中是哪个地方。

(1) 内蒙古的蒙古包(房顶的形状+木制的门),如图1-4所示。

(2) 香港(繁体字+车牌"A"),如图1-5所示。

图1-4 "环境洞察力"课程设计组图

图1-5 "环境洞察力"课程设计组图

(3) 美国旧金山的金门大桥,如图1-6所示。

3) 环境洞察力的运用

师:看完上面的几张图片,大家已经简单地体验了一下环境洞察力。下面大家要完成一个沙漠任务,这个沙漠任务呢,需要更加全面地运用你们的环境洞察力,去解决一些可能在沙漠中常见的困难情景。首先,我们来看一下都有哪些困难情景。

好,同学们已经分成了十组,下面每两个小组解决同一个问题,每个小组都可以拿到一些工具,你们需要尽可能地使用这些工具想出解决问题的方案,你们有6分钟的时间讨论,

图1-6 "环境洞察力"课程设计组图

并将你们的讨论结果写在纸上,讨论之后每个小组要派一个代表上来展示一下小组的解决方案。

- 沙漠游戏。

① 分组。

全班分成10组,每组同学拿到相应工具的图片/实物(见图1-7)。

② 模拟情景。

老师提出在沙漠中可能会遇到的5种困难,并分配到小组,每个困难都有两组同学解决(用时2分钟)。

图1-7 "环境洞察力"课程设计组图

- 缺水/缺食物;
- 由干燥而引发的身体不适(类似于高原反应);
- 酷热/严寒;
- 被有毒动物咬伤,被仙人掌扎伤等受伤;
- 发送求救信号。

【备注】沙漠游戏所遇困难及工具如表1-2所示。

表1-2 沙漠游戏所遇困难及工具

|  | 困 难 | 初定解决工具 | 干 扰 项 |
| --- | --- | --- | --- |
| 1 | 受伤(被有毒动物咬伤,被仙人掌扎伤) | 头巾、盐、公仔、牙膏、酒 | 报纸、热水、刀、尼龙绳 |

续表

|   | 困难 | 初定解决工具 | 干扰项 |
|---|---|---|---|
| 2 | 酷暑/严寒(防寒－30 ℃～－20 ℃,防晒50 ℃～70 ℃,防中暑) | 公仔、牙膏、酒、报纸、降落伞、辣条、冲锋衣 | 热水、地图、漫画书 |
| 3 | 缺水/缺食物 | 水果刀、放大镜、降落伞(红色)、辣条、热水、八宝粥 | 口香糖、酒、止咳糖浆 |
| 4 | 发送求救信号 | 户外手电筒、镜子、放大镜、降落伞(红色)、地图 | 尼龙绳、口哨、伞 |
| 5 | 因干燥而引起的身体不适 | 牙膏、酒、口罩、热水、止咳糖浆、八宝粥 | 垃圾袋、漫画书、口香糖 |

③ 分配任务。

每一组针对需要解决的困难,利用提供的工具,通过讨论,尽可能多地想出解决办法。将解决办法用油性笔写在卡纸上。(6分钟)

④ 展示。

每一组将写了解决办法的卡纸贴在黑板上,并进行展示(有实物的话),或说明如何解决问题,其他组也可以进行补充。(12分钟)

⑤ 老师总结。

老师总结(补充说明还有哪些工具可以解决这个问题)。(1分钟)

师:好,非常感谢上来展示的同学,那么,我们再一起看一下大家的解决方案,有没有哪位同学来分享一下看这十份解决方案的列表,有什么想法和启发。

生:略。

师:非常好,我们可以看到每个小组都能想出很多解决方案,并且解决同一个问题的两个小组也有不一样的解决方案。就像刚才那位同学发言说的,每个小组甚至每个同学的环境洞察力都不尽相同,那么接下来我们来一起学习一下怎么培养我们的环境洞察力。

4) 培养环境洞察力

师:培养环境洞察力有三个要点。

(1) 环境洞察力的培养方法。

- 培养敏锐与客观的观察力;
- 积累知识和经验;
- 提升思维能力。

师:下面先来看一下如何培养敏锐与客观的观察力。

(2) 提升观察力(讲授,结合变化盲视频讲解)。

- 提升观察力的方法:

√ 确立观察目标。

师:就像刚才大家要完成沙漠任务,大家的观察目标就是要解决你们各自小组的观察目标。

✓ 全神贯注，聚精会神。

✓ 掌握良好的观察方法。

师：刚才有同学就分享了怎么观察手上的工具。

✓ 明确观察对象。

✓ 制订观察计划。

师：刚才有小组就是分工合作，进行观察。

✓ 培养浓厚的兴趣和好奇心。

师：下面要来检验一下大家在平时生活中有没有敏锐的观察力，我会给大家看几个平时很常见的品牌标志(logo)，大家一起来辨别一下哪个才是真的。

师：先由第一小组回答，然后后面的小组依次回答。

- 分辨商家logo(见图1-8)。

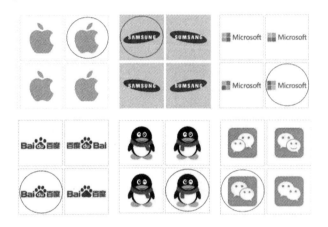

图1-8 分辨商家logo

师：看来大家平时的观察力都还不错，接下来我们一起看一个魔术视频，大家仔细观察，看一下大家可以发现什么。

- 播放变化盲视频(2分钟)。

师：好，大家发现什么了吗？(非常好，大家观察到了背景，两个人的衣服还有桌布都变了。)让我们一起来看一下到底发生了什么。

师：拥有了敏锐的观察力之后，我们还需要调动结合我们的知识和经验来做出一些判断。大家有看过《一站到底》这个节目，(看过)，好，那下面呢我们也来一起体验一下，每个小组派出一个代表，答对的继续答题，答错的同学则坐下来，看谁能够一站到底！

(3)积累知识与经验(一站到底)(4分钟)。

- 每一个小组派一个代表站起来答题，共23题，答对的小组成员继续答题，回答错误的小组成员则坐下来。

师：大家都非常不错，积累知识经验就是需要我们多读多看多体验，当然光有观察力和知识经验是不够的，我们还需要提升我们的思维能力。

(4)提升思维能力(讲解+举例)(3分钟)。

- 独立思考，常处于问题情景中，收集、整理资料，和他人一起讨论解决问题的方案，对解决问题的方案付诸实施。

师:首先问一下大家,大家平时有去超市吗?大家对超市商品的一些摆设也有一定的了解,下面我们还是来看几张超市的商品摆设图(见图1-9),然后大家一起来思考一下超市为什么这样摆设。

- 超市摆放的规律。

图1-9 "环境洞察力"课程设计组图

第三部分:课程总结(见图1-10)

图1-10 "环境洞察力"课程设计组图

**案例2:用心感受你我距离**(设计者:洪梓竣、刘颖、周子乔、刘秀婷、陈伟晔、张宁轩)

※教学理念

洞察力就是透过现象看本质,或者说洞察力是了解认识人或事物真相的能力。它包括组织洞察力、人际洞察力等等。人际洞察力是指引出、察觉、理解和预测他人的情感状态和体会的能力,包括在人际交往过程中对他人的动机、个性、行为及其原因的正确认识与准确判断。人际洞察力是情商的一种,表现为能觉察他人的情感反应,他人态度变化及其原因,有同情心,切身体会他人感受,尊重他人,对他人的观点和思想表现发自内心地感兴趣,能容忍他人不同的需要和观点。想要提升自身人际洞察力,最重要的是要学会设身处地,换位思考。

教学内容分为两大板块。第一板块:引入"人际洞察力",让学生明白人际交往当中需要体察他人的情绪并做出积极反应。第二板块:分享提升人际洞察力的方法——设身处地、换位思考,鼓励学生尝试通过制定合适的目标,在人际交往中关注细节,提升自身在人际交往中的人际洞察力。

第一板块主要引导学生明白在人际交往中需要体察他人情绪。从视频材料入手,让学生明白人际洞察力在人际交往中的重要性,同时通过一个小活动让学生体验人际洞察力(体验他人情绪状态)。

第二板块,提升学生的人际洞察力,通过角色扮演的方法,引导学生学会设身处地、换位思考,并引导学生在体察他人情绪之后学会做出积极的反应,来提升自己的人际洞察力,进而建立良好的人际关系。

※教学目标

认知目标:认识洞察力,明白何为人际洞察力及如何培养人际洞察力。

技能目标:通过课堂学习,学会在生活中培养自身的人际洞察力,使其对人际交往产生正面影响。

情感目标:感悟人际洞察力这一因素怎么影响我们的日常人际交往。

※教学时间:40分钟

※教学对象:高一学生

※教学重难点:

教学重点:明白何为人际洞察力,学会将其应用于人际交往中。

教学难点:人际洞察力这一概念于学生而言相对陌生,如何使学生正确认识人际洞察力并学会培养人际洞察力,进而获得良好的人际关系是本课的教学难点。

※教学流程

第一部分内容:教师通过创设情景,带动学生的积极性与主动性,引发学生兴趣并激发学生的求知欲,从而提出并深入解释人际洞察力的概念。

视频引入——播放截取的一段小视频,展示在人际交往当中人际洞察力(体验他人情绪)的重要性。

师:上课!

生:起立,敬礼,老师好!

师:同学们好,请坐。真诚沟通,真心相待。欢迎大家来到我们的心理课堂——用心感受你我距离。同学们请坐。今天我们的上课的内容是用心感受你我的距离。可能同学们听到这个题目有点迷茫,让我们先来看个视频(相关截图见图1-11)。

生:(略)。

师:大家看完这个视频,感觉要是这位主人公这样继续下去,结果会怎样?

生:(略)。

体验式活动1——情绪神探

先呈现一个句子以及该句子可能隐藏的情绪状态,让同学们念出,感受其情绪状态。再呈现一个句子,但不呈现情绪状态,请同学以自己认为的隐藏的情绪念出,其他同学猜测其情绪状态。

师:现在,我们一起来做情绪神探(见图1-12)吧。

接下来,老师会读出一些句子,同学们猜一下当事人的情绪,把答案记下。等会老师会给出答案,看看同学们是不是情绪神探。

生:(略)。

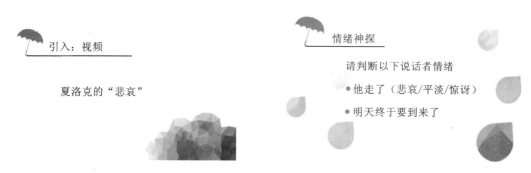

图1-11　视频材料截图　　　　　　　　图1-12　情绪神探

师:看来同学们都很厉害,但是老师想请大家注意,其实同一句话,在不同的语气背后会隐藏着不同的情绪。比如说他走了,可以是悲哀\平淡\惊讶,同学们可以试一下用这些情绪来念一下吗?

生:(略)。

师:很好,现在举一个例子,明天终于要到来了。哪位同学可以念出来,然后我们来猜他用哪种情绪来念。

生:(略)。

师:老师还想提醒同学们的是,还有其他观察情绪的角度,例如表情、动作、情景……

第二部分内容:教师开展"假如你是我"活动,引导学生自己发现问题、观察思考、探究新知,让学生自主分析与讨论,引发学生更进一步思考人际洞察力(体察他人情绪)的意义及提升方法。

体验式活动2——假如你是我

先呈现3个情景,让同学们将自己代入情景中,思考如果自己是情景中的主人公,会怎么做,有怎么样的感受。基于之前讨论的3个情景,让同学们进行角色扮演,深入体验。

师:大家现在觉得观察他人的情绪是很难的事情吗?

生:(略)。

师:大家可以回想一下,我们刚刚提到有什么途径可以观察他人的情绪?

其实刚才提到了,人们有很多的外在表现都反映出当时的情绪,同学们还记得有哪些表现吗?

生:(略)。

师:其实透过细心的观察,以及对方以往的表现比较,相信聪明的同学们一定会找到答案。

师:现在我们一起来进行"假如你是……"活动(见图1-13)。接下来有3个大家应该比较有共鸣的情景,大家要把情景内容记一下,等会要用到哦。

图 1-13 假如你是我

师:情景1(见图1-14),晚上10点,大家在这个时候应该还没睡觉吧?而在情景中,有位舍友感到有点头痛,不太舒服,所以很早就爬上床睡觉。同时,其他舍友刚好在聊天,声音很大。假如你是那位生病的舍友,你的感受是什么?你期望其他舍友怎么做呢?

情景:
晚上10点。我感到身体不太舒服,所以很早就爬上床休息。其他的舍友仍然在聊天说笑,声音越来越大。

假如你是……你会怎么做?

图 1-14 情景一

生:(略)。

师:我想,这位身体不太舒服的同学应该希望其他室友能够理解他,照顾他此时的感受,稍微安静下来,提供一个相对安静的环境,让他可以好好休息。你们觉得呢?

生:(略)。

师:下面我们进行角色扮演(见图1-15),感受一下在特定情景下会有怎样的情绪体验。同学们5~6人一组,我们的助教会给每个组分发任务卡,同学们根据任务卡上的情景进行角色扮演,拿到红色卡片的小组,最后得到一个和谐的结果;拿到黄色卡片的小组,最后得到的是一个使关系变差的结果。有8分钟的时间供大家体验。

生:(略)。

师:好,现在开始。记得重点留意反应和感受,等会老师会邀请同学上台展示(见图1-16),展示时间大约为2分钟。

假如你是我：小角色大扮演

游戏规则：
- 5~6人为一组
- 请根据任务卡上的情景以及结果要求进行角色扮演（8分钟）
- 随机邀请同学上台进行展示

图 1-15　小角色大扮演

假如你是我：小角色大扮演

假如你是……
你是怎么做的？

图 1-16　show time(表演时间)

生:（略）。

师:老师想问一下表演的同学啊,如果你是×××,你会怎么想呢?

生:（略）。

※教学总结

师:还记得在课堂开始的时候,我们学过一起学习觉察他人的情绪。然后在刚刚的活动中,大家又有怎样的体验呢?当我们觉察他人的情绪后,应该怎么做呢?

师:（有回答到换位思考）没错,我听到了有同学讲到换位思考。这就是老师想要提醒同学们的:当我们觉察到他人情绪时,我们应该设身处地、换位思考。

（没回答到换位思考）嗯,大家可以想一下,刚才活动的名字"假如你是我",会不会帮助你想到答案呢?

师:是的,当我们觉察到他人情绪时,我们应该做到设身处地、换位思考（见图1-17）。要做到换位思考,首先,我们应该有一定的情绪经验的积累;另外,我们还需要理解对方的需求。这里的需求可以是平日生活中的需求。比如每个人都需要娱乐,而有些人就有听音乐的需求。或许你觉得你不喜欢听音乐,不过你要理解。另一种需求是情绪的需求。想一下,如果你现在发怒,差不多要揍人了,你想有人不断在旁边劝你,还是让你自己冷静一下?

师:同学们学会如何做到设身处地了吗?

生:（略）。

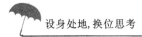

- 经验积累
- 尊重、理解与包容

图1-17 设身处地、换位思考

师：当我们学会觉察他人情绪，做到设身处地、换位思考，并做出积极反应时，老师相信大家应该会收获良好的人际关系(见图1-18)。

觉察　　　体验　　　积极反应
　　　设身处地、换位思考

图1-18 良好的人际关系

师：那么同学们觉得怎样才算是积极反应(见图1-19)呢？
生：(略)。

- 态度、语气
- 措辞
- 己所不欲，勿施于人

图1-19 积极反应

师：同学们说得都很好。老师简单概括为：态度、语气，以及措辞两个方面。比如说反应中，你觉得用命令的语气比较好？还是表达感受的语气好呢？另外在用字上，前面加个请，后面加个谢谢会不会让人更舒服呢？

生：(略)。

师：总体来说，没有绝对的做法。最重要的是己所不欲，勿施于人。

生：(略)。

师：现在老师想分享简单的人际技巧(见图1-20)给大家。①对于他人的烦恼，我们最好能做到积极倾听。②对于自己的烦恼,这是一种对立的情景。这时我们可以用分析"自己的需求＋对方的需求＋自己的感受"来让双方找到可以共同接受的解决方法。

小分享

- 他人的烦恼→积极倾听
- 自己的烦恼→自己的需求+对方的需求+自己的感受→商讨方案

图 1-20　小分享

师:相信大家现在已经对如何做出积极反应也有了想法。最后,对于今天的课,我想用亨利·福特的一句来总结。

来,大家一起念亨利·福特的话(见图 1-21)吧:成功的人际关系在于你能捕捉对方观点的能力,看一件事必须顾及你与对方的不同角度。

成功的人际关系在于你能<u>捕捉对方观点的能力</u>,看一件事必须顾及你与对方的不同角度。

——亨利·福特

图 1-21　亨利·福特的话

## 压力调适

当一个人充满压力时,也正是他使用了过多的能量,心理空间被占满了,意味着心理这部机器正不断地运作,无法休息。因此,要适度地去调适自己的压力,节省有限的能量。增加心理空间,解决问题,便是压力调适的重点。这里所指的能量指"身心力量"。身心力量包括心力、脑力和体力。心力指的是情绪问题,脑力就是一个人的想法,而体力便是生理上的变化。三者互有关联,当其中之一改变时,常常也能触动其他两者产生相应的变化。压力与生病间的心理历程如图 1-22 所示。

节省身心力量可朝"节流"与"开源"两个方向进行。

1. 节流

节省身心力量就是要判断是否值得花费某些能量,是否省下某些不需要浪费的力气。放松训练可以帮助我们节省不需要浪费的身心力量。

2. 开源

(1)时间:让自己有充裕的时间去思考,适时地补充能量,拓展身心力量。

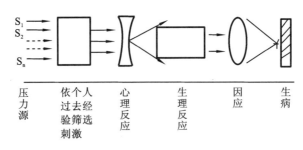

图 1-22 压力与生病间的心理历程

（2）换种想法：能否训练个体由不同的角度去思考，改变固有的思维方式。要除去既有的观念并不容易，因此要学会如何活用各种观念，使自己的弹性空间愈来愈大。当一个人想法愈多样时，弹性愈大，在事件发生时其容忍程度也会相应增加。事情并非总是直线发展，是否能有效地解决问题，主要取决于我们对事情变动的容忍范围的大小。而事情之所以无法解决，有时是因为脑力使用不当所致。因此，弹性地活用脑力，凡事就事论事，才能灵活地解决问题。

（资料来源：台湾政治大学心理学系许文耀教授专题讲座《压力调适》。）

### 心理训练

使用"焦点询问法"（见图1-23）可帮助我们提升自我反思的能力。

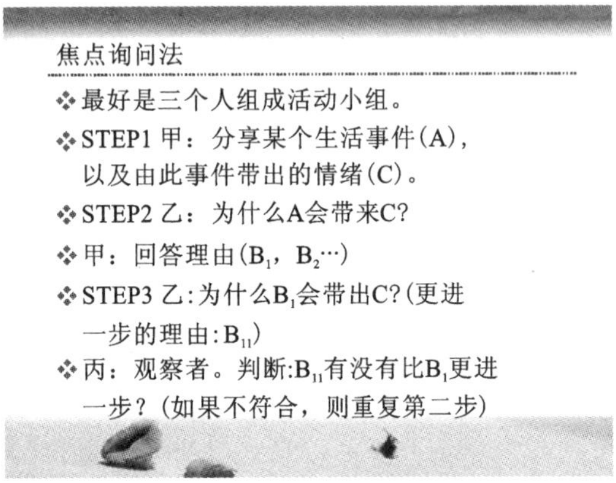

焦点询问法
- 最好是三个人组成活动小组。
- STEP1 甲：分享某个生活事件(A)，以及由此事件带出的情绪(C)。
- STEP2 乙：为什么A会带来C？
- 甲：回答理由($B_1$，$B_2$…)
- STEP3 乙：为什么$B_1$会带出C？（更进一步的理由：$B_{11}$）
- 丙：观察者。判断：$B_{11}$有没有比$B_1$更进一步？（如果不符合，则重复第二步）

图 1-23 焦点询问法

### 小 结

本章围绕课程设计的定位展开了分析，介绍了心理健康教育课程的五大特点，综合分析了心育课程与常规课程、传统德育课程之间的共性与区分点；分享了常用的支撑理论——团体动力学理论、情感教育理论、建构主义学习理论、体验式学习理论等；提出了教学设计的三阶段论，即站在"如何上好一节课"这一角度，笔者认为教学设计可包括讨论选题并确定相应的教学内容、进行素材的选择并思考情景创设的问题、推敲教法与学法的最优配置这三个基本过程;基于洞察力的同课异构案例分享,提出了做个"用心"教育者的基本理念。

1. 练习题
(1) 心理健康教育课程的特点有哪些?
(2) 课程教学设计的三个阶段分别是什么?
2. 思考题
"有人说,采用体验式学习理论进行课程设计时,最大的难点在于第三环节,即如何引出适当的反思并提升为知识。"请谈谈你对该观点的看法。

## 《分享有道》教学设计

一、案例背景

本案例选自广东省第三届本科高校师范生教学技能大赛的一等奖作品(心理专业)。具体内容如表1-3所示。

表1-3 《分享有道》教学设计

| 专题名称 | 《分享有道》 | 专题学时 | 10分钟 |
|---|---|---|---|
| 教学对象 | 小学三年级学生 | | |
| 一、教学理念 | | | |

本课以建构主义学习理论为依托进行设计。

建构主义认为,学习是建构内在心理表征的过程。学习者并不是把知识从外界搬到记忆中,而是以已有的经验为基础通过与外界的相互作用来获取、建构新知识的过程。因此,学习者的知识是在一定的情景下,借由他人的帮助,如协作、交流、利用必要的信息等等,通过意义建构而获得的。

由于学习是在一定的情景即社会文化背景下,借助其他人的帮助即通过人际协作活动而实现的意义建构过程,因此建构主义学习理论认为情景、协作、会话和意义建构是学习环境中的四大要素或四大属性。

其中,学习环境中的情景必须有利于学生对所学内容的意义建构。这就对教学设计提出了新的要求,也就是说,在建构主义学习环境下,教学设计不仅要考虑教学目标分析,还要考虑有利于学生建构意义的情景的创设问题,并把情景创设看作是教学设计的最重要内容之一。

建构主义学习理论强调学习的主动性、社会性、情景性、协作性。他们提倡一种更加开放的学习形式与方式。而对于每个个体来说,这种开放的学习在具体的学习方法和学习结果上都有可能存在差异。

由此可见,建构主义学习理论对于教学设计而言,主要的核心之一在于情景的创设问题。因此,本课程在设计时,以该核心问题为思考的重点,尝试采用不同的课堂组织方式来创设相应的情景,比如视频中展示的真实情景、角色扮演中的生活话题等。希望借此引发学生在互动、分享中展开思考与感悟,最终实现意义建构。

续表

## 二、教学内容

（一）《中小学心理健康教育指导纲要（2012修订）》的相关内容

《中小学心理健康教育指导纲要（2012年修订）》中明确指出，小学中年级学生应树立集体意识，善于与同学、老师交往。基于该理念，本课选择以"分享行为"为平台，尝试提升小学生与人交往的能力。

（二）解读"分享"

分享是亲社会行为的一种表现，是指个体与他人共同享用某种资源。在人们的社会生活中，分享行为是一种非常重要的行为，它使人们之间和睦相处、共同劳动和享受自然界与人类社会带给人们的各种条件，是人的社会性的重要组成部分。由于分享行为在人类生活中所起的重要作用，所以在各种社会、各种宗教、各种文化中，分享行为都被赋予很高的道德价值。可见，分享行为正是人与人之间形成和维持良好关系的重要基础，是一种积极的社会行为。因此，首先要让学生感悟分享的意义，产生相应的意识。

然而，在成长的过程中，我们发现，关于分享，需要考虑"度"的问题。比如，哪些事物是可以分享，而哪些内容又需要谨慎对待；在不同的场合，哪些表现是属于合适的分享行为，等等。这些，均需要在课程设计中予以考虑。

此外，多项研究结果显示，小学生在精神上往往表现出自我中心主义。他们常常以自己的感知动作、情绪情感、主观意愿等为中心，从自己的视角或立场看待周围世界中的一切。他们没有、也往往意识不到需要从另外一个角度或多个角度去审视、理解和对待外在的人、事、物，或某种观念。因此，对于小学生来说，能尝试"为他人着想"是在社会化过程中需要习得的。"为他人着想"，可理解为主体在认识过程中，为达到对客体及其与主体的关系的客观、全面的真理性认识所运用的一种思维方式。在认识过程中，作为主体的人难免有一定程度的主观性和片面性。"为他人着想"正是以转变主体认识的立场或方位的方式，来突破在认识上束缚主体的各种限制条件，以达到理性认识的一种思维形式。

（三）全课框架（40分钟）

本课以"学会分享"、"乐于分享"和"善于分享"为三大核心板块进行设计（见图1-24）。整体构思是以活动体验引出分享主题，激发学生的积极性，引导他们感受分享时的情感体验，归纳分享的收获，掌握分享的技巧，从而让学生学会分享，乐于分享，善于分享。

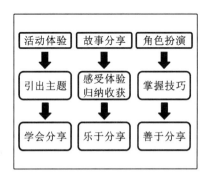

图1-24 全课框架图

本课围绕"善于分享"这个话题展开，选取其中的10分钟予以设计。引领学生体会分享的价值，感悟分享需要"度"，以及开始站在他人的角度，为他人着想。

续表

三、教学对象分析

中年级小学生的抽象逻辑思维没有发展成熟,还不能根据理性逻辑框架来调整自己的行为,他们遵循的是个体主观性的、直接经验式的逻辑,表现出打破常规、不拘一格的创造性、开放性和跳跃性。他们往往以自身的感知动作、情绪情感、主观意愿等为中心,从自己的视角或立场看待周围世界中的一切。他没有也不能意识到需要从另外一个角度或多个角度去审视、理解和对待外在的人、事、物,或某种观念。在生活中,我们也发现学生在处理人际交往问题时多从自己的角度出发,表现为自我中心,固执己见,总以为自己是对的,别人是错的。类似的现象比比皆是。

简而言之,小学中年级学生具有以下心理特点。

第一,小学阶段是学生个体心理发展的关键时期,在身心发育和内心世界中产生了诸多显著特点。

第二,小学生的道德推理标准从利己向利他发展,使小学生逐渐学会关心他人的利益,满足他人的需要。

第三,小学二至四年级是小学生利他行为发展的急剧变化时期,因此在这个阶段可更多地对小学生的利他行为进行引导。

第四,近期研究表明,小学生分享行为在群体中并不普遍,电视、报纸、网络上报道的儿童不懂分享、自私自利的现象也呈上升趋势,儿童分享行为的缺失已经成为社会的重要问题。

四、教学目标

(一)认知目标

培养分享意识。

(二)情感目标

引发学生对分享行为的体验与感悟。

(三)技能目标

让学生学会并运用分享技巧。

五、教学重难点

(一)教学重点

分享时,注意考虑他人的感受。

(二)教学难点

领悟分享有度。

(三)关于教学难点的突破问题

拟以建构主义理论为依托建构整体教学环节,尝试突出重点。对于本节课的难点,拟通过合理的情景设置让学生切身感受,从而积极解决问题。

六、教法与学法

(一)教法

采用讲授法、角色扮演法、多媒体教学法等多种方法相结合。

(二)学法

学生学习方法以合作学习为主。

续表

| 七、教学准备 |
| --- |
| 白板笔、麦克风、翻页笔、两个信封等。 |
| 八、教学流程 |

总体教学流程如图 1-25 所示：

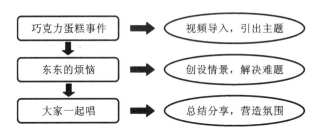

图 1-25　教学基本流程

具体详述如下。

（一）巧克力蛋糕事件

播放关于分享的视频（相关截图见图 1-26）让学生了解生活中的类似情景，并引出分享这一话题。以提问的形式激发学生的热情，引发他们对分享的思考。

图 1-26　视频截图

提问：

（1）如果你是影片中的小男孩，你会怎么做？

（2）你以前有没有和别人分享过东西？那时候的心情体验是怎么样的？

（3）分享是一种美德，但是不是所有的东西都适合拿出来分享呢？

（二）东东的烦恼

创设情景让学生演绎并体会分享不当所带来的烦恼，引导学生积极解决问题，归纳出"分享有度"并且"为他人着想"的基本知识。

情景一：

贝贝不想写作业。东东把他的作业"分享"给贝贝。贝贝虽然完成了作业，考试时却考得一塌糊涂。

素材分析：引发学生感悟，并非所有事物皆可成为分享的内容，因此，分享要有度。（板书：分享有度）

续表

情景二：

茜茜父母吵架了。她把这个秘密告诉给好朋友东东。东东却把它"分享"给了全班同学。茜茜很难过，再也不想和东东做朋友了。

素材分析：引发学生思考，在分享之前，要仔细思考自己的分享行为会否对他人造成不良的影响。（板书：为他人着想）

（三）大家一起唱

播放改编的"幸福分享歌"，让学生在愉快的歌声中升华对课程的感悟。

九、板书设计

小技巧

分享有度

为他人着想

十、教学反思

本课设计的最大特色在于采用了建构主义理论进行课程设计，在教学中，通过各种活动的展开，包括以"视频故事"引发悬念，以角色扮演感受不同体会，以齐声合唱烘托气氛等，组织了一场富有感染力和激情的课堂。让学生在各种情景的体验下，产生情感，分享感受，升华认识，并予以践行。

在实际模拟中，由于授课对象由大学生演绎，故整体气氛的营造、活动的反应依赖于现场学生的各种反应，由此可能带来与真实小学课堂的差异。

二、案例讨论

1. 在该设计中，教学环节与教学理念之间如何体现联系？
2. 该设计中，内容选择的适配度如何？

（设计者：林文杰　指导教师：许思安，唐红波）

### 本章推荐阅读书目

[1] 王玲.心理健康教育B证教程[M].广州：广东语言音像出版社，2008.
[2] 许思安，唐红波.教师心理保健[M].广州：广东语言音像出版社，2007.

# 第二章
## 心理健康教育课程设计的基本要素

 本章结构

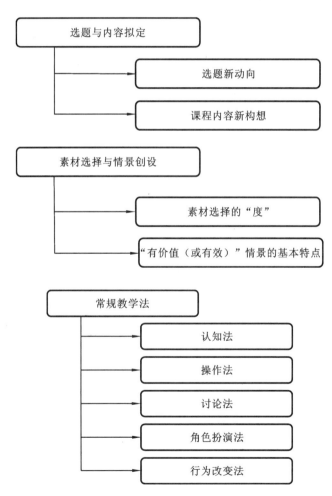

## 第一节　选题与内容拟定

 案例分享

### 体验生活中的幸福

一、教学目标

通过教学使学生了解每一个人对于幸福的定义都是不同的,但是每个人的幸福都是来源于我们的日常生活中。通过教师的引导和学生的自主探索,让学生认识到只要用心去体验生活,就可以找到自己的幸福,从而形成积极健康的人格。

二、教学重难点

让学生学会从平凡的生活中找到幸福,包括以下三点:

(1)"幸福"的定义因人而异;

(2)幸福来自生活的点点滴滴;

(3)幸福最终由内在心态决定。

三、教学用具

多媒体。

四、教学过程

导入新课:什么是幸福

同学们,今天我们来分享一个很简单又很深奥的话题——幸福。首先,老师要问大家:"你幸福吗?"看看同学们的表情可都是别有深意啊!那接下来就请大家带着这个问题来上这节心理课。

课程主体:

1. 幸福是什么

谈到幸福,就不得不先问一个问题:幸福是什么?是不是就像王大锤(网络剧《万万没想到》的男主角)说的,升职加薪,当上总经理,出任CEO(首席执行官),迎娶白富美,走向人生巅峰?我看未必吧。那在听同学们的心声之前,老师想先跟大家分享一个电影的小片段。请同学们认真听,影片主人公杨红旗是怎么定义幸福的。

(播放影片《求求你表扬我》片段)

大家觉得,他对幸福的理解怎么样?(停顿20秒左右看学生的反应)其实,工人会认为,幸福就是工资多一点,加班时间少一点。而我会认为,幸福就是学生能够成才,当然不只是成绩好这一方面。但农民就不这么想,他们会认为幸福就是养多点牛和猪,卖多点牛奶或者猪肉,让儿子娶个好媳妇。

讲了这么多,那么同学们呢?你们认为,幸福是什么?接下来,以前后4个人为单位,讨论出3种对于幸福的看法,然后写下来做分享(见图2-1)。

(给学生5分钟思考讨论,其间播放《幸福就是》音乐)

图 2-1 心语分享

好,看来同学们真的是各有奇思妙想。那我就随机请几名同学来分享一下他对幸福的定义啦。

(一个小组"开火车"或者抽点几名同学,约 5 分钟)

听完了这几名同学的分享,其他同学有什么感觉啊?看得出来,每一个人对于幸福的定义都还是有不同的。而且,其实幸福就在我们的身边,就在我们的生活中。就像刚刚××提到的×××就是生活中很普通很平凡的细节,但也一样可以带给我们幸福。

2. 寻找身边的幸福

那除了你们自己,身边的人也都有自己的幸福。现在,请大家再拓展思维,试着想一想,别人(指和自己有关联的人)的幸福又是什么。然后,请大家完成自己的"幸福摩天轮"(见图 2-2)。

(学生完成自己的"幸福摩天轮",教师在一旁做指导。约 5 分钟)

图 2-2 幸福摩天轮

看来同学们都有"火眼金睛"啊,很快就能够找到生活中,在我们身边存在的各种各样的幸福。那,接下来的时间还是交给大家。我也很想听一听同学们关于幸福的答案。

(学生分享。约 3 分钟)

通过同学们的分享,大家可以更深刻地感受到了吧,生活当中到处都是幸福,只是不同的细节对于不同的人来说有非同一般的意义而已。幸福这么多,但是如果你不牢牢抓住它们(伴随动作),它们也一样会溜走的。所以啊,老人们都爱说,幸福来得不容易。所以今天,我也要学一把老人家,语重心长地告诉大家,要珍惜幸福啊(语气夸张)!

3.调整心态,迎接幸福(约13分钟)

同学们,每天不要再怀着淡淡的忧伤以45度角仰望天空、享受"寂寞"了。现在,请大家一起来看一组数字。

如果早上你起床的时候身体健康,没有患病(当然是指难治的病啊),那么,你就已经比几百万人幸运,因为他们甚至看不到下周的太阳了。还有,大家有没有经历过战争?没有是吧。有没有经历过牢狱里的严刑逼供?也没有是吧。那么老师告诉你,你已经比至少5亿人过得好了……听上去好像自己生活真的很不错是吧?我想与大家一起感受的就是这种体会了。因为你衣食无忧、生活安稳,所以你已经比世界上75%的人过得好了。假如,你努力了,找到一份工作,有点小钱,那么你就会成为世界上仅有的8%的最幸运的人了。

此时此刻,大家有怎样的想法?抛开那些忧伤、遗憾等等,勇敢地迎接幸福吧。换个角度看风景,说不定就会有惊喜。调整自己的心态,不妨一起来尝试:

(1)确定适合自己的目标。如果你想明天一睁眼就成为世界首富,那对不起,请出门右转。但是,假如你告诉自己明天要背3个单词,这个是可以做到的吧?当你完成之后,幸福就会来找你了,虽然只是小幸福啊。

(2)与人为善。从刚刚同学们的分享中,我看到,有些幸福是来自良好的人际关系。这个也简单啊,假如你今天跟张三吵架,明天跟李四打一场,那多累啊,哪里还有时间幸福。但是如果你尽力让自己微笑待人,你很快就会发现幸福来报道了。

(3)进行积极的心理暗示。最后一个当然是法宝啦,当你总是告诉自己"我很幸福"的时候,是真的会幸福的。当你看事物总试着去发现积极的一面时候,幸福就甩不掉了。比如说,考不好了,怎么办?那就证明进步空间大啊,努力一下就上去了。这样多好。

同学们,幸福与否,取决于你的心态。

(设计者:许泓)

这是2014年在某职校展开的一次关于"幸福"专题的尝试。活动中,第一次把"积极情绪"这一理念带进了心理健康教育的课堂,也迈出了走向心理健康教育活动课选题新趋势的坚实一步。亲爱的读者,您在其中感悟到了什么?心理健康教育活动课程的未来方向具体应如何规划?在本节中,将对从课程设计的选题到内容的拟定,逐一展开叙述。

### 学习导航

一、选题新动向

(一)规范化

国家教育部颁发的《中小学心理健康教育指导纲要(2012年修订)》(以下简称《纲要》),

明确界定了中小学心理健康教育的各项要务。现择其要点介绍如下。

心理健康教育的主要内容包括：普及心理健康知识，树立心理健康意识，了解心理调节方法，认识心理异常现象，掌握心理保健常识和技能。其重点是认识自我、学会学习、人际交往、情绪调适、升学择业以及生活和社会适应等方面的内容。

小学低年级主要包括：帮助学生认识班级、学校、日常学习生活环境和基本规则；初步感受学习知识的乐趣，重点是学习习惯的培养与训练；培养学生礼貌友好的交往品质，乐于与老师、同学交往，在谦让、友善的交往中感受友情；使学生有安全感和归属感，初步学会自我控制；帮助学生适应新环境、新集体和新的学习生活，树立纪律意识、时间意识和规则意识。

小学中年级主要包括：帮助学生了解自我，认识自我；初步培养学生的学习能力，激发学习兴趣和探究精神，树立自信，乐于学习；树立集体意识，善于与同学、老师交往，培养自主参与各种活动的能力，以及开朗、合群、自立的健康人格；引导学生在学习生活中感受解决困难的快乐，学会体验情绪并表达自己的情绪；帮助学生建立正确的角色意识，培养学生对不同社会角色的适应；增强时间管理意识，帮助学生正确处理学习与兴趣、娱乐之间的矛盾。

小学高年级主要包括：帮助学生正确认识自己的优缺点和兴趣爱好，在各种活动中悦纳自己；着力培养学生的学习兴趣和学习能力，端正学习动机，调整学习心态，正确对待成绩，体验学习成功的乐趣；开展初步的青春期教育，引导学生进行恰当的异性交往，建立和维持良好的异性同伴关系，扩大人际交往的范围；帮助学生克服学习困难，正确面对厌学等负面情绪，学会恰当地、正确地体验情绪和表达情绪；积极促进学生的亲社会行为，逐步认识自己与社会、国家和世界的关系；培养学生分析问题和解决问题的能力，为初中阶段学习生活做好准备。

初中年级主要包括：帮助学生加强自我认识，客观地评价自己，认识青春期的生理特征和心理特征；适应中学阶段的学习环境和学习要求，培养正确的学习观念，发展学习能力，改善学习方法，提高学习效率；积极与老师及父母进行沟通，把握与异性交往的尺度，建立良好的人际关系；鼓励学生进行积极的情绪体验与表达，并对自己的情绪进行有效管理，正确处理厌学心理，抑制冲动行为；把握升学选择的方向，培养职业规划意识，树立早期职业发展目标；逐步适应生活和社会的各种变化，着重培养应对失败和挫折的能力。

高中年级主要包括：帮助学生确立正确的自我意识，树立人生理想和信念，形成正确的世界观、人生观和价值观；培养创新精神和创新能力，掌握学习策略，开发学习潜能，提高学习效率，积极应对考试压力，克服考试焦虑；正确认识自己的人际关系状况，培养人际沟通能力，促进人际的积极情感反应和体验，正确对待与异性同伴的交往，知道友谊和爱情的界限；帮助学生进一步提升承受失败和应对挫折的能力，形成良好的意志品质；在充分了解自己的兴趣、能力、性格、特长和社会需要的基础上，确立自己的职业志向，培养职业道德意识，进行升学就业的选择和准备，培养担当意识和社会责任感。

综上所述，《纲要》中要求在中小学开展心理健康教育的主要板块包括学习、人际、自我、情绪(含抗逆力)、青春期、适应、价值观、职业规划等共计八大内容。其具体分布如表2-1所示。

表 2-1 《纲要》内容板块分布表

| 阶段 | 学习 | 人际 | 自我 | 情绪（含抗逆力） | 青春期 | 适应 | 价值观 | 职业规划 |
|---|---|---|---|---|---|---|---|---|
| 小学低 | 2 | 3 | 0 | 0 | 0 | 3 | 0 | 0 |
| 小学中 | 5 | 1 | 4 | 1 | 0 | 0 | 0 | 0 |
| 小学高 | 3 | 2 | 2 | 3 | 1 | 0 | 1 | 0 |
| 初中 | 5 | 2 | 2 | 4 | 2 | 2 | 0 | 2 |
| 高中 | 3 | 2 | 1 | 3 | 1 | 0 | 3 | 2 |

由此可见，《纲要》的颁布，为学校心理健康教育课程教学的规划与实施提供了坚实的依据。在实际课程教学中，选题及内容的拟定，首先需思考是否吻合《纲要》的精神。

（二）前沿性

《纲要》指出，心理健康教育的总目标是：提高全体学生的心理素质，培养他们积极乐观、健康向上的心理品质，充分开发他们的心理潜能，促进学生身心和谐可持续发展，为他们健康成长和幸福生活奠定基础。那么，具体要培养学生哪些心理素质、心理品质？这正是关于学生核心素养的重要思考。

所谓核心素养，是指学生在接受相应学段的教育过程中，逐步形成的适应个人终身发展和社会发展需要的必备品格与关键能力。它具有以下基本特征：核心素养是所有学生应具有的最关键、最必要的共同素养，是知识、能力和态度等的综合表现；核心素养可以通过接受教育来形成和发展，既表现出发展的连续性，也具有发展的阶段性；核心素养兼具个人价值和社会价值，其作用发挥具有整合性。

### 知识链接 2-1

#### 中国学生发展核心素养指标体系总体框架

中国学生发展核心素养，以科学性、时代性和民族性为基本原则，以培养"全面发展的人"为核心，分为文化基础、自主发展、社会参与三个方面。

综合表现为人文底蕴、科学精神、学会学习、健康生活、责任担当、实践创新六大素养（见图 2-3），具体细化为国家认同等十八个基本要点。根据这一总体框架，可针对学生年龄特点进一步提出各学段学生的具体表现要求。

一、基本内涵

核心素养课题组历时三年集中攻关，并经教育部基础教育课程教材专家工作委员会审议，最终形成研究成果，确立了以下六大学生核心素养。

（一）文化基础

文化是人存在的根和魂。文化基础，重在强调能习得人文、科学等各领域的知识和技能，掌握和运用人类优秀智慧成果，涵养内在精神，追求真善美的统一，发展成为有宽厚文化基础、有更高精神追求的人。

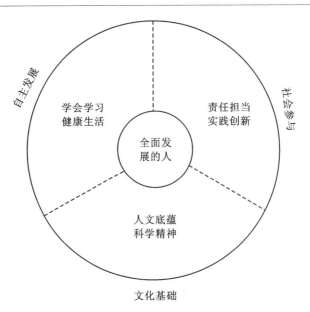

图 2-3　我国学生核心素养指标体系总框架

1. 人文底蕴

主要是学生在学习、理解、运用人文领域知识和技能等方面所形成的基本能力、情感态度和价值取向。具体包括人文积淀、人文情怀和审美情趣等基本要点。

2. 科学精神

主要是学生在学习、理解、运用科学知识和技能等方面所形成的价值标准、思维方式和行为表现。具体包括理性思维、批判质疑、勇于探究等基本要点。

(二)自主发展

自主性是人作为主体的根本属性。自主发展，重在强调能有效管理自己的学习和生活，认识和发现自我价值，发掘自身潜力，有效应对复杂多变的环境，成就出彩人生，发展成为有明确人生方向、有生活品质的人。

1. 学会学习

主要是学生在学习意识形成、学习方式方法选择、学习进程评估调控等方面的综合表现。具体包括乐学善学、勤于反思、信息意识等基本要点。

2. 健康生活

主要是学生在认识自我、发展身心、规划人生等方面的综合表现。具体包括珍爱生命、健全人格、自我管理等基本要点。

(三)社会参与

社会性是人的本质属性。社会参与，重在强调能处理好自我与社会的关系，养成现代公民所必须遵守和履行的道德准则和行为规范，增强社会责任感，提升创新精神和实践能力，促进个人价值实现，推动社会发展进步，发展成为有理想信念、敢于担当的人。

1.责任担当

主要是学生在处理与社会、国家、国际等关系方面所形成的情感态度、价值取向和行为方式。具体包括社会责任、国家认同、国际理解等基本要点。

2.实践创新

主要是学生在日常活动、问题解决、适应挑战等方面所形成的实践能力、创新意识和行为表现。具体包括劳动意识、问题解决、技术应用等基本要点。

二、主要表现

那么,人文底蕴、科学精神、学会学习、健康生活、责任担当、实践创新六大核心素养具体包括哪些要点呢?六大素养还具体细化为人文积淀、人文情怀、审美情趣等18个要点,各要点也确定了重点关注的内涵。

(一)文化基础——人文底蕴

1.人文积淀

重点是:具有古今中外人文领域基本知识和成果的积累;能理解和掌握人文思想中所蕴含的认识方法和实践方法等。

2.人文情怀

重点是:具有以人为本的意识,尊重、维护人的尊严和价值;能关切人的生存、发展和幸福等。

3.审美情趣

重点是:具有艺术知识、技能与方法的积累;能理解和尊重文化艺术的多样性,具有发现、感知、欣赏、评价美的意识和基本能力;具有健康的审美价值取向;具有艺术表达和创意表现的兴趣和意识,能在生活中拓展和升华美等。

(二)文化基础——科学精神

1.理性思维

重点是:崇尚真知,能理解和掌握基本的科学原理和方法;尊重事实和证据,有实证意识和严谨的求知态度;逻辑清晰,能运用科学的思维方式认识事物、解决问题、指导行为等。

2.批判质疑

重点是:具有问题意识;能独立思考、独立判断;思维缜密,能多角度、辩证地分析问题,做出选择和决定等。

3.勇于探究

重点是:具有好奇心和想象力;能不畏困难,有坚持不懈的探索精神;能大胆尝试,积极寻求有效的问题解决方法等。

(三)自主发展——学会学习

1.乐学善学

重点是:能正确认识和理解学习的价值,具有积极的学习态度和浓厚的学习兴趣;能养成良好的学习习惯,掌握适合自身的学习方法;能自主学习,具有终身学习的意识和能力等。

2.勤于反思

重点是:具有对自己的学习状态进行审视的意识和习惯,善于总结经验;能够根据不同情景和自身实际,选择或调整学习策略和方法等。

3.信息意识

重点是:能自觉、有效地获取、评估、鉴别、使用信息;具有数字化生存能力,主动适应"互联网＋"等社会信息化发展趋势;具有网络伦理道德与信息安全意识等。

(四)自主发展——健康生活

1.珍爱生命

重点是:理解生命意义和人生价值;具有安全意识与自我保护能力;掌握适合自身的运动方法和技能,养成健康文明的行为习惯和生活方式等。

2.健全人格

重点是:具有积极的心理品质,自信自爱,坚韧乐观;有自制力,能调节和管理自己的情绪,具有抗挫折能力等。

3.自我管理

重点是:能正确认识与评估自我;依据自身个性和潜质选择适合的发展方向;合理分配和使用时间与精力;具有达成目标的持续行动力等。

(五)社会参与——责任担当

1.社会责任

重点是:自尊自律,文明礼貌,诚信友善,宽和待人;孝亲敬长,有感恩之心;热心公益和志愿服务,敬业奉献,具有团队意识和互助精神;能主动作为,履职尽责,对自我和他人负责;能明辨是非,具有规则与法治意识,积极履行公民义务,理性行使公民权利;崇尚自由平等,能维护社会公平正义;热爱并尊重自然,具有绿色生活方式和可持续发展理念及行动等。

2.国家认同

重点是:具有国家意识,了解国情历史,认同国民身份,能自觉捍卫国家主权、尊严和利益;具有文化自信,尊重中华民族的优秀文明成果,能传播弘扬中华优秀传统文化和社会主义先进文化;了解中国共产党的历史和光荣传统,具有热爱党、拥护党的意识和行动;理解、接受并自觉践行社会主义核心价值观,具有中国特色社会主义共同理想,有为实现中华民族伟大复兴中国梦而不懈奋斗的信念和行动。

3.国际理解

重点是:具有全球意识和开放的心态,了解人类文明进程和世界发展动态;能尊重世界多元文化的多样性和差异性,积极参与跨文化交流;关注人类面临的全球性挑战,理解人类命运共同体的内涵与价值等。

(六)社会参与——实践创新

1.劳动意识

重点是:尊重劳动,具有积极的劳动态度和良好的劳动习惯;具有动手操作能力,掌握一定的劳动技能;在主动参加的家务劳动、生产劳动、公益活动和社会实践中,具有改进和创新劳动方式、提高劳动效率的意识;具有通过诚实合法劳动创造成功生活的意识和行动等。

2.问题解决

重点是:善于发现和提出问题,有解决问题的兴趣和热情;能依据特定情景和具体条件,选择制定合理的解决方案;具有在复杂环境中行动的能力等。

3.技术运用

重点是:理解技术与人类文明的有机联系,具有学习掌握技术的兴趣和意愿;具有工程思维,能将创意和方案转化为有形物品或对已有物品进行改进与优化等。

### (三) 时代性

积极心理学倡导关注个体的积极心理品质,主张以积极的视角看待自身、他人乃至社会。这启发我们可以把积极情绪、积极人格特质的培养等理念渗透在中小学心理健康教育的课程之中。比如:在小学阶段,可侧重于良好(积极)行为习惯的培养;在初中阶段,可侧重于积极情绪的训练;在高中阶段,可侧重于积极人格特质的塑造。

## 二、课程内容新构想

基于选题的新趋势,笔者融合了《纲要》的基本要求、核心素养的理念以及积极心理学的发展趋势,打造了一个具有"螺旋式"上升的内容体系,供读者参考,如表2-2所示。

表2-2 内容总汇

| 主题 | 《纲要》 | 学段 | 内容 |
|---|---|---|---|
| 适应 | 认识班级、学校、日常学习生活环境和基本规则 | 小学一至二年级 | 熟悉校园环境,能喜欢校园;熟悉学校的规章制度;了解小学学习生活与幼儿园的异同,初步了解小学生需要做到的事情与基本规则 |
| | 树立纪律意识、时间意识和规则意识 | | 了解校园常规,养成遵纪守则的良好习惯;了解时间的宝贵,培养惜时、守时的时间管理意识;针对"纪律、时间、规则"等三方面展开行为训练 |
| | 使学生有安全感,初步学会自我控制 | | 创设应激情景,提升学生自我保护、自我防御意识与技能 |
| | 适应中学阶段的学习环境和学习要求 | 初中 | 分析小学与初中学习环境的差异;分析小学与初中学习要求的不同;分析初中三年,不同学习阶段的要求;提供适应相应变化的途径与方法 |
| | 逐步适应生活和社会的各种变化 | | 比较小学与初中生活中的环境变化(校园、校风、教师、同学等);展现社会的变化;设置若干应激情景,如突发人际冲突、文化环境变化、突发灾难等;分别提供适应相应变化的途径与方法 |

续表

| 主题 | 《纲要》 | 学段 | 内　　容 |
|---|---|---|---|
| 学习 | 初步感受学习知识的乐趣 | 小学一至二年级 | 体会知识的价值;感受获得知识的乐趣;分享获得知识的渠道与方法 |
| | 重点是学习习惯的培养与训练 | | 培养以下行为习惯:不拖拉(效率)、听课(专注力)、自控力。(重点在于感受存在拖拉行为、上课注意力不集中的劣势,感受自控能力强的优势,产生培养良好行为习惯的意识。)了解小学课堂学习的基本规则,培养惜时、专注、克己、自律的学习习惯 |
| | 初步培养学生的学习能力 | 小学三至四年级 | 运用多感官学习法,提高学习效率;学会有目的、有重点地展开观察,提升学习的有效性,掌握记笔记、分类与比较的学习策略,提升学习能力。展开记忆习惯(记忆行为习惯、记忆效率习惯)训练、记忆协同训练,掌握形象记忆法、信息增失训练法 |
| | 激发学习兴趣和探究精神 | | |
| | 树立自信,乐于学习 | | 通过想象力训练,感受学习的乐趣,从而激发兴趣 |
| | 在学习生活中感受解决困难的快乐 | | 分享学习的经验与困惑;寻找学习的榜样;展开自信心训练 |
| | 增强时间管理意识,正确处理学习与兴趣、娱乐之间的矛盾 | | 创设适度"难题"(难关),在解决问题中体验快乐 |
| | 培养学生的学习兴趣和学习能力 | | 体验时间的价值,珍惜时间;学会合理安排课余时间(课堂作业的完成、自身兴趣爱好的培养、娱乐时间的安排等) |
| | 端正学习动机,调整学习心态 | 小学五至六年级 | 通过创造力训练,激发学习兴趣,并培养相应的学习能力。掌握归类记忆法、谐音记忆法、歌谣记忆法,增强记忆力,提高学习效率 |
| | 正确对待成绩,体验学习成功的乐趣 | | 分享学习的目的;设想自己的理想,初步制定自己的短期目标和长期目标,有信心地展望未来;学会制订有效的学习计划;为自己的学习负责。剖析学习压力,分享压力管理策略 |
| | | | 感受面对成绩的喜与忧,合理归因;理解"目标设定"的作用;通过设置合适的目标,体验"成功" |

续表

| 主题 | 《纲要》 | 学段 | 内 容 |
|---|---|---|---|
| 学习 | 培养正确的学习观念 | 初中 | 学习探索是人的天性;学习是苦与乐的过程,体验学习的快乐。学习是自己的事情。树立终身学习的意识 |
| | 发展学习能力 | | 通过注意力训练、记忆力训练、思维导图分析,发展学生的注意力、记忆力和思维力 |
| | 改善学习方法 | | 剖析学习的三大环节:预习、听课与复习,针对每一环节的学习要求给予具体的学习建议。感悟应试的技巧,提升应对考试的能力 |
| | 提高学习效率 | | 感悟学习计划的重要性,懂得为自己的学习设定合理的目标,规划实现目标的步骤与策略。提升自身决策思维与解决问题的能力 |
| | 正确处理厌学心理 | | 进行厌学现象的心理分析(主要表现为学生对学习认识存在偏差,情感上消极地对待学习,行为上主动远离学习);懂得合理应对厌学现象 |
| | 培养创新精神和创新能力 | 高中 | 突破思维定势、敢于想象、勇于创新,善于突破框架、运用发散思维 |
| | 掌握学习策略 | | 比较初中与高中的学习异同点,分享调整策略(积极心态、社会支持);进行元认知策略训练(计划、监控、调节策略),善于进行时间管理 |
| | 开发学习潜能,提高学习效率 | | 觉察和挖掘自身的学习潜能,突显优势,弥补不足,树立学习自信心 |
| 人际 | 培养学生礼貌友好的交往品质 | 小学一至二年级 | 文明用语的练习与应用;展示微笑的魅力 |
| | 乐于与老师、同学交往,在谦让、友善的交往中感受友情 | | 能亲近新老师,主动结交新伙伴;能运用真诚、文明、适度的语言表达方式与同伴、教师进行交流;懂得主动打招呼;主动说"对不起",分清"借"和"拿";用尊重、谦让、友善的行为方式与同伴交往。感悟在交往中体现谦让的渠道与方式;知道什么是诚实,了解何种行为才算诚实;感受交往中诚实的重要性 |
| | 使学生有归属感,初步学会自我控制 | | 融入新集体。感受班集体是成长的摇篮,感受在集体中的快乐,能说出班级中有趣的事情。树立"班级是我家"的意识,主动融入班集体,积极协助建设良性班集体 |

续表

| 主题 | 《纲要》 | 学段 | 内容 |
|---|---|---|---|
| 人际 | 树立集体意识,善于与同学、老师交往 | 小学三至四年级 | 积极参与班级管理活动,激发集体荣誉感,培养集体责任感。学会尊重与接纳他人;学会赏识与赞美他人;感受换位思考的重要性。初步感悟宽容与体谅他人在人际交往中的作用;学会有效应对误会,提升解决人际冲突的技巧。学会合理地拒绝;学会善意地评价(指出或批评别人的不足) |
| | 扩大人际交往的范围 | 小学五至六年级 | 以访谈、小调查等形式,让学生走进社区;作为高年级学生,自己以"榜样"的角色与低年级同学分享经验;培养社会责任心,对自己负责,对他人负责,对集体负责,对社会负责 |
| | 促进学生的亲社会行为 | | 促进学生体验助人、与人合作、分享、被关心、安慰他人、信任他人时,给自己与他人带来的快乐。学习接纳、尊重、仁爱、互助、分享、合作、关怀、利他等亲社会行为,体验其给自己与他人带来的快乐与幸福 |
| | 积极与老师及父母进行沟通 | 初中 | 感受父母的辛劳与养育之恩;以实际行动回报父母。体会教师的辛勤付出,以实际行动回报教师 |
| | 建立良好的人际关系 | | 认识朋友在自己成长道路上所扮演的重要角色,体会同伴交往的意义,了解同伴交往的原则;善于倾听;了解网络的利与弊;规范上网行为。正确看待竞争;提倡良性竞争;了解合作的必要性;掌握与人合作的技巧 |
| | 正确认识自己的人际关系状况 | 高中 | 从多角度综合评价自己的人际关系现状,分析自己人际关系倾向的缘由,总结人际交往中的经验与不足,提升人际交往能力 |
| | 培养人际沟通能力,促进人际的积极情感反应和体验 | | 了解沟通的技巧(言语和非言语沟通),分析自己的沟通模式和特点,优化沟通能力;树立"我好,你也好"的人际哲学 |

续表

| 主题 | 《纲要》 | 学段 | 内　　容 |
|---|---|---|---|
| 自我 | 帮助学生了解自我，认识自我 | 小学三至四年级 | 了解自己的外貌特点与特长；感受自己的与众不同 |
| | 帮助学生建立正确的角色意识，培养学生对不同社会角色的适应 | | 学生，自己能体会教师的辛劳，尊重老师的劳动；作为子女，自己能感受体会父母的爱，能用自己的方式表达对父母的爱；作为伙伴，自己能客观分析好朋友的优缺点，学会客观看待他人；作为社会一员，自己能体会并享受他人对自己的关爱，能关怀身边的人 |
| | 培养自主参与各种活动的能力 | | 以"家中能手、教师助手、伙伴帮手"为活动情景，鼓励学生在参与中感受能力与习惯的重要性 |
| | 开朗、合群、自立的健康人格 | | 学会做一个开朗的人，做一个合群的人（领悟受欢迎的人的特质），做一个自立的人（日常事务自理能力训练） |
| | 正确认识自己的优缺点和兴趣爱好 | 小学五至六年级 | 了解在同学眼里、父母眼里和老师眼里自己的特点；客观看待自我 |
| | 在各种活动中悦纳自己 | | 找到自我价值，肯定自我，欣赏自我；在活动中发挥优势，展示自我 |
| | 培养学生分析问题和解决问题的能力 | | 激发思考问题的兴趣，提升解决问题的敏捷性；学会变换角度考虑问题，提升思维的灵活性；懂得抓住问题的根本，提升聚合思维能力；懂得多角度思考问题，增强发散思维意识；进行必要的逻辑思维训练 |
| | 加强自我认识 | 初中 | 通过分析自身的气质、个性、性格特征，与拓展自我认识领域 |
| | 客观地评价自己 | | 引导学生客观看待自身的优点与缺点，能愉快地接纳自己的优缺点 |
| | 确立正确的自我意识 | 高中 | 深入了解自我的三个维度（生理我、心理我、社会我），对现实自我与理想自我的差距进行合理分析和恰当的自我定位；体验和感受以下积极人格特质的魅力并给予提升·幽默、开明、正直、善良、领导力、感恩等。增强自我效能感 |

续表

| 主题 | 《纲要》 | 学段 | 内　容 |
|---|---|---|---|
| 情绪（含抗逆力） | 学会体验情绪并表达自己的情绪 | 小学三至四年级 | 辨识各种基本情绪；在不同情景中，尝试表达相应的情绪 |
| | 正确面对厌学等负面情绪 | 小学五至六年级 | 掌握厌学、愤怒、烦躁、焦虑等情绪的应对方式 |
| | 恰当、正确地体验情绪和表达情绪 | | 体会情绪的影响力，感受快乐的力量；领悟到我们的想法将影响我们的情绪体验，从而影响我们的行为 |
| | 克服学习困难 | | 体验"困难"在学习中的必然性；领悟克服困难需要具有勇气、寻找原因、认真分析、探索解决方式 |
| | 鼓励学生进行积极的情绪体验与表达 | 初中 | 在生活的细节中体验幸福。感受喜悦，感悟乐观心态的重要性；懂得表达"爱"（延伸对自身生命的思考，善待自己，善待他人，善待生命）；能感受到希望；发展同情心；感受"激励"的作用，善于自我激励；表达"勇气"；体现忠诚 |
| | 对自己的情绪进行有效管理 | | 让学生领悟理性想法与非理性想法对自身情绪体验的影响；懂得辨析自己的非理性想法。懂得运用思维转化法、情绪疏泄法管理自身情绪 |
| | 抑制冲动行为 | | 感受冲动的危害性；掌握抑制冲动的策略 |
| | 培养应对失败和挫折的能力 | | 感悟挫折的必然性与两重性；进行相应的归因训练，掌握应对挫折的技巧 |
| | 积极应对考试压力，克服考试焦虑 | 高中 | 理解压力的意义，学会调整心态，积极应对压力；剖析考试焦虑现象，掌握克服考试焦虑的策略；会学习、会考试 |
| | 帮助学生进一步提升承受失败和应对挫折的能力 | | 理解挫折的积极意义，引发对失败的理性思考；掌握ABCDE认知方法，学会用"理性想法"替代"非理性想法"；掌握提升增强承受能力的方法 |
| | 形成良好的意志品质 | | 培养坚持性、决断力、毅力和果敢品质，培养心理弹性和康复力 |

续表

| 主题 | 《纲要》 | 学段 | 内 容 |
|---|---|---|---|
| 青春期 | 开展初步的青春期教育，引导学生进行恰当的异性交往，建立和维持良好的异性同伴关系 | 小学五至六年级 | 两性在身体结构和生理功能上的相同与差异，了解日常身体接触的尺度；了解男孩、女孩各自的优势；了解性生理特征的发展差异，接纳自身的变化；了解异性交往的合适尺度；学习处理与异性同学的矛盾；培养自我保护的意识 |
| | 认识青春期的生理特征和心理特征 | 初中 | 展现青春期男生、女生的生理变化；分析男女发育过程中容易遇到的问题；剖析青春期性心理发展特点 |
| | 把握与异性交往的尺度 | | 常见性意识觉醒的表现；区分正常的性意识活动与性意识的困扰；对异性特别感觉的理解与觉察；分辨喜欢与爱；把握两性关系；理解社会对中学生约会的看法；学会异性交往中对性刺激的把握；尊重他人选择与正确对待失恋，学会自我保护（针对性骚扰情景） |
| | 正确对待与异性同伴的交往，知道友谊和爱情的界限 | 高中 | 分析友谊与爱情的异同，恰当把握两性关系；了解社会对男女生的角色期望和要求，扮演恰当的社会性别角色；理解男女心中理想恋人的差异性，提升自己的素质与魅力。学会对恋爱与高考压力的关系处理；处理好性别角色与职业取向的关系 |
| 价值观 | 逐步认识自己与社会、国家和世界的关系 | 小学五至六年级 | 从"我生活的城市"、"我的祖国"、"我们的地球村"等角度认识自己生活的环境，感悟其中的关系 |
| | 树立人生理想和信念 | 高中 | 了解目标和理想的重要性，树立努力拼搏、不轻易言败的信念；进行合理的人生规划、拟定人生发展轨迹 |
| | 形成正确的世界观、人生观和价值观 | | 学会选择、学会批判、坚持核心价值观；了解社会和大自然的发展规律，学习个体与环境"和谐发展"的理念；培养大爱精神 |
| | 培养担当意识和社会责任感 | | 从"我和家庭、我和社会、我和他人、我和环境"以及"我的生命"等角度分析"我"在其中的角色与义务，勇于承担和学会负责 |

续表

| 主题 | 《纲要》 | 学段 | 内容 |
|---|---|---|---|
| 职业规划 | 把握升学选择的方向 | 初中 | 了解普通高中教育与中等职业技术教育;采用"抉择平衡单"分析升学各项意向的利与弊 |
| | 培养职业规划意识,树立早期职业发展目标 | | 了解职业及特点;了解影响职业选择的各项因素,尝试树立早期职业发展目标;了解职业规划的意义,尝试对五年、十年、十五年后的自己进行规划 |
| | 确立自己的职业志向 | 高中 | 了解自己的学科兴趣和职业倾向,恰当处理与父母的选择冲突;拓展对各个职业领域的了解,确定未来发展的中心导向(以兴趣为中心还是以经济利益为中心) |
| | 培养职业道德意识,进行升学就业的选择和准备 | | 理解职业道德的内涵,列举多种职业的相应职业道德要求;了解社会上比较热门的职业,了解从事这些职业所要具备的心理品质;做好自己的职业选择方向 |

## 积极情绪的研究现状

积极情绪是积极心理学的一个重要研究领域,近年来备受大众关注,学者们也有许多新的研究成果。积极心理学有三个重要的研究领域:①积极的主观体验(幸福、愉悦、感激、成就);②积极的个人特质(个性力量、天分、兴趣、价值);③积极的机构(家庭、学校、商业机构、社区和社会)。积极心理学的理论认为,积极的机构可以促进积极特质的发展和体现,进而促进积极主观体验的产生。

积极情绪对于心理健康的重要意义一直受到积极心理学家们的关注,许多学者不仅研究了积极情绪对正常个体心理保健的作用,而且还关注了积极情绪对于心理疾病和心理问题的预防和治愈作用,因此,许多研究积极情绪与心理健康关系的学者不仅会考察不同干预对正常被试的作用,也会考察对抑郁症、焦虑症等心理问题个体的作用,这些研究都非常具有实践意义。例如Etter等学者通过研究比较不同精神病病人的积极情绪水平,结果发现通过较低的积极情绪水平可以预测童年期较低的社会支持和较高的性虐待程度,积极情绪与儿童社会支持程度相关性较高,因此我们可以对有童年阴影的个体进行提升社会支持的干预,以达到帮助他们提升积极情绪进而更健康地成长的目的。

Carl等学者指出,有焦虑和抑郁症状的个体在积极情绪的管理上存在缺陷,这会阻碍他们的焦虑、抑郁症状的完全康复;那些具有享乐能力的个体则会有更强的积极情绪管理能力,而积极情绪的管理能力又与心理健康程度息息相关。享乐能力是一种体验积极情绪的能力,是指个体所体验到的积极心境(如快乐、兴趣、活跃等)的范围,它是与生俱来的比较稳定的个人能力,具有个体差异性。Carl等学者的研究发现,具有高享乐能力的个体对日常事物有较高的积极情绪反应,并且会比有焦虑、抑郁症状的被试有更多的积极情绪管理。

崔丽霞等学者通过中介分析发现,积极情绪在心理弹性对压力适应中起到中介作用,这一结果肯定了积极情绪在压力适应中的重要作用。高心理弹性个体拥有更多的积极情绪,而处于积极情绪状态的个体,其思维更开阔并能以积极的心态认识事物,更容易发现事物所蕴含的积极意义,有更强的适应环境和压力的动机和能力,这常常给高心理弹性个体带来积极结果。

O'Hara等学者的研究则发现,在压力状态下,低心理弹性个体——有过抑郁经历的个体会比其他个体更容易出现抑郁情绪。该研究要求1500余名被试在30天内每天在网上报告自己的压力情况、积极情绪的体验情况和消极情绪(包括抑郁、焦虑和攻击性)的体验情况。结果发现,当压力比较大的时候,低心理弹性的个体的积极情绪体验会有更大幅度的下降,而抑郁情绪则会有更大幅度的上升;另外,对于正常的个体,每天的积极情绪对压力和抑郁、焦虑情绪之间的关系起调节作用。但是该研究的结果也表明,在面对压力时,低心理弹性个体能比正常个体从积极情绪获益更多。

积极情绪可以增强社会支持、个人目标等个人资源,有研究发现,积极情绪体验多的大学新生人际互动意愿更强,表现出对他人更强的理解力。人际信任作为人与人之间关系的一种心理契约,是合作关系的起点、前提和基础,也是人际资源的重要组成部分。人际信任会受到各种内外在因素的影响,其中情绪情感状态也是人际信任的关键因素之一。何晓丽等学者的进一步研究发现,体验积极情绪的个体,其人际信任程度较高,而且积极情绪对人际信任的影响存在受信者信息与情景线索的依赖性。

心理健康教育课程在内容拟定的总体趋势上将呈现:立足"小点",重在"如何做到"的基本导向。试在下列选题中择其一,拟定该课程的教学内容。
- 小学:"学会善意地评价他人"
- 初中:"在生活的细节中体验幸福"
- 高中:"积极人格特质的魅力及其提升:洞察力"

## 第二节 素材选择与情景创设

### 案例分享

**学会合作**

教学对象:高一

教学环节:

第一环节:课前暖身——扑克牌随机分组

目的:调动课堂气氛。

第二环节:导入课题——裁分表格
只用右手,把表格一分为二。
目的:体验合作的必要性。
第三环节:迷失丛林游戏
目的:体验参与合作的过程。
第四环节:《不怕神一样的对手,就怕猪一样的队友》
目的:引出合作不良的问题。

整体设计中的关键是第三环节"迷失丛林游戏":"你是一名飞行员,但你驾驶的飞机在飞越非洲丛林上空时飞机突然失事,这时你与你的乘客们必须跳伞逃生。有14样物品与你们一起落在非洲丛林中,这时,你们必须为生存做出一些决定。其中,"14样物品"是指药箱、手提收音机、打火机、3支高尔夫球杆、7个大的绿色垃圾袋、指南针、蜡烛、手枪、一瓶驱虫剂、大砍刀、蛇咬药箱、一盆轻便食物、一张防水毛毯、一个热水瓶。

具体操作步骤如下:

第一步:独立完成。请把14样物品按照重要程度排序,最重要为1,第二重要为2,如此类推。

第二步:小组讨论,重新排序。

第三步:介绍专家的选择。

第四步:分数统计。

第五步:把所有小组的统计结果在黑板上予以呈现。

"迷失丛林游戏"操作步骤待填表格如表2-3所示。

表2-3 "迷失丛林游戏"操作步骤

| 供应品清单 | 第一步:个人排序 | 第二步:小组排序 | 第三步:专家排序 | 第四步:计算个人和专家排序的差值(绝对值) | 第五步:计算小组和专家排序的差值(绝对值) |
| --- | --- | --- | --- | --- | --- |
| 药箱 | | | | | |
| 手提收音机 | | | | | |
| 打火机 | | | | | |
| 3支高尔夫球杆 | | | | | |
| 7个大的绿色垃圾袋 | | | | | |
| 指南针 | | | | | |
| 蜡烛 | | | | | |
| 手枪 | | | | | |
| 一瓶驱虫剂 | | | | | |
| 大砍刀 | | | | | |

续表

| 供应品清单 | 第一步:个人排序 | 第二步:小组排序 | 第三步:专家排序 | 第四步:计算个人和专家排序的差值(绝对值) | 第五步:计算小组和专家排序的差值(绝对值) |
|---|---|---|---|---|---|
| 蛇咬药箱 | | | | | |
| 一盆轻便食物 | | | | | |
| 一张防水毛毯 | | | | | |
| 一个热水瓶 | | | | | |
| 求和 | | | | | |

得分提示:

(1)总分越低,与专家的选择越接近,说明求生能力越强。

(2)团队得分低于个人平均分的小组,说明团队合作效果好;反之,则说明团队合作效果差。

(3)通过展示各小组分数,将直接揭示:

①求生能力最好(最差)的人;

②求生能力最好(最差)的团队;

③团队合作最好(最差)的团队。

(设计者:魏洁明)

这是几乎以某一核心活动"串起"整节课的一种设计思路,它展现了课程教学中的一种角度,即以"一个素材贯穿整节课"。采用该策略者,侧重体现教师对单一素材的"深挖"能力。而与之相对应的是另一种思路,即"不同板块对应不同的教学素材"。该策略将展现通过"板块"的"移动"而带来课堂教学节奏的变化。对于两种不同的思路,您的倾向性如何?你判断及选择的依据是什么?

### 学习导航

## 一、素材选择的"度"

在教学设计中,备课时,必不可少的环节来自素材的选择问题。借此,提供两个值得谨慎思考的话题。

第一,学生的需要是什么?

同一个话题,我们可能会找到多种不同的素材,如何进行遴选?其中的选择标准之一来自我们对"学生需要"的基本预期与把握。

**素材分享**:关于"生命教育"有以下素材,请你进行判断与分析,该素材适合哪个学段的学生?

素材1:见图2-4。

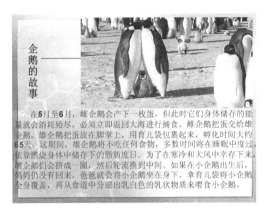

图2-4　素材组图

素材2:见图2-5。

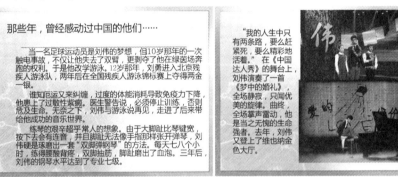

图2-5　素材组图

素材3:见图2-6。

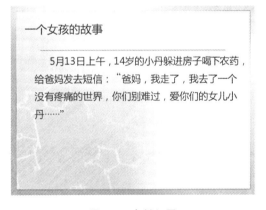

图2-6　素材组图

第二,该素材对于学生而言是否"合适"?

素材"合适"与否,可考虑以下两个方面。其一,不同学段的学生特点如何?其接纳事物的广度与深度如何?其二,该素材会否涉及敏感、暴力或具有争议性的问题?如果涉及,请谨慎选择。

素材分享：两个关于"生命教育"话题的素材

素材1：文字版的故事描述："早晨，一个伐木工人照常去森林里伐木。他用电锯将一棵粗大的松树锯倒时，树干反弹重重地压在他的右腿上。剧烈的疼痛使他觉得眼前一片漆黑。此时，他知道，自己首先要做的是保持清醒。他试图把腿抽出来，可办不到。于是，他拿起手边的斧子狠命地朝树干砍去，砍了三四下后，斧柄断了。他又拿起电锯开始锯树。但是，他很快发现：倒下的松树呈45度角，巨大的压力随时会把电锯条卡住；如果电锯出了故障，这里又人迹罕至。别无他路，他狠了狠心，拿起电锯，对准自己的右腿，自行截肢……伐木工人把腿简单地包扎了一下，决定爬回去。一路上，他忍着剧痛，一寸一寸地爬，一次次地昏迷过去，又一次次地苏醒过来，心中只有一个念头：一定要活着回去！"

素材2：基于该话题改编的电影版选段，将节选8～10分钟片段。故事梗概：男主角是一名驴友，独自一人来到了大峡谷。走在其中一条狭窄的通道中。忽然，头上岩石松动，往下砸，他躲闪不及，右手臂被卡在了岩石之间。他站了一天一宿，干粮已经耗尽，这个地方人迹罕至，手机没有信号。此时，他为了生存要进行抉择……他拿起了身上唯一的工具——瑞士小军刀，开始一点一点地割自己的右臂……

上述两个素材均可带出关于生存抉择的思考。如果你是该课的教师，你会选择哪个素材进行课程设计？具体的理由是什么？

## 二、"有价值（或有效）"情景的基本特点

何以提出关于"有价值（或有效）"情景这一话题？这来自"有效教学"这一问题的思考。什么是有效教学？关于此概念，学术界依然争论不休。笔者认为，假如基于"有效"这一关键词予以阐述，可考虑在备课、教学过程及课后延伸这三大板块综合论述，在构思、践行、反思等多个层面体现如何达到"有效"这一终极目标。其中，衡量的量化指标之一在于"时间"。比如，备课时，在思考如何选用素材，如何创设情景时，我们可以把"时间"因素考虑进其中。其终极目标可体现为对于时间的"珍惜"，即每一节课的时间均值得教师予以珍惜。因为珍惜时间，所以，我们要审慎考虑选题问题；因为珍惜时间，所以，我们要考虑素材的选择问题；因为珍惜时间，我们要考虑如何在使用素材中实现价值的最大化问题；因为珍惜时间，我们要考虑精益求精的教学设计……

**知识链接 2-2**

**关于"有效教学"的界定**

国外对有效教学的界定主要集中于以下三种方向。一是目标取向，强调教学要实现预期目标。二是技能取向，主张有效教学要促进个体的智力发展，以完成社会的挑战性工作。有效教学是由一系列可获得的、可改进的和可发展的教学技能来完成的。三是成就取向，认为有效教学要促进学生学业成就的提高。

国内对此概念也是众说纷纭。

程红、张天宝(1999)提出了"教学有效性"这一概念包括的三重意蕴:有效果,预期的教学目标要实现;有效率,要提高有效教学时间在整节课中的比例;有效益,教学活动要满足社会和个人的教育需求。

姚利民(2004)在分析"有效"和"教学"两个概念的基础上,认为有效教学是教师通过符合教学规律的教学过程,成功引起、维持和促进了学生的学习,相对有效地达到了预期教学效果的教学。

宋秋前(2007)主张,有效教学是教师与学生按照教与学的基本规律,以最好的速度和效率,促进学生在知识与技能、过程与方法、情感态度与价值观"三维目标"上,获得整合、协调、可持续的进步和发展,从而有效地实现预期的教学目标,满足社会和个人的教育价值需求而组织实施的教学活动。从这一定义出发,有效教学的衡量基准是学生的有效学习,目的是促进学生的进步和发展,要促进学生在"三维目标"上的进步和发展。

(资料来源:杨延昌.基于人本主义心理学的有效教学策略研究——以高中教学情境为例[D].成都:四川师范大学,2010.)

如何衡量情景创设的价值?建议从以下几个角度予以斟酌[①]。

## (一) 真实性

素材的选择、情景的设置,需要考虑素材与学生生活实际之间的距离。如果距离越近,那么情感的带出可能会越容易,学生进入情景,产生体验的过程会更迅速。

素材分享:

关于高一学生的时间概念,以下有两个素材,你觉得哪个素材将带给你更大的共鸣感?

素材1:

如果将时间分为四类:①工作、学习时间(正常工作、加班、从事非本职工作等时间);②生活必需时间(睡眠、用餐、个人卫生等时间);③家务劳动时间(购物、做饭、缝补、照料老幼等时间);④闲暇时间(视听欣赏、旅游和锻炼、教育子女、探亲访友等时间)……

素材2:

如果将时间分为四类:①学习时间(上课、自习、做作业等时间);②生活必需时间(睡眠、用餐、个人卫生等时间);③家务劳动时间(打扫房间、修剪花草等时间);④闲暇时间(看电影、去"唱K"、旅游、体育锻炼等时间)……

## (二) 典型性

素材的选择也要考虑代表性问题。值得关注的是,在积淀了代表性素材的前提下,如果

---

① 许思安,攸佳宁,陈栩茜.学校心理学[M].武汉:华中科技大学出版社,2015.

能进一步思考如何使得这些素材在有限的时空下发挥更大的价值,那么也许更有助于提升情景的价值。

*素材分享:关于沟通必要性的不同设计*

关于沟通的必要性,很自然,许多老师会想起经典的素材——剪纸活动。

该活动的常见操作步骤如下。

请拿出一张长方形的纸,然后根据下面的提示进行操作:

(1) 把这张纸上下对折;

(2) 再把它左右对折;

(3) 旋转180°,在左上角撕掉一个等腰三角形;

(4) 然后把这张纸左右对折;

(5) 再上下对折;

(6) 再旋转180°,在右上角撕掉一个三角形;

(7) 把这张纸展开,看看是个怎样的图形。

有两位教师分别设计如下。

A教师:共分两次活动进行。第一次,让所有同学闭上眼睛,根据教师的指示完成剪纸活动。其间不允许发问。第二次,让所有同学睁开眼睛,完成剪纸活动。其间允许与教师进行互动。比如,"旋转180°",是向顺时针还是逆时针旋转。

B教师:整个活动一次完成。全班共分8组,其中第一小组可以与教师进行互动,不懂可以问,其他7组同学"背靠背"坐,不允许互相讨论和向老师发问。

## (三) 情感性

情景创设的最终目的是引发合适的体验,因此,情景本身若能蕴含情感因素,将有利于"体验"的获得。

*素材分享:*

以下是某教师在组织学生进行一次"想象活动"。基于精益求精的角度,请思考如何改善该活动。

教师:请同学们一起闭上眼睛,想象自己不去改变拖延行为或如果有拖延行为的难堪情景,让你懊恼、自责、内疚的情景,想得越痛苦越好。

背景音乐:《梦中的雪》。

## (四) 学科性

在情景创设中,应突出心理学教学的特点以及知识驾驭的科学性。如采用实验组与对照组的设计思路,投射技术的应用,完形心理的体现等,均可作为情景设计中的参考思路。

*素材分享:投射技术的应用*

素材1:画线与心情(见图2-7)

素材2:考试前后的心情(见图2-8和图2-9)

| 画线 | 图形 |
|---|---|
| ❖（1）选择一种颜色，画一条"不愿起床"的线。<br>❖（2）画一条"感觉很棒"的线。<br>❖（3）画一条"感觉很差"的线。<br>❖（4）画一条代表今天心情的线。<br>❖让学生指出并分享不同的线代表的意义。 | ❖请学生把线条的开始与结尾连接成一个图形，开启更多思考、更多意义，并且能依此述说故事或变成一个意象。 |

图 2-7　素材组图

图 2-8　考试前

图 2-9　考试后

### （五）问题性

情景创设目的之一，是为了引发学生的思考，在教学环节中体现"承上启下"的作用。在问题设计方面，应注意以下几点。

**1. 针对性**

设问要目的明确，问在知识关键处，突出教学的重点，对一节课起到统领作用。

**2. 新颖性**

设问要新颖别致，贴近生活，具有趣味性，避免老生常谈、空洞抽象。

**3. 广泛性**

设问要面向全体，兼顾全局，提出的问题既不要过浅，也不能过深，这样才可以吸引所有的学生都积极参加思维活动，促使每一个学生都能够用心回答问题。

**4. 启发性**

教学实践证明，只有设问处于学生的"最近发展区"，难易适度，循循善诱，步步深入，才能更好地启发他们的思维。

**5. 开放性**

每个个体的体验往往具有差异性、多元性，因此，建议尽量减少体验式教学中问题的限制条件，使其具有开放性、发散性，属于无结构型或半结构型问题，从而有利于培养思维的创造性。

### 学科前沿

"微课"核心组成内容:课堂教学视频(课例片段),同时还包含与该教学主题相关的教学设计、素材课件、教学反思、练习测试及学生反馈、教师点评等辅助性教学资源,它们以一定的组织关系和呈现方式共同"营造"了一个半结构化、主题式的资源单元应用"小环境"。

"微课"的主要特点如下。

1. 教学时间较短

"微课"的时长一般为5~8分钟,最长不宜超过10分钟。

2. 教学内容较少

"微课"主要是为了突出课堂教学中某个学科知识点(如教学中重点、难点、疑点内容)的教学,或是反映课堂中某个教学环节、教学主题的教与学活动。

3. 资源容量较小

"微课"视频及配套辅助资源的总容量一般在几十兆左右,视频格式须是支持网络在线播放的流媒体格式(如 rm、wmv、flv 等)。

师生可流畅地在线观摩课例,查看教案、课件等辅助资源;也可灵活方便地将其下载保存到终端设备(如笔记本电脑、手机、平板电脑等)上实现移动学习、"泛在学习"。

4. 资源组成/结构/构成"情景化":资源使用方便

"微课"选取的教学内容一般要求主题突出、指向明确、相对完整。它以教学视频片段为主线"统整"教学设计(包括教案或学案)、课堂教学时使用到的多媒体素材和课件、教师课后的教学反思、学生的反馈意见及学科专家的文字点评等相关教学资源。

(资料来源:http://blog.sina.com.cn/s/blog_bf646366010160wo.html.)

### 心理训练

请自定选题设计一个时长为5~8分钟的"微课"模板(见表2-4)。

表2-4 "微课"设计模板

| "微课名称" | | | | |
|---|---|---|---|---|
| 知识点描述 | | | | |
| 知识点来源 | | | | |
| 预备知识 | | | | |
| 设计思路 | | | | |
| "微课"过程 | | | | |
| 课题导入 | 内容 | 资源呈现 | 声音(脚本) | 时间 |
| 知识精讲 | | | | |
| 习题演练 | | | | |
| 小结延伸 | | | | |
| 自我反思与优化 | | | | |

## 第三节 常规教学法

### 案例分享

在某一心理健康教育课堂教学中,教师以"拍卖会"的活动形式组织以下活动。

游戏规则如下。每位学生手中有5000元,购买东西付出的钱不能超过5000元。每样商品底价500元,每次出价以500元为单位,出价最高的人获得该商品。每次出价,会倒数3秒,3秒后没有更高价,则成交。在拍卖过程中,所有学生不能相互借换金钱,买回来的东西也不能转手卖(送)出去。每样商品展示出来后,听到老师"开始"的指令后,各位学生才能开始出价。

拍卖的"物品"包括:成绩、快乐、友情、亲情、美食、生命、聪明、外貌、财富等。

该活动中,教师使用了何种教学法进行该游戏的设计?在具体的操作中,有哪些细节需要注意?采用该形式进行的设计有何优点?类似的活动适合于何种选题?本节将就心理健康教育课程的常规教学法这一板块予以详细介绍。

### 学习导航

#### 一、认知法

该方法主要是依靠学生的感知、想象和思维等认知活动来达到教学目标。

(一)阅读和听故事

教师可向学生推荐优秀的和有针对性的读物,编印读书卡片,供学生阅读。课堂上还可以安排读书讨论,交换读书心得,可收到益智、怡情的效果,并有助于态度的改变和人格的发展。利用学生喜欢听故事的心理,讲述一些故事,以解决他们的困扰或拓展相应的知识。

*素材分享*:诗歌《一条未选择的路》(见图2-10,用于中学生职业生涯规划,设计者:李伟京)

(二)多媒体教学

根据教学规律和青少年年龄特点,适当设计、研制教学所必需的图表,搜集教学图片及适量运用电化教学片等教学媒体,激发学生的学习兴趣,活跃课堂气氛,促进学生对知识的掌握,影响学生的思想和行为,提高教学质量。

*素材分享*:新媒介——"微课"设计《今天你放松了吗?》(见图2-11,设计者:章敏洁、王苑曦)

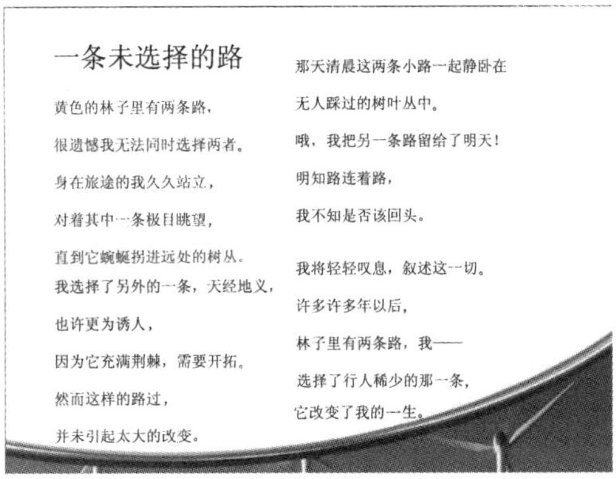

图 2-10 素材组图

图 2-11 素材组图

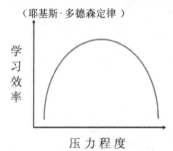

续图 2-11

（三）艺术欣赏

通过音乐、美术和舞蹈等欣赏艺术之美，陶冶学生的情操、情趣，以起到心理教育、伦理道德教育的作用。在教学准备中，可以搜集某一主题下的相关歌曲，在课堂中以"竞猜"的方式予以体现。

素材分享：关于"幸福"的歌曲

《幸福》

作词：郑淑妃　作曲：蔡健雅　编曲：张佳添

就这样拥抱你一下午

是我最美的生日礼物

你的发　你的笑　你的吻
全是我的专属
你让我快乐得想跳舞
也让我感动得好想哭
最近的心情起起伏伏
还好有你
不孤独
我只要拥有这一点点
小小幸福
在你的怀里大笑大哭
平凡所以满足
你让我快乐得想跳舞
也让我感动得好想哭
最近的心情起起伏伏
还好有你
不孤独
我只要拥有这一点点
小小幸福
在你的怀里大笑大哭
平凡所以满足
我不能奢求多一点点
小小祝福
明天的风雨依然如故
我们微笑回复
我们微笑回复

《幸福摩天轮》
作词：林夕　作曲：Eric Kwok
追追赶赶　高高低低
深呼吸然后与你执手相随
甜蜜中不再畏高
可这样跟你荡来荡去　无畏无惧
天荒地老流连在摩天轮
在高处凝望世界流动
失落之处仍然会笑着哭
人间的跌荡（宕）　默默迎送
当生命似流连在摩天轮
幸福处随时吻到星空

惊栗之处仍能与你互拥
仿佛游戏之中　　忘掉轻重
追追赶赶　　高高低低
惊险的程度叫畏高者昏迷
凭什么不怕跌低
多侥幸跟你共同面对　　时间流逝
东歪西倒　　忽高忽低
心惊与胆战去建立这亲厚关系
沿途就算意外脱轨
多得你　　陪我摇曳
天荒地老流连在摩天轮
在高处凝望世界流动
失落之处仍然会笑着哭
人间的跌荡（宕）　　默默迎送
当生命似流连在摩天轮
幸福处随时吻到星空
惊栗之处仍能与你互拥
仿佛游戏之中　　忘掉轻重
天荒地老流连在摩天轮
在高处凝望世界流动
失落之处仍然会笑着哭
人间的跌荡（宕）　　默默迎送
当生命似流连在摩天轮
幸福处随时吻到星空
惊栗之处仍能与你互拥
仿佛游戏之中　　忘掉轻重

《一起吃苦的幸福》
作词：姚若龙　　作曲：陈小霞
我们越来越爱回忆了
是不是因为不敢期待未来呢
你说世界好像天天在倾塌着
只能弯腰低头把梦越做越小了
是该牵手上山看看的
最初动心的窗口有什么景色
不能不哭你就让我把你抱着
少了大的惊喜也要找点小快乐
就算有些事烦恼无助

至少我们有一起吃苦的幸福
每一次当爱走到绝路
往事一幕幕会将我们搂住
虽然有时候际遇起伏
至少我们有一起吃苦的幸福
一个人吹风只有酸楚
两个人吹风不再孤单无助

### （四）联想活动

教师可通过学生的联想活动，来训练学生的想象力和创造性，可以使学生表达自己内心的感受和经验。例如把一些不连贯的词或图画，联想成一个完整的故事；或者通过故事接力，每人说一段话，串联成一个故事。这样一则可帮助教师了解学生的内心，二则有利于激发学生的学习兴趣，寓教于乐。

**素材分享：联想记忆策略**（见图 2-12，设计者：黄彬彬）

图 2-12　素材组图

### （五）认知改变

教师可通过暗示、说服和质疑等方法，改变学生的非理性看法，从而恢复和建立合理的思考方式，来解决学生的心理问题和促进学生健全人格的发展。例如，关于归因问题，有的学生因考试成绩不佳，就认为自己很笨，智力有问题；有的学生认为学习不好一切都完了，等等。对于这些非理性的看法，均可通过认知改变的方法来予以打破。该方法的运作，往往以情绪 ABC 理论为依据进行设计。在课堂教学中，常直接体现为语境、语词的分析和替换。

**素材分享：《跟冲动 say goodbye》**（见图 2-13，设计者：许泓）

### （六）专题小调研

教师可组织参观爱国教育基地、博物馆等地，也可组织学生进行小调查等活动，增加学生的实践经验，拓展其视野。

**素材分享：《挫折？我不怕！》**（见图 2-14，设计者：吴安妮）

**活动组织**：在平时学习生活中你遇到哪些不顺心的事呢？当时的心情是怎样的？请填

**当你遇到这样的事情……**

- 当你正在很兴奋地打着游戏的时候,突然,网线断了/电脑死机了……
- 在宿舍洗澡时,你找不到你的沐浴露,后来才发现原来是同学没有经过你的同意就用了你的沐浴露,并且没有放回原位……
- 当你的同学/朋友嘲笑你,在背后窃窃私语讨论你,说着你的坏话……
- 当你的好兄弟好姐妹告诉你,他/她被别人欺负了,觉得很不爽,想报复对方……

**其实你还可以这么做……**

- 尝试改变自己的角度观念看问题

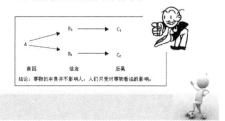

**其实你还可以这么做……**

- 改变心态的"魔法":
- "还好" "不一定" "我可以"
- 用"魔法词语"造句来解读自己的心理状态,帮助自己调节情绪,控制冲动。

**其实你还可以这么做……**

- 晚自习你在写作业的时候,你的同学把你的水杯碰倒了,水洒湿了作业本……
- **还好**水杯没有摔坏,**还好**没有淋湿人,**还好**只洒湿了作业本,其他书都没有事。
- 同学**不一定**是故意的,作业本湿了不一定完成不了作业。
- **我可以**把水杯扶起来,把作业本晾干,**我可以**原谅同学的过错,**我可以**继续跟他做好朋友。

图 2-13　素材组图

图 2-14　素材组图

写挫折调查表。

设计意图:让学生回顾生活中遇到的挫折,在已有的经验中得到体验,鼓励学生一起消灭坏心情,鼓起战胜挫折的勇气,为后续课程"如何战胜挫折"做铺垫。

## 二、操作法

操作法作为一种教学方法,主要通过学生的言语和动作的操作活动来达到心理教育的目的。

## （一）游戏

游戏是学生普遍喜欢的活动,有益的游戏能给他们快乐并使他们从中受到教育。游戏有多种分类,它可分为竞赛性游戏和非竞赛性游戏。不同种类的游戏可起到不同的心理效果,如竞赛性的游戏,可以培养学生的竞争意识和团结协作精神;非竞赛性的游戏可以减轻紧张或焦虑,获得轻松愉快的情绪体验。因此,在教学中,教师可根据教学的需要和可行性,策划并组织相关活动。

素材分享:高一学生的探险之旅(见图2-15,设计者:郑碧莹、丁玎、钟惠惠、冯湘、彭瑛、黄宇慧、梁锦欢、李姗蔚)

第一关:破解密码

第二关:侦探谜案

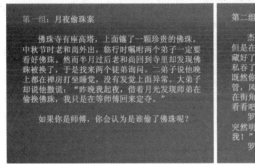

第三关:"人鬼过河"

游戏规则:终极目的是安全地把三个人和三个鬼都送到河对岸。人鬼都会划船,但船每次只能承载的人和鬼数量不能超过两个,而当任何一边鬼的个数比人的个数多的时候,鬼就要把人吃掉。

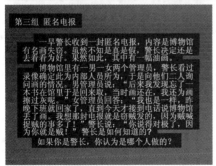

图2-15　素材组图

分享讨论：

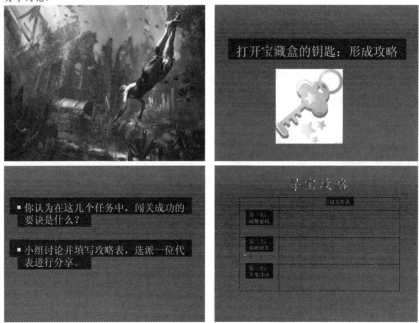

续图 2-15

（二）工作

借助各种"任务"（如集体打扫环境卫生、种树和布置墙报等）的完成，来培养合作精神。该活动的展开，有利于提升集体凝聚力。

**素材分享**：章鱼任务（见图 2-16，设计者：韩会英、陈蓉、苏培培）

图 2-16　素材组图

## （三）测验

让学生做智力、性格、态度和兴趣等各种心理测验,能帮助学生自我反省和自我分析,了解自己特点、长处和不足,可以促进学生的自我发展。建议在选择"测验"时尽可能审慎,尽量选择符合心理测量标准程序的量表。类似"科普"意味的"测验",不宜作为课堂教学的内容或素材。

## （四）讲演

这种方法可以训练口才,培养机智,增进同学间的相互了解。

素材分享：诗歌创编（见图 2-17,设计者：吕嘉慧）

图 2-17　素材组图

## （五）绘画

通过绘画的操作活动,可以培养学生的想象力和创造力。

素材分享：生命教育选题（见图 2-18,设计者：李正）

教学现场学生作品如图 2-18 所示。

## （六）唱歌

通过唱歌活动,引起学生的情感共鸣,调动学生的情绪和积极性。

素材分享：改编歌曲《分享歌》（见图 2-19,设计者：黎洁丽等）

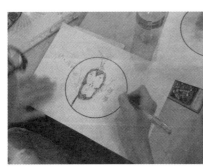 

图 2-18　素材组图

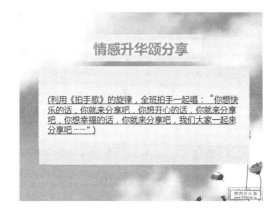

图 2-19　素材组图

## 三、讨论法

该方法可以集思广益,沟通思想和感情,促使问题解决。

### (一)专题讨论

在某段时间,针对学生普遍面临的问题,教师可组织专题讨论。

素材分享:《爸妈争吵,我有妙招》(设计者:庞慧然)

案例:圆圆是一名五年级学生,平时的成绩不好,经常不能完成作业,而且在最近的一次考试中全班排名倒数第一。圆圆的妈妈生气地责怪爸爸整天只知道工作,不关心圆圆的学习,从不辅导她的作业。爸爸却说妈妈天天在家待着,都没把圆圆的学习管好。两人为此大吵一架。圆圆该怎么办?

## (二)辩论

就争论性的问题进行分组辩论,提出正反两方的不同意见、根据和理由。

素材分享:辩论"先有鸡还是先有蛋"(设计者:王梦圆、胡琬堃、林文杰)

正方:先有鸡再有蛋

反方:先有蛋再有鸡

抽签决定正反两队,每队 24 人。每队随机分成 4 组,每组出一个辩手,共 8 个辩手。每队选出一位计时员。

给每个小组下发材料:辩论素材 1 张(1 个观点);观看"鸡蛋之争"视频,目的是启发学生的思维。

辩论规则:①给出 3 分钟的准备时间。
②要求辩手结合信封中内容及自己小组的观点进行辩论。
③每位辩手辩论时间最长为 1.5 分钟。若每队四位辩手辩论结束后总时间不足 6 分钟,则该队可由其他同学进行补充。

## (三)脑力激荡

脑力激荡是由美国著名创造学家奥斯本提出来的。它利用了集体思考和讨论的方式,使思想观念相互激荡,发生连锁反应,以引出更多的意见或想法。

该方法实施的原则如下。

第一,严禁批评:无论他人的想法多么荒谬,都禁止批评,对他人意见不作任何评价。

第二,随心所欲:鼓励自由想象,鼓励新奇想法,不要受任何限制。

第三,追求数量:想法越多越好,不要顾忌想法是否完美、可行。

第四,寻求改进:可以改进自己和他人的意见,也可以把不同的观点加以组合。

素材分享:故事续编(见图 2-20,设计者:陈雅珏)

教学组织:

将全班同学分为 4 组。每组用抽签的方式选择四种态度中的一种,作为小明的态度。小组内讨论并进行故事续编。

鼓励同学们将故事变得有趣有新意。讨论过后,让同学们分组进行故事分享。故事分享后,邀请同学分享为什么设定这样的结局,以及有什么体会和感想。

旨在让同学们加深对各种态度的理解,并体验到各种态度的影响,让同学们主动意识到"我好,你好"这种态度的积极影响,激发同学们想要改善态度的心理。

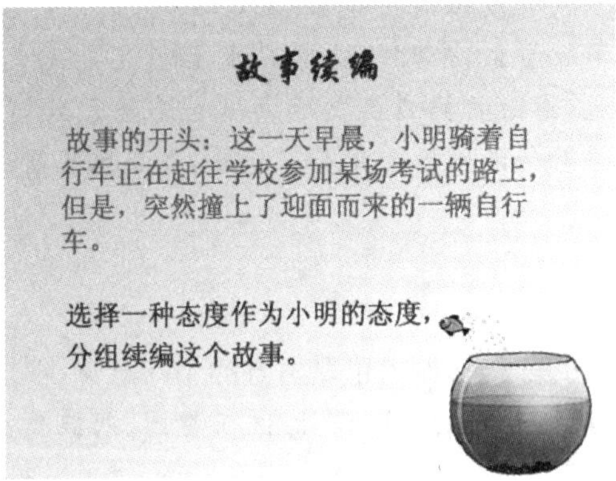

图 2-20 素材组图

### （四）配对讨论

该组织形式是：就一个题目，两个人先得出结果。然后与另两个人就讨论意见进行协商，形成 4 个人的共同意见。再与另 4 个人一起协商，获得 8 个人的结论。这种讨论必须经过深思熟虑，参与感也比较高，因而讨论的效果会比较好。

### （五）六六讨论法

这种方法要求分组讨论，每组为 6 人。小组讨论中，每人发言一分钟。在发言之前，最好共同对讨论题目静思几分钟。这是一种人人参与而且节省时间的好方法。

### （六）意见箱

教师可根据学校的实际情况与学生的需求，设立意见箱。可要求学生平时将意见或问题投入意见箱中(可不署名)，在课堂上，向全班宣读，大家共同讨论。这种形式有利于发展学生的主人翁意识，强化其对课堂学习的参与感。

## 四、角色扮演法

### （一）技术支持

角色扮演作为一种社会心理学技术，最早由奥地利精神病理学家莫雷诺于 20 世纪 20 年代始创。其核心在于使人置身于他人的社会位置，并按这一位置所要求的方式和态度行事，以增进人们对他人社会角色、自身原有角色的理解，从而学会更有效地履行自己的角色。这种技术的优势在于使人们能够亲身实践他人社会角色，从而更好地正确理解他人的处境，体验他人在各种情况下的内心情感。简单地说，角色扮演就是让学生以一种类似游戏的方式，表演出自己的心理或行为问题，进而起到增进自我认识，减轻或消除心理问题，发展心理素质的作用。

（二）常见组织形式

**1. 哑剧表演**

教师提出一个主题或一个情景，要求学生不用言语而用表情和动作表演出来。这种方法可以促进学生非言语沟通能力的发展。

素材分享：《搭起沟通桥梁》（见图2-21，设计者：吴安妮）

图 2-21　素材组图

**2. 空椅子表演**

这种方法只需一个人表演。具体做法是：将两张椅子面对而放，让学生坐在一张椅子上，假设另一张椅子坐的是与主题有关的另一个人。让该学生先表演彼此间曾经有的或可能有的对话，然后坐到对面的椅子上，以对方的立场说话。如此重复多次。

**3. 角色互换**

这种方法与前一种类似，只是参与的人有两个或者更多。例如，教师可以让一名学生扮演交往中的失败者（不能适应中学生活的失败者、学习方法有严重缺陷的失败者、与老师关系不良的失败者、与父母沟通有问题的失败者等角色），另一个学生扮演帮助者。两人对话一段时间后，互换椅子和角色。在教学的实际操作中，还可以选择互换"结论"的方式，让学生体验不同的选择下不一样的感受。

**4. 改变自我**

在角色扮演中,教师可以让学生扮演自己改变后的情况。例如,学生上课时注意力常不集中,常和左右前后的同学讲小话,教师可以指导他扮演自己改变了的情景。如上课认真听课,不再主动和周围的同学讲话,老师提问敢于主动举手发言等情景。这样有利于扮演者通过表演,体验不同情景中的不同感受,促使其向好的方向转变。值得注意的是,教师选择这种组织方式的时候,要注意选题、扮演的场所,避免因此给学生带来不必要的负面影响。因此,在课堂教学设计方面,往往以此理念为基础,展开基于不同"角色"的情绪分享等,以此触动学生进行感悟。

素材分享:《小分享,大收获》(设计者:林文杰)

1. 创设情景

东东和楠楠用自己的零花钱一人买了一小块巧克力,他们打开包装纸后打算一边吃一边开心地往家里走。可忽然楠楠绊到了一块石头,手一滑巧克力摔到地上不能吃了。楠楠很想尝尝巧克力的味道,于是请求东东分一点巧克力给他。

2. 情景演绎

请每个小组的同学们上台表演:"如果你是东东和楠楠,你们会有怎样的对话?你认为东东会怎么样回复楠楠的请求。"如果同学们表演的结局一边倒,则在表演进行到一半的时候提供两个结局:

(1)巧克力本来就不多,东东想好好品尝一下。最后东东考虑了一下,决定还是和楠楠一起分享美味的巧克力。

(2)巧克力本来就不多,东东想好好品尝一下,如果分给楠楠就没剩下多少了。最后,东东决定不把巧克力分给楠楠。

3. 体悟"分享"

向表演者提问:

(1)楠楠提出让东东分一点巧克力给他的时候,东东心里是怎么想的?

(2)楠楠被拒绝了会有怎样的心情?东东拒绝了楠楠之后,会有怎样的心情?还能很愉快地吃巧克力吗?

(3)东东分享了巧克力之后,心里有什么感受?东东那么想吃巧克力,为什么还要把巧克力分享给楠楠呢?

(4)你更喜欢和谁做朋友?

4. 讨论并小结

(1)分享的时候你的心情体验?(分享树:分享的心情)

(2)分享的过程中你有怎样的收获?(分享树:分享的收获)

让同学们把分享的内容写在纸上,待会儿贴到黑板上。

**5. 双重扮演**

这种方法要求两个学生一起表演,一个是在某方面存在一定问题的学生,另一个是助理演员。该学生表演什么,助理演员就重复表演什么。如,他扮演学习习惯不良者,他表演学习中的不良习惯,另一位助理演员也重复表演他的行为。这样可以重现事实,帮助学生通过他人的表现认识问题,从而反省、认识自己。

**6. 魔术商店**

教师可扮演店主,店里贩卖各种东西,如理想、健康、幸福、财富、成功等等。由学生扮演买主,说出自己最想要的东西及其原因。然后,教师问他愿意用什么来交换。用这种方法了解学生的需求和价值观,帮助学生树立正确的价值观和人生观。

素材分享:寻找职业兴趣(见图 2-22,设计者:黄莹映)

六个等待拍卖的小岛:

"拍卖"活动的理论支撑:

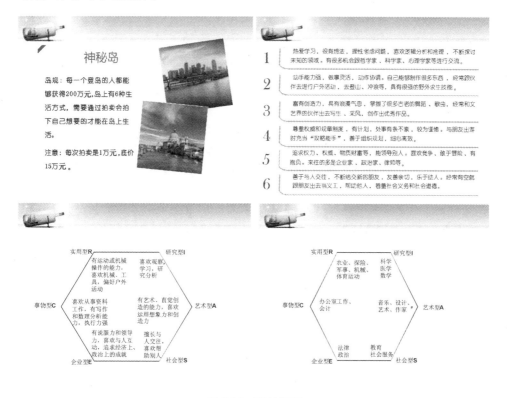

图 2-22　素材组图

## 五、行为改变法

### (一)技术支持

行为改变的方法是以行为主义关于行为强化的学习理论为依据,根据该理论,通过奖惩等强化手段可以建立某种新的行为或者消除某种不良行为。

>  **知识链接 2-3**
>
> **斯金纳的操作性条件反射的学习理论**
>
> 1. "斯金纳箱"
>
> 学者斯金纳,是新行为主义的主要代表之一。他延续了桑代克的研究,用自己发明的学习装置"斯金纳箱"进行了系列实验。研究过程如下:一只小白鼠,被放置于"斯金纳箱"中,该箱子是一个迷宫。小白鼠可以自由活动,基于偶然,它将碰触箱子的内置机关,而一旦触及机关,连接机关的通道将打开,一个食团将被输送至箱子里。小白鼠因此而获得了食物。当小白鼠被观测到,它主动地触动"机关",此时,斯金纳说,这只小白鼠已经"被操作了"。即此时,操作性条件反射已经建立。
>
> 2. 学习观
>
> 斯金纳认为,学习的实质在于:学习是指有机体的某种自发行为由于得到强化而提高了该行为在这种情景发生的概率,即形成了反应与情景的联系,从而获得了用这种反应应付该情景以寻求强化的行为经验。操作学习的过程,即操作性条件反射的形成过程,也就是反应—强化的过程。
>
> 所谓强化,是指在一种刺激情景中动物的某种反应后果有使该反应出现的概率提高的作用。而强化物则是能起到强化作用的反应后果。强化物每在相应的操作反应之后出现一次,这一操作反应便得到了一次强化。斯金纳区别了以下两种类型的强化。①正强化。当环境中的某种刺激增加而行为反应出现的概率也增加时,这种刺激就是正强化,如白鼠按压杠杆得到食物,食物就是正强化物。②负强化。当环境中的某种刺激减少而行为反应出现的概率增加时,这种刺激就是负强化。负强化物通常是一种厌恶刺激,是有机体力图回避的,它同样能增加动物的压杆反应。
>
> 在实际生活中,正强化和负强化都是经常被应用的方法。如教师给予微笑、赞扬、奖品,提供学生喜欢的活动等,都可以对希望学生学会的某种行为或本领进行正强化,而收回批评、停此打骂、取消学生不感兴趣的活动等都是在对上述行为进行负强化。
>
> (资料来源:许思安.中学政治学科课堂教学心理[M].广州:广东高等教育出版社,2014.)

(二)常见操作

**1. 行为训练**

教师在使用这种方法时,可让学生完成一些行为训练的任务。

素材分享:《冥想中的自我暗示法》(设计者:邓绮媚、高梦霞、黎雅丹、吴文霞、林晓青、谭卓君)

师:嗯,同学们果然是有经验的老手啊!大家可以选择合适的方法来减轻自己的焦虑。不过啊,同学们想不想体验一种相对较为新奇的方法呢?黎老师为我们带来的这种方法可以让大家缓解紧张的情绪,感到放松舒适。下面请黎老师带着大家一起来进行。(播放放松音乐)

黎：请同学们配合老师，保持安静并跟随我的指令。

（1）好的，现在请你轻轻地闭上你的眼睛，随着这优美的音乐，以一个最舒服的姿势坐好。后背慢慢地靠在椅子上，双肩自然下垂，手脚慢慢放松、放松，保持自然张开的状态。然后慢慢地、深深地吸气，吸气时腹部鼓起来，吸到足够多时，憋气2秒钟，再把吸进去的气缓缓地呼出，呼气时腹部凹进去。呼气的时候跟自己说：我现在很放松很舒服。好的，吸气、呼气、吸气、呼气、吸气、呼气……（学生差不多进入状态时，进入下一步）

（2）现在，你已经完全放松了，你内心平静自然、心无杂念。此时此刻，你和每天早上一样，正走在上学的路上，微风轻轻地吹拂，树儿在缓缓地摇曳。你一边走，一边哼着歌儿。哼着哼着，这时，你想起了你待会要参加一门考试。

（3）你开始有点紧张，因为你还没有把所有的内容都复习过了。这时，你回想起自己最高兴的一次考试。那次你取得了自己有史以来最满意的成绩。其实，那次你也不能100%保证考试内容你都复习过了。刚好考试的内容是你最有把握的，而这次，也是一样。只要把复习过的都答对，按时交卷就可以了。你开始放下你那颗悬起的心。

（4）毕竟你昨晚复习了挺久，甚至有点晚睡。你开始担心你昨晚睡得不是很好，会影响今天的考试。这时，你深深地吸了一口气，略带花草香味、清新的空气一直渗入到你的心里，渗入到你身上的每一个细胞，然后你缓缓地呼气，把身上劳累的气息彻底地呼出。感觉很舒服、很舒服。你再一次吸气、呼气。此时，你感到神清气爽，你觉得你今天的精神真好，你一定可以考好。你刚刚绷紧的神经一下子就放松了。

（5）嗯，考试肯定有你不会做的题目。不过，你明白，考试只是在检验你学会了多少，这次不会的，没关系，下次认真学习，一定可以进步。你开始轻快地走向考场。

（6）暖暖的阳光让你很温暖很舒适，微风正轻轻地拂过你的脸庞，湛蓝的天空飘着几朵白云，它们在慢慢地飘移。你感到踏实宁静。此时你的一切烦恼、担忧、恐惧、不安，在这阳光的照射和微风的吹拂下都一去不复返了，你感到自己的身心非常放松，非常安逸，非常舒适。

（7）你觉得浑身都充满了力量，你的头脑开始渐渐清醒，思维越来越敏捷，反应也更加灵活，眼睛也非常有神采，你觉得这次考试，你一定可以应付！你不慌不忙地走进考场，坐在你的位子上，准备考试。

（8）准备好了吗？好，请你慢慢睁开你的眼睛，你觉得头脑清醒，思维敏捷，浑身都充满了力量，考试带来的焦虑不安没有你之前所想的那么大了。

**2. 示范**

这是一种借助模仿来习得或掌握新行为的方法。运用这种方法，要求教师自身应起示范作用或为学生树立学习的榜样。

素材分享：《情绪调节新法》（见图2-23，设计者：李佩舒等）

**3. 奖赏**

可利用分数、表扬、奖章等精神与物质的奖励，鼓励和强化学生形成某种良好的行为。

素材分享：《沟通新天地》（见图2-24，设计者：胡慧清）

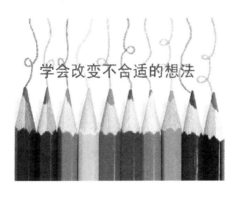

案例

- 情景：我这次考试考得很差。
- 想法：这实在是太糟糕了。
- 情绪：极度失望和抑郁。
- 行为：不想学习，注意力不集中，懒散，甚至自暴自弃。

案例　自我反驳

- 这太糟糕了。
- 为什么就觉得考试失败是一件很糟糕的事情呢？
- 因为我必须做得更好，必须每次都成功。
- 为什么必须每次都成功？
- 因为成功证明了我的努力，不然我的努力就白费。
- 为什么只有成功才能证明我的努力？
- 因为失败了就表示我从此无论怎么努力都不行了。
- 未来的事情还没有发生，为什么就能如此确定？你能证明以后努力了也一定会失败吗？

案例

结果：
- 认识到一次考试的失败并非那么糟糕，不能说明能力，也不代表将来。
- 虽然也会感到失落，但不灰心，不自暴自弃，也不忧郁。
- 开始分析考试失败的原因，查漏补缺，并继续努力。

图 2-23　素材组图

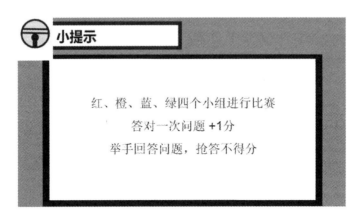

小提示

红、橙、蓝、绿四个小组进行比赛
答对一次问题 +1 分
举手回答问题，抢答不得分

图 2-24　素材组图

课外拓展

学科前沿

**翻转课堂**

翻转课堂译自"flipped classroom"或"inverted classroom"，是指重新调整课堂内外的时

间,将学习的决定权从教师转移给学生。在这种教学模式下,在课堂内的宝贵时间,学生能够更专注于主动的基于项目的学习,共同研究解决本地化或全球化的挑战以及其他现实世界面临的问题,从而获得更深层次的理解。教师不再占用课堂的时间来讲授信息,这些信息需要学生在课后完成自主学习,他们可以看视频讲座、听播客、阅读功能增强的电子书,还能在网络上与别的同学讨论,能在任何时候查阅需要的材料。教师也能有更多的时间与每个人交流。在课后,学生自主规划学习内容、学习节奏、风格和呈现知识的方式,教师则采用讲授法和协作法来满足学生的需要和促成他们的个性化学习,其目标是为了让学生通过实践获得更真实的学习。

实施步骤:

1. 创建教学视频

第一,明确学生需要掌握的目标,以及视频最终需要表现的内容。

第二,收集和创建视频,建议考虑不同教师和班级的差异。

第三,在制作过程中,可考虑学生的想法,以适应不同学生的学习方法和习惯。

2. 组织课堂活动

内容在课外传递给了学生,课堂内更需要高质量的学习活动,让学生有机会在具体环境中应用其所学内容。

包括:学生创建内容;独立解决问题;探究式活动;基于项目的学习。

(资料来源:http://baike.haosou.com/doc/7052431.html.)

### 心理训练

以本节开篇"案例分享"中的"拍卖会"活动为蓝本,尝试分析:

(1) 在活动准备阶段,需要注意哪些细节?

(2) 在课堂的实际操作中,最大的难点在哪里?

(3) 活动后,将组织怎样的分享与讨论?

### 小 结

本章综合介绍了当前心理健康教育课程设计的选题动向、课程组织中素材的选择与常规的教学方法。建议读者关注自教育部颁发了《中小学心理健康教育指导纲要(2012年修订)》后,明确界定了中小学心理健康教育的各项要务,并由此带来的规范化、前沿性与时代性等选题新动向;在素材的选择中,建议根据学生的需要以及该素材对于学生而言是否"合适"等多个层面综合衡量;而心理健康教育课程设计的常用方法则包括认知法、操作法、讨论法、角色扮演法以及行为改变法等多种方法。

### 练习与思考

**1. 练习题**

(1)《纲要》中要求在中小学开展心理健康教育的主要板块有哪些?

(2) "有价值(或有效)"情景有哪些基本特点?

**2. 思考题**

"有人说,课程设计中首先需要思考的是目前有哪些具体素材,将使用何种教学方法。"请谈谈你对该观点的看法。

## 用火柴点亮价值观

一、案例背景

本案例选自广东省首届中小学心理教师专业能力大赛教学节段展示模块的一等奖作品(中职组)。

智慧课堂,快乐你我。欢迎同学们来到心理健康课堂。

今天老师给大家带来一首歌曲(音乐响),同学们听过这首歌吗?

对,这就是老师上节课推荐大家去看的经典电影《白毛女》的主题曲,还记得电影内容吗?它主要讲述了新中国成立前的华北农村,贫苦佃农杨白劳早年丧妻,膝下有一女名叫喜儿,父女两人相依度日,恶霸地主黄世仁欲霸占年轻貌美的喜儿,喜儿父女誓死抵抗的故事。

前段时间,《白毛女》突然又火了。火的原因是网友们就"喜儿是否应该嫁给黄世仁"展开了激烈的争论,真可谓见仁见智。

有人认为,黄世仁是恶霸地主,他们不仅没有爱情基础,更是属于对立阶级,而且黄世仁还害死了喜儿的爹,坚决不能嫁!

有人认为,黄世仁有钱有势,爱情不是问题,年龄不是距离,嫁了黄世仁就可以吃香的喝辣的,享尽荣华富贵,何乐而不为呢?一定要嫁!

还有一位大学生的观点颇受大家关注,她说:"如果是我早就嫁了,现在找工作这么难,嫁给黄世仁,哪用得着再跟别人争得头破血流,直接天上掉馅饼,过上少奶奶的生活,何苦偏要和他对着干呢……"

这是网友们的选择,同学们,请问如果是你,你的选择是什么?面对同一问题,大家为什么会有不同的选择呢?在选择的背后隐藏着什么样的秘密呢?

接下来,我们通过一个小视频,一起来揭开选择背后的神秘面纱。

(播放视频)(板书:选择)

原来,选择的背后就是我们的价值观。

我们虽然没有白毛女的烦恼,但是我们面临很多其他的选择:比如在我们学校的社团活动中,你是选择街舞社还是口才社呢?比如班干部竞选中,你是竞选班长还是学习委员呢?再比如即将到来的分班选择中,你是选择继续读电子专业一年后工作,还是选择进入高考班继续深造呢?

这些大大小小的选择构成了我们的生活,而价值观在影响着我们的选择。每个人都有价值观,你清楚自己的价值观吗,接下来,我们一起来进行一场有意义的活动——"用火柴点亮价值观"。

现在,我们每个人的面前有一包特殊的火柴,每一根火柴上都有文字,这文字就是这根火柴所代表的意义,可能是健康、友谊,也可能是亲情。

现在让我们静下心来,仔细阅读每根火柴,当你拿起它,看到上面的文字时,思考这样一个问题:它让我想到什么?可以记录在作业本上。

现在我们认真阅读完了 16 根火柴,还有两根空白的火柴,上面没有文字,你认为还有哪些特别重要的,你可以写在上面。

好,接下来,我们要进行第二步了,请在这 18 根火柴中挑选出对于你来说最重要的 6 根,它们代表了你生命中最看重的 6 种东西,同时问自己:"为什么我会选这 6 种,而不选其他?"请将感受记录在作业本上。

你确定是这 6 根吗,要不要更换,会不会后悔?好,接下来请大家对这 6 根火柴进行排序,最重要的放在最左边,按顺序的重要性依次排下来,同时问自己:"我为什么要这样排列?"请将理由写在作业本上。

排完了吗?请再次确认,真的是这个顺序吗,要不要调整?

好,现在请看着你认为重要性最低的那根火柴,请拿起它,再次确定它真的最不重要吗?好,请点燃它,看着它燃烧,然后问自己:"如果火柴上所写的东西真的从此在我的生命中消失的话,我会怎样?"请将自己的所思、所悟写下来。反复进行,直到剩下最后一项。

活动完成了,此时,我们不妨静下心来一起分享几个问题:

(1) 你的选择是什么?对此次的分班选择有什么启发?
(2) 你的选择和小组其他成员的选择相同吗?为什么?
(3) 你日常行为是否符合自己的价值观呢?需要做出调整吗?

人生因选择而不同,同时也因选择而璀璨。在这看似漫长实则短暂的生命过程中,我们苦苦追求的是不是自己真正想要的?早日厘清价值观,你的人生将注定与众不同。

二、案例讨论

1. 该教学节段中,在素材的选择方面有何特点?
2. 该教学节段中,使用了何种教学方法?

(设计者:田卫卫)

### 本章推荐阅读书目

[1] 许思安,严标宾,曾保春.中学心理健康教育实务[M].北京:清华大学出版社,2013.
[2] 许思安,莫清瑶.小学生心理健康教育实务[M].北京:清华大学出版社,2013.
[3] 许思安.幼儿心理健康教育实务[M].北京:清华大学出版社,2013.

# 第三章
## 心理健康教育课程的组织与评价

 本章结构

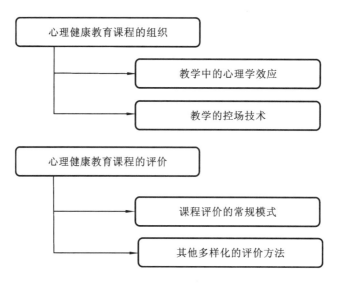

## 第一节 心理健康教育课程的组织

 案例分享

**孩子开课第一天先要学感恩**

2006年2月13日开学第一天,广州第109中学就举行了"以美育人"教育日,在广州率先将"感动、感激、感恩"作为校园开学典礼上学生的必修课。

这是一个真实的故事。109中初二(1)班的一名姓许的学生刚入校时迷上游戏机不能自拔。看到孩子无心学习,父亲十分生气,不让孩子买游戏机。这个同学骗家里说要向学校

交伙食费,多向家里要了1000多元,偷偷买了一台游戏机。被父亲发现后,不但挨了一顿揍,游戏机也被砸烂了。一气之下孩子不再努力读书,学业成绩出现大滑坡,几乎落入全班倒数行列。一曲由著名网络教育专家陶宏开创作的歌曲《学费》被学校制成了VCD(激光压缩视盘),在家长会、班会上传播,感动了许同学。

"母亲的手啊颤巍巍,眼里闪烁着深情的泪:'孩子啊,快快拿去吧,这是你需要的学费'……他们365天的风风雨雨,他们365天的汗汗水水,他们辛勤劳累,他们日日夜夜,他们月月年年,他们倾情付出,无怨无悔。"歌词字字真情,像姓许的同学一样迷上游戏机的学生听后泪流满面,他们终于懂得了感恩,懂得了孝顺,明白了父母的一番苦心。现在,姓许的同学的成绩跃入班级前20名。

(资料来源:《广州日报》,2006年3月23日。)

这是一篇报纸文章,也是课程教学中的素材的常见呈现方式之一。假如,你打算使用该素材,并以"讲故事"的方式进行教学组织,那么,你将如何讲述这个故事?其中,你将运用哪些心理学效应帮助自己让这个素材从"静态"走向"动态",从而成功吸引学生的注意力并激发其相应的好奇心?

### 学习导航

## 一、教学中的心理学效应[①]

### (一) 首因效应与近因效应

Luchins进行了一项记忆实验。实验准备了两份材料:这都是关于"吉姆"的故事,其中一自然段把吉姆描述为性格外向的人,另一自然段则把他描述为性格内向的人。Luchins把这两段文字组合成两份不一样的材料,在第一份材料中,他把对吉姆外向性格的描写放在前面,把对他内向性格的描写放在后面。而第二份材料的顺序刚好相反。

在实验中,他分别让两组被试阅读这两份材料,然后要求他们判断吉姆是一个怎样的人。实验结果显示:阅读第一份材料的被试中有78%的人认为吉姆比较外向、友好;阅读第二份材料的被试中有82%的人认为吉姆比较内向、孤独。可见,最先得到的信息对判断有巨大的作用,首因起了决定性作用。

Luchins并不满足于这样的结果,他又做了一个尝试。实验的材料与前述一样。仅仅改变了实验的操作,即在被试阅读材料前,预先告诉他们,材料共分两段,要求他们必须在阅读全部材料之后再对吉姆做出判断。因为这稍微的改变,实验的结果也发生了很大的变化。被试受到了最后所看的那段材料结果的影响,纷纷据此来做判断,结果,首因效应消失了,近因效应出现。

那么,什么是首因效应?什么是近因效应?前者是指在时间、空间上最先接受的信息对

---

[①] 许思安.中学政治学科教学心理[M].广州:广东高等教育出版社,2014.

人的印象形成的影响;而后者则是指在时间、空间上最近的信息对人的印象形成的影响。比如,在异性交往中,双方彼此一见钟情,就是这相互间形成了很好的第一印象,这就是首因效应。而在许多分手的案例里,也常常听到这样的理由:"因了解而分手。"这就意味着,最近极有可能发生了某事,而这件事情影响到了某人对其恋人产生了某种负面的看法与判断,这种负面的看法与判断甚至把此前所累积起来的那些好感都覆盖掉了,因此而提出"因了解而分手",这就是近因效应。

在教育教学中,善于运用首因效应与近因效应之间的微妙转换,有助于提升教师的权威形象与语言魅力。如,一个人第一次作为"教师"角色出现在学生面前,此时首因效应将会启动,因此,"我要打造怎样的个人形象",从发型到着装我们皆可以细细考虑;"如何介绍自己",第一句话、第一段话的主题与细节等等,这些均可在我们的预设之中予以精心准备。又如,"这门课程很难,但你还是可以学好的","你还是可以学好的,虽然这门课程很难",这两句同样语意却有不同语序的句子,将带给听者怎样的心理感受?此时,也许我们要更多考虑近因效应对听众的影响。

### (二)心理距离效应

你是否曾观察过以下现象:在电梯运行的过程中,许多人的习惯是把目光盯着楼层的显示屏;在挤公交车、地铁的时候,许多人选择了背靠背;公园里闲置的长椅,往往首先被占据的是两端……何以如此?这其实是"心理距离效应"的体现。"空间也会说话",正是来自学者爱德华·霍尔对人际空间的研究结果。所谓心理距离效应,是指,在人际交往中,人们一般情况下的空间距离与心理距离产生倒 U 形关系的现象。爱德华·霍尔提出,假如用厘米作为衡量人际空间的距离,那么,我们至少可以分出"非正式交往区域"与"正式交往区域"。前者包括了"亲昵区"和"个人区";后者包括了"社交区"和"公众区"。在"亲昵区"中,大概是 15 厘米到 46 厘米的距离,在这个区域里往往是一些与该个体较为亲密的亲人和好友。在"个人区"里,则是 46 厘米到 120 厘米的空间范围,这里活跃着我们的朋友和熟人。而在 120 厘米到 370 厘米之间,大多是我们的同事、客户、集体活动等,这是"社交区";如果超出 370 厘米以上,那么这往往是公开演讲时的距离,俗称"公众区"。我们不妨留意一下,在自己的生活中,你与他人之间的这种物理距离是多少?你与他们的关系又如何?假如,做进一步的分析,那么是什么影响了这种人际空间的距离?有学者认为,这与人际互动中的亲密程度、文化因素、社会地位、性别差异有关。

不妨进一步思考,在教学中,如何利用这一效应迅速拉近与学生之间的关系。你想到方法了吗?

### (三)意动效应

意动效应向我们揭示了这样一个道理:一个人的内心状态,必定会通过种种微妙的途径流露于外,但在人们试图不表现这种内心状态时,这种流露过于细微,不易被通常只关心行动方向和态度指向的人们发现。

意动效应提醒我们,在教学中,非言语符号系统值得引起关注,特别是肢体语言信息的解读。比如,一个学生,在我们面前长期低着头,这中间是传递着哪些信息?他是因为自卑而低头?是因为不想参与我们的话题而低头?是内疚?是有别的心事?为了能更好地了解学生的心理,我们把常见的肢体信息归纳如下:低头往往表示否定,不感兴趣、内疚;点头表示理解、同意或答应;摇头,意味着不同意、震惊或不相信;挠头,意味着迷惑或不相信;扬头表示希望与自信;眉头紧锁,代表困惑或遇到了麻烦;频繁用手挠头,表示正着急地思考;谈话时不停地看表,说明他有其他要紧事等着他去处理;稍稍撅起的嘴唇,表达轻微的不高兴;嘴唇紧绷,代表愤怒、对抗或决心已定;嘴巴张开成 O 型,代表惊讶;瞳孔放大、眼睛发光,意味着对现在讨论的话题很感兴趣;向一边倾斜,表达同情、仔细倾听。

素材分享:

曾听过这样一个传说。故事发生在古老的欧洲,主角是一匹马,马的名字叫汉斯。它是一匹德国马,它和主人一起以街头卖艺为生。它的主人发现汉斯很聪明。比如,它会在表演时从观众中找出主人要它寻找的人,会用蹄子在地上敲出主人出的加、减题的答案,甚至能进行乘法运算。这一现象,在当时的社会中引起了很大的轰动。很多人认为,这是主人和宠物的巧妙配合。于是,有人跳出来重新出题,而结果,更让人惊讶,因为汉斯的回答依然无误。这甚至引发了科学家们的争论:"'动物没有思维'这一论断是否有误?是否已经被汉斯超越了?"汉斯的神话最后还是被打破了,出题的人是一名侦探。他出的题目是:伦敦到巴黎有多远?汉斯没能回应这个问题。

当年,真正指挥汉斯的人并不是观众眼中看到的是"主人",而是藏在观众中的某人,他以轻敲膝盖的方式,向汉斯传递着信号,汉斯因此而做出"正确的反应";侦探的题目过于"前卫",当时的人们的确还不清楚"伦敦到巴黎究竟有多远",所以……

### (四)联觉效应

所谓联觉效应,是指一种感觉的感受器受到刺激时,在另一感觉通道也产生了感觉的现象。联觉效应是感觉器官之间相互作用的结果。比如,我们往往用"色香味俱全"来形容一份佳肴。这体现了这份美味的食物,在颜色、香味和味道方面给我们带来的良好感受。假如用联觉效应来解释的话,就意味着我们在视觉、嗅觉和味觉方面对这份食物给予了很高的评价,它驱动了我们多种感官的作用。该效应在教学中的应用,能促使学生多个感官共同参与,可以促使学生在参与中获得更多的体会,加深对知识的印象与理解。因此,在备课时,我们可以考虑灵活运用联觉效应,思考哪些知识点可以采用这样的策略来展开教学。

### (五)视觉化效应

视觉化效应是指在认知过程中,人们对那些视觉化了的事物往往能增强表象、记忆、思维等方面的反应强度的现象。这得益于视觉的形象作用,视觉比其他感觉更有影响力,以及视觉化的色彩作用。因此,在备课时,我们可以考虑准备一些视频、图片、实物等素材。

素材分享:
关于"多角度看问题"的经典素材——双关图(见图 3-1)。

### (六)等待效应

在认知过程中,由于人们对认知对象的等待产生态度、行动等方面的变化,这种现象被称为等待效应。例如,听过电台长篇小说连播的您,可能会有过这样的体会:当我们听着一段故事正津津有味时,对方来一句"欲知后事如何,且听下回分解"。这句话宣告当天的连播到此结束,同时也让我们产生了意犹未尽的期待。等待效应是一种对知识的演绎方式,它能诱发听者的好奇心,这对于课堂中激发学生的求知欲大有益处。

图 3-1　双关图

素材分享:

关于"自我"这一话题,有一个经典的传说——"古老的斯芬克斯之谜",故事大意如下:有这样一个传说,传说中众神居住的地方叫做奥林匹斯山,众神的主神是宙斯,奥林匹斯山上有一块石碑,碑上刻着一句箴言。宙斯想把这句箴言告诉给人类,于是他派斯芬克斯来到人间。斯芬克斯把这句箴言化作一道谜语让人类猜。斯芬克斯来到了一座古希腊著名的城堡拜森克,守候在这座城堡唯一的井口旁,要求每一位前来打水的人猜这句谜语,凡是没有猜中的,斯芬克斯马上把他吃掉。这句谜语给当时的拜森克人带来了前所未有的灾难。谜语是:"什么东西早上 4 条腿走路,中午 2 条腿走路,晚上 3 条腿走路?"

假如您是初中老师,如何利用等待效应阐述上述故事?

笔者曾作以下尝试。

在课堂导入时,首先询问学生:"你听说过'斯芬克斯'吗?"(在备课时,笔者预设该问题对于七年级的学生来说,是有较高难度的,设计此问就是为了激发学生的好奇心。)学生对此果然一无所知。其后,笔者做了这样一个提示:"埃及最著名的是什么?"(降低了问题难度,开始协助学生寻找答案。)学生们纷纷分享,埃及最著名的有金字塔、法老、狮身人面像……借着"狮身人面像"这一关键词的带出,解决"斯芬克斯"与它之间的关系。继而提出了传说中的斯芬克斯之谜。谜语是:"什么东西早上 4 条腿走路,中午 2 条腿走路,晚上 3 条腿走路?"(在备课时,笔者预设该问题的答案对于当今的学生而言是毫无难度的)当学生干脆利落地回答出标准答案后,为了诱发学生对故事背景的好奇,笔者再次设疑:"但是在当年,这句谜语却给当时的拜森克人带来了前所未有的灾难……究竟奥林匹斯山上的箴言是什么……"并由此拓展课外知识:"油画《斯芬克斯之吻》,吻出了一个真正的人,一个具有自我意识,对自身有所认识,对自己有所反思的人……有人说:世间有三样东西是极其坚硬的,钢铁、钻石和理解自我。认识自我真的这么难吗?让我们一起来……"最终带出课堂的主题。

反思这一设计,适当设疑,诱发好奇,这是笔者所理解的期待效应运用的关键。

## 二、教学的控场技术

### (一) 课前控场

笔者认为,"课前控场"集中体现于教学设计的全过程。包括理论的构想、选题的拟定、目标的确定、内容的选择、素材的斟酌、教学环节的思考、教学方法与策略的运用等等。教学设计的每一个环节的优劣都将对课堂的呈现产生微妙而直接的影响。

>  **知识链接 3-1**
>
> ### 精心设计
>
> 1. 精心设计主题内容与课题名称
>
> 主题内容要根据心理健康教育的要求和学生当前的实际来挑选。
>
> 标题设计要符合学生的心理发展特点,既要生动而吸引人、富有情趣,又要有明确的思想性。具体来说有三个要求:
>
> (1) 题目要具体明确,生动有趣;
>
> (2) 题目要富有启发性,引发思维活动;
>
> (3) 题目要尽力避免使用专业术语。
>
> 2. 精心设计教学目标
>
> 教学目标包括认知目标、态度和情感目标、问题解决(或能力)目标三个方面,应做好全面的设计。要特别注意,重点不应放在认知目标上,不然就成了心理学课,而不是心理健康活动课。
>
> 3. 精心设计教学内容
>
> 在设计教学内容时,可以围绕主题和目标从多方面寻找资源,加以筛选。比如,从心理学和教育学方面找资料,从历史事件找资料,从各行各业事迹中找资料等,特别要注意结合学生的生活经历和最近发生的重大事件来找资料,这些资料为学生所熟悉、所关注,更能发挥积极的效应。
>
> 4. 精心设计教学方法
>
> 在教学方法设计中,需要善于灵活使用各种常规教学法,尤其要注意让学生真正活动起来,而不是方法的随意拼合。
>
> 5. 精心设计教学程序
>
> 一般过程:"暖身"活动;创设情景或设计活动;交往协作;鼓励分享;引发领悟;运用延伸。
>
> (资料来源:唐红波,陈筱洁,周海林.小学生积极心理培养[M].广州:暨南大学出版社,2012.)

(二)课堂控场

**1. 教学的语言艺术**[①]

1) 评价性语言的表达

(1) 阿伦森效应。在课堂教学中,如何评价学生的回应,这是课堂掌控的难点。在评价性语言当中,首先我们将面临着褒与贬的抉择,褒与贬的尺度问题。在赞扬与批评时,是先

---

① 许思安.中学政治学科教学心理[M].广州:广东高等教育出版社,2014.

褒后贬好,还是先贬后褒好?对于这个问题,学者阿伦森曾经做过这样一个实验:让4组人对某人进行不同的评价,从而找出最佳效果的褒贬顺序。第一组始终对这个人赞扬有加,第二组始终对这个人贬损否定,第三组先褒后贬,第四组先贬后褒。对数十人做过此实验后,发现绝大部分人对第四组最有好感,而对第三组最为反感。这就是阿伦森效应,即人们最喜欢那些对自己的喜欢、奖励、赞扬不断增加的人或物,最不喜欢那些对自己的喜欢、奖励、赞扬不断减少的人或物。可见,大多数人的心态是喜欢褒奖不断增加,而批评不断减少。了解了阿伦森效应,关于褒与贬的问题,您可有启发?

(2) 评价中的直言"增进"。在课堂评价中,我们可以选择用直言"增进"的方式,直接对学生的意见和观点进行表扬。如,"你的意见很有启发性","你真棒",等等。

(3) 赞赏歧义方法。课堂的语言评价问题并不是一个简单的刺激—反应关系,有的时候,需要我们灵活地进行处理。比如,面对一些尴尬的情景,我们既不能直接批评学生,又不能表达认同时,可以选择使用"赞赏歧义法"来进行课堂的驾驭。该方法的理念是:虽然对学生所提出的问题、分享的意见,我们难以理解或不太明白时,我们仍要赞赏对方。比如:"我不太明白你说的那种方法,但我可以想象你是如何想出来的。""我并不同意你所说的,但我会支持你说出来的权利。""我明白你的感受,这也是一种看问题的方法。"等等。

2) 可考虑积极认知的语言技术

积极认知对于个体而言是引发积极情感的重要前提。在与学生的对话中,教师选择了何种观点或情感反馈给学生,那么该观点或情感将会被强化。根据积极心理学的基本理念:对话中,及时捕捉学生的这些"积极"而"正面"的内容,通过反馈、认可、赞赏等手段"一点一滴地"累积,最终因"量变"而促使学生"质变"。比如,一项关于抑郁症患者的治疗,让我们可以从中体会如何实现"一点一滴地累积"。这是来自马丁·塞利格曼的研究。我们先来看看抑郁症患者的共性。他们大多存在着这样的普遍性:他们往往失去对生活与工作的兴趣,他们感觉虚弱而无力,他们看不到生活的希望;他们沉溺于自责之中,看不到自己"生存的价值与意义"。面对这样一个群体,如何引领他们看到希望,感受到生活中还存在着积极的一面?马丁·塞利格曼首先让577名抑郁症患者完成一份调查问卷:"如果摆脱了抑郁的困扰,你可能想去做些什么?"这群号称自己"虚弱无力和绝望"的人的回答大多千篇一律:"慵懒,很难融入周围世界,做什么事都提不起劲,甚至没有力气让自己享受快乐。"随后,塞利格曼要求被试坚持写一周的日记。日记只需要写:如果他们有更多的精力,他们会去做什么。结果,"奇迹"发生了,一周后,被试纷纷报告:"自己变得更加活跃了……"为什么会有这么大的变化?其中的窍门就在于写的日记,它引导被试所关注的焦点问题,即关注的不是"怎么做",而是"做什么"。根据塞利格曼的解释,当我们还没引发起足够的动机去想做某事,而是马上去关注该事情怎么做的时候,人们往往会无意识中"加重"了对要去做这件事情的难度。因为畏难情绪的存在,而使得这个个体往往望而却步。因此,当关注的焦点发生变化时,我们的心态也在发生变化。因此,引导积极认知的语言技术的难点与关键就在于在言语诱导时,讨论的焦点如何体现"积极"。比如,面对一个屡教不改的学生,作为教师,我们的习惯往往是质疑对方"为什么不……"现在,请从一个另一个视角去考虑,转换提问的方式。

3) 谨慎使用"必须……"字样

请阅读以下两段素材:

素材一：定期用牙线清洁牙齿是一件值得人们认真考虑的事情，大部分人对这种观点都会表示认可……牙龈疾病可能导致很多严重的问题：心脏病、中风、糖尿病、肺炎等。你或许会因此考虑养成定期用牙线清洁牙齿的好习惯。

如果你已经在使用牙线了，请继续保持这个良好的习惯。如果你还没有，现在就是开始行动的良机。也许你今天就想试一试。使用牙线非常方便，为什么不尝试一下呢？给自己定个目标，在接下来的一周里每天都用牙线清洁牙齿，就从今天开始吧。

素材二：任何明智的人都无法否认，在使用牙线这件事情上根本就没得选择。你必须要使用牙线……牙龈疾病可能会引发很多严重的问题，比如中风和肺炎，所以你必须每天用牙线清洁牙齿，否则就太蠢了。如果你还没有使用过牙线，那应该现在就开始行动，从今天开始行动。

使用牙线，你必须这么做。每天都要使用……给自己定个目标，从今天开始的一周里每天都使用牙线。

显然，两段素材都在向我们介绍使用牙线的好处，然而，阅读时，哪段素材会让你感觉更舒服？从研究者的角度，两段素材的差异性主要体现为：前者是低威胁信息，而后者是高威胁信息。一般而言，高威胁信息往往容易激发个体的逆反心理。然而，在现实生活中，类似的高威胁信息比比皆是：你必须把分数提上去，否则你根本考不上大学；你必须减肥，否则你会得糖尿病……正因如此，人际互动中充斥着争论、反抗……所以，笔者建议，在教学中、管理中，乃至我们的日常生活中，谨慎使用"必须……"字样。

**2. 课堂中的生成资源**

课堂控场，最大的难点在于生成资源的应对问题。这是在课堂教学现场伴随教学过程而产生的，能够推动教学行进的各种教学条件和因素。例如：课堂现场，学生的注意力状态如何？在讨论时，他们提出了哪些不在教师预期中的答案？如何应对学生不在预期中的回应，这是教师素养的综合体现。因此，应对生成资源的关键技术在于提升教师自身的综合素养。

现以课堂灵活性为例，谈谈生成资源的掌控。在现实的课堂中，我们可能会遇到这样的困惑：学生提出的每一个问题，都要回答么？要求学生提问题时，学生不出声，怎么办？我们自己也不知道答案时，怎么办？学生的问题模糊，怎么答？学生故意挑衅，怎么办？学生想挑起争论，怎么办……

要很好地解决上述困惑，就需要我们辨别学生的动机，了解他的个人特质，然后灵活处理。具体建议如下：假如，你的学生是极好争辩的或是一个带有偏见的顽固分子，他可能拥有好斗的性格，他特别喜欢当场让人难堪，或许他可能正受该问题的困扰，那么在应对时，我们自己要沉住气，也可以对对方勇敢地提出问题给予肯定，或者适当地把他所提出的问题转给全班同学一起讨论，又或者可以约他私下谈等。假如，你发现学生在回答你的问题时，出现"跑题"现象，他说得越来越远了，这时，我们可以选择以"自己承担责任"的方式，把话题再转回来，如"可能是我的话把你引出了主题，我再重复一下我们的主题……"假如你的学生是习惯性的"快言快语"，他可能的确很想为我们提供一些帮助，又或者他有极高的表现欲望，喜欢出风头，那么，我们可以在提出问题之前，先给他布置任务，比如让他仔细倾听其他同学的发言，在同学们讨论结束后，我们将邀请他做总结，或者直言表达对他的感谢，然后建议：

"让其他人一起来进行,好吗?"假如你的学生在课堂上,公然询问或质疑你的观点,也许他想把你置于问题的焦点,也许他是为了得到你的认同,也许他仅仅是真的想得到你的建议,此时,我们可以适当地把该问题转介给全体同学,让大家一起来分享。假如你的学生在"开小差",在课堂上私自对话,处理类似问题时尽可能不要让他们难堪,我们可以选择点名,然后重复一遍问题,问他的观点,让其参与讨论的方式变得婉转。当面对难以解答的问题时,我们可以尝试:"我不知道答案,但我可以为你找到……""我需要认真思考一下,稍后我们再探讨好么?""我不能确信我知道答案,我们可以在课下讨论。""确实没有对与错的答案,不过,我个人认为……"

### 知识链接 3-2

**如何把握生成性教学资源**

在课堂教学中我们已经体验到:理想的教学是一个动态生成的过程,课堂的精彩往往来自精心预设基础上的绝妙生成。当"无法预约的精彩"成为一句熟语后,课堂中那些极富生成价值的因素,被当作无比可贵的教学资源。我们知道生成性资源不会凭空而至,却往往会稍纵即逝。那么,面对生成性资源,我们该如何把握呢?

一、抓住契机——做有效生成的催发者

新课程要求教师有强烈的资源意识,从宏观课程的观点看,课堂中的各种因素,如教师本人及学生的生活经验、教学中的各种信息等,都可看作是宝贵的教学资源。当师生围绕教学内容展开真情互动时,相互启发、相互感染、相互促进,使学生求知的欲望被激发、情感的闸门被打开、思维的火花被点燃。这时,师生间的互动对话就可以催发、生成许多教学契机。教师要善于抓住并加以利用,从而使课堂充满活力。如一位教师在教学"圆锥的体积"时,教师先让学生小组合作,动手操作(已备的学具),再引导学生通过观察、比较、探索,从而发现圆锥的体积是等底等高圆柱的体积的三分之一,据此推导出圆锥的体积计算公式。这时,有一组学生提出质疑:"刚才的实验与书上的实验都只能说明圆锥的容积是等底等高圆柱的容积的三分之一,而不是体积。"这时教师抓住契机,充分利用这个生成的教学资源,反问道:如果这等底等高圆锥与圆柱的容器,我们想象它是实心铁质的物体,那么,大家想一想怎样算出圆锥的体积?圆柱与圆锥之间又有什么关系?这时课堂又活跃了,学生又投入到新的探索中。因此,对于课堂生成的资源,需要教师敏锐地加以捕捉、放大。否则,契机稍纵即逝。

二、扬沙拣金——做生成信息的提炼者

教师在积极诱导学生使其感到自己是个发现者、研究者、探究者的同时,必须加强引导,及时调控,充分发挥教师参与者、组织者、指导者和激励者的作用,为生成性资源定向导航。教师要不断捕捉、判断、重组从学生那里获取的各种信息,见机而作,适时调整。教师不能随波逐流,要有拨乱反正的胆识、要有取舍扬弃的智慧,要在课堂上不断锤炼,练就一身扬沙拣金的真功夫,使学生能在活而不乱、趣而不俗、新而不谬的空间里畅所欲言,让课堂焕发出生命的活力。

如一位教师教学"三角形的面积",他首先出示一个平行四边形,让学生说出底与底所对应的高。

师:平行四边形的面积怎么求?

生1:平行四边形的面积＝底×高

师:若将平行四边形沿着对角线剪开,会得到什么图形?

生2:得到两个三角形,是完全一样的两个三角形。

师:那么这个三角形的面积该怎么求呢?这就是今天我们要学习的……

教师出示课题"三角形的面积计算"。

这时有一位学生就喊出来,三角形的面积等于底×高÷2。

师:你是怎么知道的?

生3:从刚才老师的演示中就可以看出三角形面积是平行四边形面积的一半。

生4:从书上知道的,用……

师:用两个完全一样的三角形是不是都能拼成平行四边形?

学生拿出学具,在学生动手操作之后,教师指名让学生展示。然后教师引导学生认真观察、独立思考、讨论交流,说一说拼成的平行四边形与原来的三角形的联系,并得出三角形面积计算公式的推导过程。

师:只有一块三角形能否转变成平行四边形?面积又该怎么求?

学生又开始积极参与、主动探究、合作交流地学习新知,教师适时进行调整,促进预设与生成的融合,使课堂教学向着纵横方向发展。在课堂教学中,生成性资源虽层出不穷,然而并不都是有效的资源,这需要教师慧眼识金、果断取舍,让有价值的资源得到充分利用。

三、拓展延伸——做生成性资源的拓展者

新教材中提供了一些思考题,可在一定程度上拓展学生的创新能力。我们在教学时要充分加以利用,给学生一片新的天地,培养他们的求异思维与创新能力。

如有一位教师在教学"归一应用题"之后,设计一道练习题:新华书店最近隆重推出《故事大王新编》,可是数量有限,不少小朋友前去购买时,该书已经售完。没有买到《故事大王新编》的小明,到同学那里借来看,这本书共有500页,要求在10天时间内归还。结果,小明前3天看了120页,照这样计算,他能如期归还吗?如果不能,你认为该怎么办?

生1:如果我是小明,就和同学商量,推迟归还。马上有学生反驳:这位同学自己急着要看,不同意延迟,怎么办?

生2:可以挑选最精彩的章节看,时间一到就归还。有学生反驳:这本书每一篇章节都非常精彩,该怎么办?

生3:10天时间到了先归还,因为做人要守信用,以后再向同学借来看。

师:如果不跟借书的人商量,从你自身的因素考虑,有没有更好的办法?

生4:后面几天可以看得快一点。

一名学生赞成:这倒是个好办法,那么后面几天又该看得多快?请动动脑筋。学生七嘴八舌地小声议论,但是没有正确结论。

生5:我认为前面3天看得太慢。

师:那么,你认为前面3天应该看多少页,才能保证按期归还?

一石激起千层浪,学生讨论得越来越热闹了。

生6:如果前3天看150页,照这样计算,这本500页的故事书,就刚好在10天内看完。

教师适时点拨引导、进行引申,促进预设与生成的融合。即"那么,你认为前面3天应该看多少页,才能保证按期归还?"这一石激起千层浪,学生纷纷议论起来,从而推进课堂动态不断生成。这样的课堂也必将焕发出生命的活力和无穷的魅力。

(本文作者:陈华忠)

(资料来源:http://jcjykc.cersp.com/Magazine/m200611/200611/4157.html.)

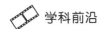

## 生成性教学资源

生成性教学资源(简称生成性资源)是相对于预成性教学资源而言的。所谓预成性教学资源,是指在教学活动之前就已存在和形成的教学资源,主要包括教师的预设性资源和学生的携带式资源。预设性资源是指教师在课堂教学之前为开展教学活动而准备的一切教学资源,包括课本、教案、教参、练习册等。"携带式资源"是指学生进入课堂之前自身就已存在但未表现出来的各种资源,如生活经验、知识基础、学习风格等。无论是预设性资源还是携带式资源,都是在课堂教学开展之前业已存在的教学资源。

生成性教学资源具有以下特点。

(1)非预期性。传统意义上的教学资源如各种物质性资源具有可预期的特点,可以在教学前安排选定并明确用途。生成性教学资源则与此不同。生成性教学资源不是事前计划和设定的产物,而是在教学的进行过程中动态生成的,具有随机性和突发性等特点。

(2)再生性。教学资源既包括教学物质资源,也包括教学人力资源。生成性教学资源属于后者。人力资源的显著特点是具有再生性,可进行循环开发和利用。生成性教学资源也是一种取之不尽、用之不竭的可再生性资源。

(3)内源性。生成性教学资源属于生命载体形式的教学资源,学生是这类教学资源的重要来源。较之非生命载体形式的教学资源,生成性教学资源的重要特点之一是具有潜隐性和内生性,如学生在学习过程中存在的认知困惑或理解障碍,对某一问题潜在的独特见解或错误认识等,只要被有效地外化和显化,并被教师及时捕捉和利用,就可以成为教学中的有效教学资源。

(4) 现时性。生成性教学资源通常产生于课堂讨论或活动过程之中,往往源自学生直接的认知需要,是教学最有效的动力之源,具有即取即用的现时性特点。

常见的生成性教学资源主要有以下几种。

(1) 问题型资源。它主要指学生在学习过程中出现的困惑、疑难或模糊不清的认识,也包括教师在教学过程中即时生成的某些非预设性的问题。美国教育家布鲁巴克曾说:"最精湛的教育艺术,遵循的最高准则,就是学生自己提出问题。"如果学生能够自己提出疑惑,学习就不再是一种异己的外在力量,而成为一种发自内心的精神解放运动。

(2) 错误型资源。有人说垃圾是被放错地方的宝贝。就教学而言,师生所犯的错误同样是被放错地方的宝贵资源。错误往往是正确的先导,人们可以在错误中吸取教训,达成正确的认识。正如心理学家盖耶所言:"谁不考虑尝试错误,不允许学生犯错误,就将错过最富有成效的学习时刻。"

(3) 差异型资源。不同学生具有不同的认知基础和认知风格,这是差异性资源生成的内在根源。教师在教学过程中善于把个性化的思维方式、多样化的探索策略作为教学资源,有助于实现学生间的资源共享,不仅有利于学生生成个体性的知识,而且有利于发展学生的思维。

(资料来源:http://blog.sina.com.cn/s/blog_6cddd33e0100s0el.html.)

 心理训练

在某节课的现场发生了这样一幕:
教师:昨天,我布置给大家课前阅读的文章,你们看了吗?
学生:看了!
教师:那,大家喜不喜欢这篇文章啊?
学生全部沉默。
(教师的预案中写着"生答:喜欢。")
思考:假如你是现场的教师,你将如何控场?

## 第二节　心理健康教育课程的评价

### 案例分享

**上好心理健康课的几点建议**

"心理"火了!从综艺节目到热销书籍,从社会上层出不穷的心理咨询中心到校园知心

小屋,从各种心理督导培训课程到中小学心理健康课的开设,从没有心理教材到心理教材种类"琳琅满目",让人无从选择。心理健康课不再是如何"上"的问题,而是怎样能"上好"的问题。在心理健康课十几年的学习、培训、教学的实践中,笔者对如何上好心理健康课有这样几点建议。

一、要学会养"底气"

"底气"即专业水平和实践经验。一堂好的心理健康课从活动目标的设计到围绕目标设计的热身游戏、讨论活动、故事分享等可不是随意拼凑的,"底气"渗透在课程的每个环节。学生的心理需求不能量化,心理健康课既要满足学生所需,又要让其心灵自然地被感染、被震动、被启迪、被提升。

一堂有关自信心的课让我印象尤为深刻。教师把一面小镜子装在精心挑选的礼品盒里,一上课就请学生猜猜这是什么,想看的可以偷偷看看,但要在公布前保密。这个启动课堂的小活动吊足了学生的胃口,抓住了学生的好奇心,使陌生而紧张的气氛被驱散。更重要的是教师提出了一个非常自然且切入主题的问题:"你看到了什么?"(有很多学生说"镜子")"镜子里的人你喜欢么?"这个小把戏连我这个"老道"的听课老师都在开始的时候被她弄得丈二和尚摸不着头脑,在内心深处连连肯定:不愧是专业、专职的心理老师。仅仅一个启动课堂的游戏都足见教师的"底气",其他的环节更不胜枚举了。

有"底气"的课是耐人寻味的,有"底气"的教师上课是令人享受的,有"底气"的课常常让学生仿佛沐浴在阳光中。

二、要学会动"真气"

"真气"即认真准备,真诚投入。心理健康课多好上啊,就是领学生玩玩。抱着这样想法的老师要么不是本学科老师,要么应该不是一位称职的心理老师。有了"底气"的心理老师,如果没有对一个主题的认真准备和课堂中的真诚投入,学生能得到的收获也只能在中低档徘徊。

"真气"之认真备课。首先,要做个前期调查。主题是学生需要的吗?学生在这个方面遇到过什么困扰或者有过哪些经历(班级间、班级内既有共性还有差异性)?其次,要做个摸底。用什么样的活动形式能让学生有质量地参与?要如何考虑学生年龄特点、环境等实际情况?选取的案例、故事等资料怎么能让学生有思考、有体会、有震动?最后,要对材料进行认真分析。在问题设置上再三斟酌,在用词上再三推敲,还要换位思考才能确定。课前的认真准备,将在课堂中发挥其独有而重要的作用。

"真气"之真诚。有些课为了达到一个很好的"效果",一堂课可以在一个班级中上几次,甚至学生如何回答都可以事先准备好。但一堂好的心理健康课是不可能在一个班级上两次的,更不能指定学生怎么回答、回答什么。武林高手用"真气"可以打通经络治病救人,在心理健康课中则通过真诚的表达和倾听深入人心。真诚是教师用言语的、非言语的行为让学生感受到:我真的想听你怎么想的!你说吧!我感兴趣的!我也有过类似的感觉……彼此的心放松了,心与心之间就能交融了。

三、要有"勇气"

"勇气"即勇于尝试,敢于放开。心理健康课成熟了,甚至有了固定的模式,即使是兼职的老师,似乎听过几堂课也能上得有模有样了。视频、新游戏、出彩的故事、别出心裁的活动让课堂从内容到形式都很完美,当然这些也在调动学生参与性上起到了很重要的作用。但是,心理健康课一定是学生在体验中才会有发自内心的感悟的。再出彩的课如果没有了实效性都不能算真正的好课。要让学生有体验,心理教师不仅在备课的硬件上需要勇于创新,更要有勇气为了达到实效而放弃那些看起来很完美的东西,尝试用最简单的形式去实现学生内心的真正成长。

关于学生恋爱、性心理的话题既敏感又不可回避,学生很难通过案例讨论达到上课的目的。在这一主题上,几位比较有经验的专业老师,都一致认为某一期《天涯共此时》有关"早恋"的视频非常有实效性。这意味着一节课就放一期电视节目,单一吗?太单一!不过,实践过的老师都会认为这的确是一堂走进学生内心,让学生内心起波澜、有震动、有启示、有收获,让学生难以忘怀的好课!

四、要偶尔来点"孩子气"

"孩子气"即像孩子一样。孩子是什么样的?孩子是雨过就天晴的,孩子是真性情的,孩子是充满好奇心的,孩子是简单而快乐的。

记得刚刚走上工作岗位的时候,一位五十岁左右的心理老师送教下乡,她的课深深地印在我的脑海里。那时候没有这么多丰富的资源,学生也是第一次见面,虽然她气质非凡但已不再年轻貌美,可是学生和老师都被她深深地吸引了,课堂上她仿佛就是学生的同龄人般。学生的笑点低,她的更低点;学生回答问题有点紧张、害羞,她的神情就仿佛是学生的好朋友般鼓励他、信任他;学生间的流行语她也能接上几句,她不知道的流行语,就充满好奇心又很坦率认真地问"给我说说什么意思?"然后她自己再学一遍,惹得学生哈哈大笑……"孩子"和孩子在一起,有了平等,有了理解,有了共鸣。在那些真正吸引人的课堂上,老师的表现并不"完美",学生也不"完美",甚至课堂内容也没按"完美"发展,可是效果可能很"完美",这是孩子的随意性啊!

一堂好课,以"底气"做基础,用"真气"来打通,敢用"勇气"求实效,来点"孩子气"拉近心理距离。当然,再注重建立心理健康课的"风气"、提高自己的"人气"、有个好"脾气"……那么,心理健康课就会成为学生快乐成长的加油站。

(资料来源:鲁冰.上好心理健康课的几点建议[J].教师,2014,30.)

案例中,作者提出了上好一节心理课需要的多种元素:"底气"、"真气"、"勇气"、"孩子气"、"风气"、"人气"等。你是否认同作者的观点?对于一节心理健康教育课,评价它的核心在哪里?可以有哪些更具体的指标?本节将围绕着"一节好课"这一关键词展开详细的分析。

**学习导航**

一、课程评价的常规模式[①]

一个完整的课程评价可分为既相互联系又相互区别的三种类型:起始评价、过程评价和

---

[①] 郑雪,王玲,宇斌.中小学心理教育课程设计[M].广州:暨南大学出版社,1997.

终结评价。

### （一）起始评价

所谓起始评价就是在教学活动开始之前进行的教育心理评价,它的主要任务是评价学生进入新的教学活动前所具有的前提条件如何,包括对学生的个性特点、各种优缺点、各种心理或行为问题类型等的识别。其目的是把握学生所具有的不同学习准备状态,就能力、兴趣、性格和心理问题对学生进行定性和定量评估,然后制定相应的教学策略和教学方法。起始评价所得的资料可作为教学设计的参考,也可作为评价课程教学效果的依据。

### （二）过程评价

过程评价是在课程进行过程中实施的评价。其目的是收集有关学生与教学活动的信息,从而为课程的调整提供及时的反馈信息。如表 3-1 所示。

表 3-1　课堂气氛记录表

| 主题内容 | |
|---|---|
| 课堂气氛 | |
| 学生间的相互反应 | |
| 偶发事件及处理 | |
| 教学效果评价（目标达成状态） | |
| 教学建议 | |

### （三）终结评价

终结评价通常是一门课程结束或一个教学方案结束时所进行的结果评定,包括评定学生的进步和评定教学方案的有效性。如表 3-2、表 3-3 所示。

表 3-2　教学设计评分表

| 项目 | 评测要求 | 分值 | 得分 |
|---|---|---|---|
| 教学设计方案（20分） | 符合教学大纲,内容充实,反映学科前沿 | 2 | |
| | 教学目标明确、思路清晰 | 2 | |
| | 准确把握课程的重点和难点,针对性强 | 7 | |
| | 教学进程组织合理,方法手段运用恰当有效 | 6 | |
| | 文字表达准确、简洁,阐述清楚 | 3 | |
| 评价者签名 | | 合计得分 | |

表 3-3　课堂教学评分表

| 项目 | | 评测要求 | 分值 | 得分 |
|---|---|---|---|---|
| 课堂教学（80分） | 教学内容（32分） | 理论联系实际,符合学生的特点 | 8 | |
| | | 注重学术性,内容充实,信息量大,渗透专业思想,为教学目标服务 | 10 | |
| | | 反映或联系学科发展的新思想、新概念、新成果 | 3 | |
| | | 重点突出,条理清楚,内容承前启后,循序渐进 | 11 | |
| | 教学组织（32分） | 教学过程安排合理,方法运用灵活、恰当,教学设计方案体现完整 | 11 | |
| | | 启发性强,能有效调动学生思维和学习积极性 | 11 | |
| | | 教学时间安排合理,课堂应变能力强 | 3 | |
| | | 熟练、有效地运用多媒体等现代教学手段 | 4 | |
| | | 板书设计与教学内容紧密联系、结构合理,板书与多媒体相配合,简洁、工整、美观、大小适当 | 3 | |
| | 语言教态（11分） | 用普通话讲课,语言清晰、流畅、准确、生动,语速节奏恰当 | 5 | |
| | | 肢体语言运用合理、恰当,教态自然大方 | 4 | |
| | | 教态仪表自然得体,精神饱满,亲和力强 | 2 | |
| | 教学特色（5分） | 教学理念先进、风格突出、感染力强、教学效果好 | 5 | |
| 评价者签名 | | | 合计得分 | |

## 知识链接 3-3

### 叶澜：一节好课的标准

华东师范大学教授叶澜认为,一堂好课没有绝对的标准,但有一些基本的要求。大致表现在以下五个方面。

1. 有意义——扎实

在一节课中,学生的学习首先是有意义的。初步的意义是他学到了新的知识,进一步是锻炼了能力。往前发展是在这个过程中有良好的、积极的情感体验,产生进一步学习的强烈要求。再发展一步,是他越来越主动投入到学习中去。

这样学习,学生才会学到新东西。学生上课,进来以前和出去的时候是不是有了变化?如果没有变化就没有意义。一切都很顺,教师讲的东西学生都知道了,那你何必再上这个课呢?换句话说,有意义的课,它首先应该是一节扎实的课。

2. 有效率——充实

有效率表现在两个方面：一是对面上而言,这节课下来,对全班学生中的多少学生是有效的,包括好的、中间的、困难的,他们有多少效率；二是效率的高低,有的高一些,有的低一些,但如果没有效率或者只是对少数学生有效率,这节课就不能算是比较好的课。

从这个意义上说,这节课应该是充实的课。整个过程中,大家都有事情干,通过教师的教学,学生都发生了一些变化,整个课堂的能量很大。

3. 生成性——丰实

一节好课不完全是预先设计好的,而是在课堂中有教师和学生真实的、情感的、智慧的、思维和能力的投入,有互动的过程,气氛相当活跃。在这个过程中,既有资源的生成,又有过程状态的生成,这样的课可称为丰实的课。

4. 常态性——平实

不少老师受公开课、观摩课的影响太深,一旦开课,容易出现的毛病是准备过度。教师课前很辛苦,学生很兴奋,到了课堂上就拿着准备好的东西来表演,再没有新的东西呈现。当然,课前的准备有利于学生的学习,但课堂有它独特的价值,这个价值就在于它是公共的空间,需要有思维的碰撞及相应的讨论,最后在这个过程中,师生相互生成许多新的知识。

公开课、观摩课更应该是"研讨课"。叶澜教授告诫老师们："不管是谁坐在你的教室里,哪怕是部长、市长,你都要旁若无人,你是为孩子、为学生上课,不是给听课的人听的,要'无他人'。"她把这样的课称为平实(平平常常、实实在在)的课,并强调,这种课是平时都能上的课,而不是有多人帮着准备,然后才能上的课。

5. 有待完善——真实

课不能十全十美,十全十美的课造假的可能性很大。只要是真实的就会有缺憾,有缺憾是真实的一个指标。公开课、观摩课要上成是没有一点点问题的,那么这个预设的目标本身就是错误的,这样的预设给教师增加很多心理压力,然后做大量的准备,最后的效果往往是出不了"彩"。有了问题,才有进步的开始,不能把自己装扮起来、遮掩起来。

生活中的课本来就有待完善,这样的课被称为真实的课。扎实、充实、平实、真实,说起来好像很容易,真正做起来却很难。但正是在这样的一个追求过程中,教师的专业水平才能提高,心胸才能博大起来,同时也才能真正享受到,"教学作为一个创造过程的全部欢乐和智慧的体验"。

(资料来源：http://www.hengqian.com/html/2011/4-2/a10441370519.shtml.)

## 二、其他多样化的评价方法[①]

### (一)行为计量法

行为计量法是指要求全体学生自己观察和记录某些行为出现的次数,或者请学生之间以及与学生有密切关系的他人观察和记录学生的行为,以评价学生的行为是否改变。行为计量法可以用来记录外显行为、情绪、思维等。记录的方法可以用表格或图示的形式。行为计量法的优点在于:①具体而且有可操作性;②记录的过程是学生自我监督的过程,有助于学生改变非适应性行为。

素材分享:

课堂现场绘制"快乐之表"

目的:通过每一环节学生给自己的快乐值打分的方法,使学生亲眼见证实施快乐魔法后快乐指数的变化,使其深刻感受快乐魔法的作用和魅力,并愿意在学习生活中运用快乐魔法。

指导学生绘制表格(见表3-4),并说明:快乐指数有一个分数范围:0~10,快乐指数可以是小数,如5.5。

表3-4 "快乐指数"及时反馈表

| 学习环节 | 1. | 2.(笑) | 3.(找到快乐之源并分享快乐) | 4.(让人快乐) |
|---|---|---|---|---|
| 快乐指数 | | | | |

(设计者:何心怡)

### (二)问卷、测试法

这是对学校心理健康教育评价的主要方法,此法便于操作。例如,要评价一个班开设心理健康教育课程后的效果,可通过向全班同学施测,以及向班主任或任课教师发放问卷,了解情况,形成阶段性的心理报告单。这个报告单采用描述性语言记录学生该阶段的心理状况(包括学习心理、个性品质等),以此来说明学生该阶段心理状况,便于以后作比较。也可以利用回馈单的形式,通过开放式问卷和师生访谈的形式进行。

### (三)访谈法

访谈法不适合大规模的评价,它是为了更深入地了解和分析某些特殊的评价对象而采用的方法。如对有心理困扰和心理障碍的学生,可以访谈学生本人及其同学、任课教师和家长,从而全面了解其情况。

### (四)比较法

比较法是指通过比较而进行的评价,它既适合群体也适合个体。例如,比较学生在心理

---

[①] 刘学兰.中学生心理健康教育[M].广州:暨南大学出版社,2012.

健康教育课前后的心理特点是否存在差异。

> **知识链接**
>
> 采用配对 $T$ 检验的方法考察实验组课程训练前后的结果。如表 3-5 所示。
>
> 表 3-5 实验组前测、后测乐观问卷及各因子的差异比较
>
> | | 前测 | 后测 | $T$ | $P$ |
> | --- | --- | --- | --- | --- |
> | 效能乐观 | 18.89±3.72 | 19.44±2.40 | −0.4 | 0.427 |
> | 积极应对 | 19.67±2.60 | 21.44±2.88 | 1.13 | 0.293 |
> | 消极认知 | 11.78±1.39 | 13.11±0.93 | −4.62 | 0.002 |
> | 积极认知 | 9.67±2.06 | 13.81±1.27 | 4.99 | 0.001 |
> | 乐观总分 | 60.0±4.64 | 67.11±3.02 | −4.49 | 0.002 |
>
> 由表 3-5 可知,实验组前测和后测之间在消极认知、积极认知和乐观总分上有显著性差异,说明课程训练效果明显。
>
> (资料来源:付隐文.高中生乐观人格特质调查及低乐观水平团体心理辅导活动初探——以某中学为例[D].广州:华南师范大学,2015.)

## (五)情景性评价法

情景性评价是指设计与学生学习和生活相关的活动场景,使其在较为自然的状态下表达自己的内心世界,从而对学生的心理成长状况进行评价。

素材分享:《认识勇气》(见图 3-2,设计者:田斌、王志梅、罗东丽、潘少霞、邓志芳、陈珊珊)

图 3-2 素材组图

## 课外拓展

### 学科前沿

表现性评价通常要求学生在某种特定的真实或模拟情景中,运用先前所获得的知识完成某项任务或解决某个问题,以考察学生知识与技能的掌握程度,或者问题解决、交流合作和批判性思考等多种复杂能力的发展状况。它强调创设真实情景,即便是模拟情景,也必须能激发学生与在真实情景中相似的反应,以考察学生在现实生活中分析问题和解决问题能力。

奥尼尔指出,表现性评价给教和学带来较大的进步,给教师、学生和决策者带来许多收获:①对学生的能力将作一个更为完整的描述;②教师将有更多的机会参与到学业评定过程中去,并把它直接与教和学联系起来;③给学生带来取得更好成绩的动力;④将会得到家长的理解和欣赏。

表现性评价与课程标准和教学的关系如图 3-3 所示。

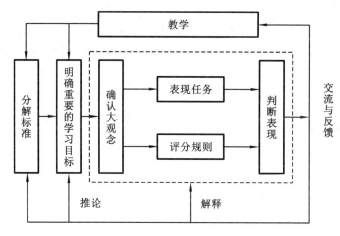

图 3-3 表现性评价与课程标准和教学的关系

(资料来源:周文叶.学生表现性评价研究[D].上海:华东师范大学,2009.赵德成.表现性评价:历史、实践与未来[J].课程·教材·教法,2013(2).)

### 心理训练

表现性评价往往具有以下特点。

(1) 在评价目的方面,更侧重于关注学生在真实情景中的表现程度。

(2) 在评价功能方面,更侧重贯彻素质教育的精神和"以学生发展为本"的思想,旨在促进学生的学习和发展。

(3) 在评价原则方面,更突出学科的特点,注重学生的发展全程,注重学生个性差异和发展差异、注重综合能力的评价,注重学生的自评和互评。

(4) 在评价标准方面,更侧重从学生的艺术能力、人文素养以及综合能力的提高等多角度进行评价。

(5) 在评价内容方面,更注重音乐与学生的生活、情感的关系以及社会文化、科技等方面的联系,站在整体、全面、全程的视角,涵盖音乐学习的各个层面和教学的各个领域,如过程与方法,知识与技能,情感、态度与价值观等各个方面都是发展性学生评价的内容,并且受到同等的重视。

(6) 在评价主体方面,侧重于形成学生、教师、家长等多主体共同参与、交互作用的结合,不仅强调共性和一般趋势,更注重学生、教师、学校的个性发展和个体间的差异性。

(7) 在评价方法方面,侧重改变传统评价方法的单调性,以及过于关注量化评价和传统的学业考试成绩的状况,倡导运用多种评价方法、评价手段和评价工具,即多把"尺子",综合评价学生的情感、态度、价值观、创新意识和实践能力。

试以某一选题为例,在心理健康教育课程中融入"表现性评价"的理念。

## 小 结

本章综合介绍了心理健康教育课程的设计流程与评价视角。具体包括教学中的心理学效应、教学的控场技术、课程评价的常规模式以及其他多样化的评价方法。建议读者关注首因效应、近因效应、心理距离效应、意动效应、联觉效应、视觉化效应、等待效应等多种社会心理学效应在课堂教学中的应用,从课前、课堂现场等多方面提升控场技术,并初步掌握起始评价、过程评价和终结评价等常规课程评价模式。

## 练习与思考

**1. 练习题**

(1) 在教育教学中,善于利用首因效应与近因效应的价值是什么?

(2) 课堂控场中,最大的难点在哪里?

**2. 思考题**

"有人说,一节课的成败,关键因素之一是教师的语言艺术。"请谈谈你对该观点的看法。

综合案例

### 《开启希望的金钥匙》教学设计

一、案例背景

本案例选自广东省第三届本科高校师范生教学技能大赛的一等奖作品(心理专业)。具体内容如表3-6所示。

表3-6 《开启希望的金钥匙》教学设计

| 专题名称 | 开启希望的金钥匙 | 专题学时 | 10分钟 |
|---|---|---|---|
| 教学对象 | 初中一年级学生 | | |

续表

| 一、教学理念 |
| --- |

（一）体验式学习理论

20世纪80年代初，美国组织行为学教授大卫·库伯提出了体验式学习理论。他认为有效的学习应是这样的过程："始于体验，进而发表看法，由此引发反思，继而形成理论，并最终把理论所得应用于实践。"该理论强调教师不是单向的知识传递者，其作用在于为学生提供丰富的学习情景，寓乐于教，帮助和指导学生主动学习。

（二）体验式教学模式

（1）体验式教学的界定。

所谓体验式教学，是指学生通过亲身经历或已有经验来认识周围事物，并认识、理解、感悟、验证教学内容的一种教学方式或学习方式。由此可见，体验式教学既是学生"学"的一种方式，也是课堂教学的一种方式。

（2）体验式教学的常规环节。

较为普遍的共识是：体验式教学模式由以下四个环节组成。

第一环节，创设情景，启动体验。组织学生在参与某种活动或基于对某事物的深刻理解的前提下，激活学生的情感，从而获得体验。

第二环节，设计问题，激活体验。设计一些富有挑战性的问题，激发学生积极思维与体验，深化"情景创设"中所引发的体验。

第三环节，交流感悟，升华体验。引导学生基于情景和对问题的思考，开展生生之间、师生之间的分享环节，希望借此升华体验，获得某种知识的提升。

第四环节，评价、反思，践行体验。作为教育学意义上的"体验"，其归根结底就是要让学生在体验中获得认识，因此，在评价与反思中帮助学生进行理性的归纳与概括，最终实现知行统一，是本环节的核心目的。

| 二、教学内容 |
| --- |

（一）《中小学心理健康教育指导纲要（2012修订）》的相关内容

《中小学心理健康教育指导纲要（2012修订）》（简称《纲要》）指出，心理健康教育的主要内容包括：普及心理健康知识，树立心理健康意识，了解心理调节方法，认识心理异常现象，掌握心理保健常识和技能。其重点是认识自我、学会学习、人际交往、情绪调适、升学择业以及生活和社会适应等方面的内容。《纲要》中提出鼓励学生进行积极的情绪体验与表达。本课拟选取"希望"这一积极情绪为主题进行设计。

（二）希望特质理论

Snyder的希望特质理论认为，希望是由目标、动力思维和路径思维组成。目标是希望的核心部分，是希望的方向。路径思维是个体对自己找到有效路径来达成目标的能力的信念和认知。路径思维既包括个体构想出来实现目标的有效途径的能力，也包括个体对自身的这种能力的信念和认知。动力思维是启动个体行动并推动个体朝着某一既定目标，沿着已预设的路径前进的动机和信念系统。该系统不仅对个体具有激发功能，即启动和推动个体沿着设计的路径趋向目标的作用，同时还具有维持功能，即支持个体百折不挠、坚持不懈地走向终极目标。

### (三)全课框架(40分钟)

基于对希望特质理论的解读,教学内容分为两大板块(见图 3-4 所示)。第一板块:解读希望。让学生明白:希望=目标+动力+方法。第二板块:提升学生寻找希望的能力。学生尝试通过制定合适的目标,获取持久的动力,以有效的方法来找到或感受到希望。

第一板块主要引导学生解读希望。明白希望由目标、动力思维和路径思维构成。并在此基础上对目标、动力思维和路径思维进行更加细致、清晰的定义和讲解。让学生明白,目标就是方向,动力就是坚持不懈的信念,路径就是解决问题的有效方法。

第二板块,提升学生寻找希望的能力,主要讲解,如何制定合理的目标,如何保持持久的动力以及找到有效的方法。

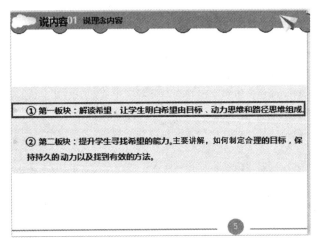

图 3-4　整体框架

本次模课主要是对第一板块予以展示,选取整节课的前 10 分钟进行,初步介绍体验"希望"、理解"希望"的基本要素。

### 三、教学对象分析

初一学生进入个体身心发展的加速期和过渡期,他们的思维以符号化为主要形式,从形象思维、抽象思维过渡到辩证思维,思维趋于成熟。他们已经具备根据假设进行逻辑推演的能力,思维具有充分的预计性,运用概念、推理和逻辑法则的能力不断发展。此外,思维的反省性和监控性也不断提高,辩证思维也处于高度发展的阶段。此时学生的自我意识高涨,形成了相对稳定的自我概念,形成了"成人感"和"独立感"。他们一方面想成为一个独立的人,但是另一方面由于自己各种能力的不足与不完善,不得不在某种程度上依赖于父母,想摆脱外界的约束与现实外在干预的矛盾。这也就是我们常说的心理断乳期。这一时期的青少年心理多具有复杂性和矛盾性,很容易出现问题。因此对他们应该给予积极的引导。

续表

此外,青少年的情绪表现具有两极性,心境变化加剧。进入中学阶段后,生活环境的突变和学业压力的增大让他们更容易遭受挫折并产生消极情绪体验。消极情绪的累积,将严重影响他们的身心健康,给家庭和社会带来不可预估和不可追悔的伤害。已有研究表明:希望水平和消极情感呈负相关。所以对初中生进行希望教育,能够达到培养学生积极心理品质,挖掘学生心理潜能的目标。有助于他们以积极乐观的心态面对生活。

简而言之,初一的学生具有以下心理特点。

第一,进入身心发展的加速期和过渡期。

第二,进入"心理断乳期"。

第三,情绪表现具有两极性。

四、教学目标

(一)认知目标

学生全面认识希望,明白"希望＝目标＋动力＋方法。"

(二)情感目标

感悟"希望"这一积极情绪带给个体的具体体会。

(三)技能目标

学生尝试使用"目标、动力、方法"在生活中找到或感受到希望。

五、教学重难点

(一)教学重点

让学生明白希望由合适的目标、持久的动力和有效的方法组成。

(二)教学难点

让学生理解可以用不同的方法或策略来解决同一问题,通过多元路径来找到或感受到希望。

(三)关于教学难点的突破问题

拟采用经典心理学实验的分享、现场记忆挑战等方式,让学生综合感悟"希望"的基本构成。拟采用的是现场20秒钟的词语记忆,基于学生之间的分享,从而感受个体间记忆方法与策略的差异,进而突破教学难点。

六、教法与学法

(一)教法

教师采用讲授法、案例分享法、多媒体教学法、竞赛性游戏等多种方法组织课堂教学。

(二)学法

学生通过合作学习,探究学习来学习本课内容。

(三)教学策略

拟采用体验式学习理论为依托建构整体教学环节。其中,对于课堂知识的难点,拟采用启发式教学法,利用学生的"最近发展区",选用先行组织者策略、展开性策略、比较策略等多种策略相结合的方式解决该难点问题。

续表

| 七、教学准备 |
| --- |
| 情景素材收集,课件制作。 |
| 八、教学流程 |

在运作流程上,依循"导入新课—深化主题—总结延伸"三个教学环节,如图3-5所示。在教学难点方面,拟采用体验式学习理论的构想尝试突破。首先通过歌名竞猜,让学生在歌声中直接感受希望,在欢快的氛围中畅谈对希望的理解,并由此引出本课的主题——开启希望的金钥匙。然后介绍一个著名的心理学实验,让学生完成一个记忆挑战任务,激发学生兴趣,让他们在探索中发现开启希望的三把金钥匙。最后进行课程总结,鼓励学生学以致用。

具体内容如下。

(一)暖身活动(3分钟)——歌名竞猜

播放与"希望"有关的歌曲,让学生在歌声中直观地感受希望这一积极情绪。组织学生在轻松欢乐的氛围中畅谈对希望的理解,然后由《潘多拉的宝盒》这一神话故事引出本次课程的主题——开启希望的金钥匙。

师:上课!

生:起立,敬礼,老师好!

师:同学们好,请坐。真诚沟通,心灵交流,欢迎大家再次来到我们的心理课堂。正式上课前我们先来玩一个小游戏——歌名竞猜(见图3-6)。请同学们在音乐结束后进行歌名抢答。会唱的同学可以一起哼唱起来……准备好了吗?

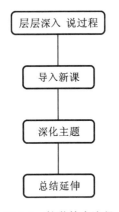

图3-5 教学基本流程

图3-6 猜歌游戏

(播放歌曲:《希望》、《仰望星空》、《在希望的田野上》)

师:刚刚的歌曲给你带来了怎样的感觉?

生:(略)。

师:刚才的歌曲有的同学感受到了_____,有的同学感受到了_____,还有的同学感受到了_____。

师:(若有同学答道希望)我倒好奇,大家怎样理解"希望"呢?我们从这边开始,每个同学选择一个你认为最合适的词语来形容希望。

续表

(若没有同学答道希望)我听了这些歌以后啊,觉得全身充满了力量,感到对未来充满了希望。说到希望,我想听同学们说说你们是怎样来理解"希望"的。我们从这边开始,每个同学选择一个你认为最合适的词语来形容希望。

生:(略)。

师:看来大家都很有自己的想法,今天我想和大家分享关于希望的故事,《潘多拉的宝盒》,大家听说过吗?

播放 PPT:《潘多拉的宝盒》(见图 3-7)。

生:(略)。

师:(若有学生知道)请你来给我们介绍一下。

(若没有学生知道)那就让我来给大家介绍一下:传说中潘多拉偷偷开启宝盒,结果把灾难和痛苦释放了出来。

师:但是,最近听说,只要重启宝盒,就能找到希望。雅典娜女神说要重启宝盒就要找到三把钥匙,同学们,我们一起来寻找这开启希望的金钥匙好不好?

生:(略)。

播放 PPT:《开启希望的金钥匙》(见图 3-8)。

图 3-7 课件展示

图 3-8 授课课题

(二)实验介绍(4 分钟)

介绍一个著名的心理学实验,引起学生好奇心,让学生在探索中发现希望的两把金钥匙。

师:其中两把钥匙被藏在了一个心理实验中,这究竟是个什么样的实验呢?让我们一起来看看吧。

按照讲解时间分页呈现 PPT(见图 3-9)。

图 3-9 实验组图

续表

师:这是一只饮食良好、睡眠良好、精神状态良好的小白鼠。现在,把它放到一只水杯中,大家猜猜它会有什么反应呢?

生:(略)。

师:对,他想逃出来,所以他会挣扎,8分钟以后他就渐渐奄奄一息了。可紧接着,心理学家又找来了一只小白鼠,这只小白鼠同样是饮食良好、睡眠良好、精神状态良好,同样将它放进装满水的水杯里。在实验1中我们知道,小白鼠在8分钟的时候就奄奄一息了,所以在实验2中,我们做了一些小小的调整,在第5分钟的时候递给它一块救生板。它得救了,在它恢复、调养了一段时间后,再次被扔进同样的水杯里,同学们,你们认为这一次,这个时候小白鼠会坚持多久呢?我们以小组为单位,给大家30秒的时间讨论,看看哪个小组的答案最接近我们的实验结果,当然也要给出你们的理由。好,现在开始讨论。

生:(略)。

师:答案揭晓——24分钟,恭喜我们第__小组,你们的判断最接近我们的实验结果。

生:(略)。

师:刚才,我们同学也说了,小白鼠一直在等待那块木板。"那块木板"就是它的目标,而为了这个目标,它一直在坚持,这是一种信念的体现。所以,祝贺大家,我们找到了开启希望的两把金钥匙:一把是目标,另一把是动力。

板书:"目标"、"动力"。

(三)记忆挑战(2分30秒)

让学生尝试在20秒时间内完成一个记忆任务(见图3-10),在竞赛的过程中体会解决问题的不同方法,并由此找出开启希望的第三把金钥匙。

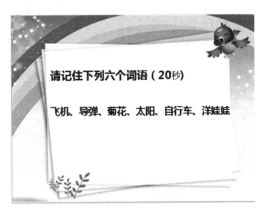

图3-10 记忆挑战

师:那第三把钥匙是什么呢?让我们一起来挑战一个记忆游戏。请用20秒的时间记住_____。大家能做到吗?哎,我看到有同学跃跃欲试哟,准备好了吗?开始!

板书:希望 = + +

……

师:其实,在刚才的任务中,我们的同学在使用不同的策略来记忆。其实,这就是我们要找的第三把钥匙:用不同的方法来解决问题。

板书:"方法"。

续表

（四）总结（30秒）——课堂小结，学有所获。

师：同学们，你们现在知道什么是希望了吧，我们一起来读一遍：希望＝目标＋动力＋方法。

师：也就是说，当我们有了合适的目标及持之以恒的动力，尝试用不同的方法解决问题，那么我们将能感受到希望。

九、板书设计

希望＝目标＋动力＋方法

十、教学反思

本课设计的最大特色在于采用了体验式教学理念进行课程设计，在教学中，通过各种活动的展开，包括"歌曲竞猜"、心理实验、记忆挑战等方式组织了一场生动而富有激情的课堂。让学生在各种情景的体验下，产生情感，分享感受，升华认识，并感受践行。

在实际模拟中，由于授课对象由大学生演绎，故整体气氛的营造、活动的反应依赖于现场学生的各种反应，由此可能带来与真实初中课堂的差异。

二、案例讨论

1. 请评价该教学设计的组织流程。
2. 该教学设计的亮点在哪里？

（设计者：李怀玉　指导教师：许思安，唐红波）

 本章推荐阅读书目

[1] 许思安.中学政治学科课堂教学心理[M].广州：广东高等教育出版社，2014.
[2] 邝丽湛.中学政治学科导学设计[M].广州：广东高等教育出版社，2014.

# 第四章
## 心理健康教育课程案例分享之小学篇

本章结构

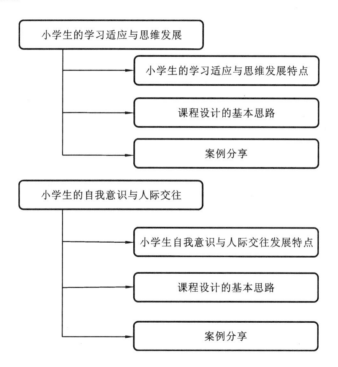

## 第一节 小学生的学习适应与思维发展

某针对小学六年级学生的课程教案(选段)。

一、话题引入

有人说:"人生如赛场,现代社会竞争无处不在。分分分,就是学生的命根。"相信大家都会在意自己的成绩,都很渴望自己总是能够拿到这个代表完美的一百分(板书)。然而,在我们内心深处,有什么力量能让我们变得更完美呢?(板书"?")我们先来进行一个有趣的数学游戏,做几道跟英文单词有关的数学题。

如果将字母 $A$ 到 $Z$ 分别编上 1 到 26 的分数(见图 4-1),也就是说 $A=1,B=2\cdots$,我们一起来算算常挂在嘴边的知识(knowledge)有多少分?答案是 96 分。那平常老师们经常强调的努力(hardwork),能给我们带来一百分的状态吗?原来努力也只能带给我们 98 分的状态。而平常很多人都看重的钱(money)又能带来多少分的希望呢?答案是 72 分。看到这些结果,可能大家都想知道到底什么会给我们带来完美的状态?答案是:你的态度(attitudc)。

图 4-1 素材组图

也许大家会说,我们从小就知道态度很重要,几乎每个长辈都会提醒我们要端正态度,好好学习。但是有时我们觉得态度好像是天上的星星,看得到,摸不着,感觉耀眼,却不接地气。我们应该秉持怎样的态度呢?

二、讲述故事

(1) 下面让我们一同聆听一个运动员的故事。相信这个真实的故事能带给大家一些启发。(播放 MV《英雄》剪辑成三分钟去掉原来的音乐,老师用语言配乐讲述)

(2) 这是一个真实的奥林匹克故事。1968 年 10 月 20 日,墨西哥城奥运会马拉松赛,比赛已经决出胜负,颁奖仪式已经结束。

(3) 夜幕降临,当最后的观众正要离开体育场时,坦桑尼亚选手约翰·斯蒂芬·阿赫瓦里一瘸一拐地跑进了体育场,他在比赛 19 千米处右腿严重受伤。他说:"我的祖国把我从 7 千英里外送到这里,不是要我开始比赛,而是要我完成比赛。"当第一次看到这句话时,我深受感动。

(4) 我们知道,马拉松全长 42.195 千米,到底是什么让阿赫瓦里拖着严重受伤的右腿最终跑向了终点?也许有很多运动员会考虑放弃,因为已经没有任何夺得奖牌的希望了。不过,因为他的坚持,他赢得了所有人的尊重。奥运冠军有很多,但是这一位没有登上颁奖台的运动员用坚强的意志和永不言败的坚持生动地诠释了什么是真正的奥运精神。

正如他所说的:"参与比获奖更重要。"他坚持跑向了终点,尽管他没有登上颁奖台,但他成了永远的英雄。透过这段模糊的黑白影片,我们一同感受这位运动员对目标和信念的坚守。

(5) 分享:看完了视频,你有什么感受或者启发和大家分享吗?

三、小结

所以我非常欣赏现代奥林匹克之父顾拜旦的一句话:"生活中最重要的事情不是胜利,而是奋斗,不是曾征服过,而是曾奋力拼搏过。"

要从冷水变成开水,就要不断被加热,不断地积蓄能量,最终达到沸腾的终点(见图 4-2)。所以我们不要忽视聚焦与坚持的力量(板书:"目标"、"坚持"),希望大家带着积极正向的态度,向着自己心中的目标迈进,坚持到底就是胜利!

图 4-2 素材组图

对于该十分钟教学节段的教案,在实施中难点在哪里?其设计的重点是什么?其选题的依据又是什么?我们在进行类似主题的设计中,有何注意事项?其基本的设计思路如何?这些问题都将在本章中予以分析,并希望借此引发各位读者去思考属于自己的答案。

### 学习导航

一、小学生的学习适应与思维发展特点

(一) 小学生学习适应的基本特点

小学阶段是儿童开始系统接受教育的重要时期,也是儿童心理发展的一个重要转折时期。儿童从幼儿园教育过渡到小学教育,面临着许多生理和心理上的转变与挑战。具体来说,主要是幼儿园与小学在作息时间安排、课堂形式、教学环境以及评价儿童发展水平的途径和方法等方面存在较大的不同。

小学伊始,儿童对小学生活表现出既新鲜又习惯、好奇而好动、喜欢模仿等行为特点,且具有直观、具体、形象等思维特点。此时,学习活动逐步取代游戏活动成为小学儿童主要的活动形式,但是小学儿童往往在行为表现上带着明显的幼儿特点,很难做到专心听讲和信任老师。因而小学低年级儿童一时难以适应,容易出现"陡坡效应",导致儿童适应困难和适应缓慢,在学习方面表现尤为明显。一般来说,小学儿童的学习既具有学生学习的基本特点,又表现出其年龄阶段所特有的特点。小学儿童的学习不仅具有更大的社会性、目的性和系统性,还带有一定的强制性。

小学儿童在学习适应方面的发展特点可分为学习动机、学习兴趣、学习态度、学习策略等。

**1. 学习动机**

小学儿童的学习动机直接影响儿童的学习态度和学习成绩。研究发现,小学儿童的学习动机是多种多样的,且中国小学生的学习动机具有自身的特点。研究结果表明,小学生学习动机包括回报动机、求知动机、交往趋利动机、利他动机、学业成就动机、生存动机和实用动机,这些动机在我国小学生中广泛存在,并对学生学习有着一定的影响。其中,在小学生的学习动机中,外部动机始终占据主导地位,内部学习动机还处于不断发展的过程中。另外,小学生学习动机的总强度随着年级升高呈现下滑趋势。小学高年级学生的学习内容增多、任务加重,外部压力较大,导致动机强度减弱;同时,随着小学儿童的自我意识发展,高年级小学生开始形成具有长远社会意义的自我实现动机。

**2. 学习兴趣**

在整个小学时期,小学儿童在知识经验不断丰富的情况下,学习兴趣也在不断发展变化。虽然每个儿童的兴趣具有明显的个别差异,但他们有共同的年龄特征。比如,小学儿童起初对学习的过程、对学习的外部活动更感兴趣,逐渐转变为对学习的内容、对需要独立思考的学习作业更感兴趣。一般从三年级开始,小学儿童开始出现对不同学科内容的初步分化性兴趣,当然,此时的学科兴趣分化是很不稳定的,引起小学儿童学科兴趣分化的原因既有客观因素,如教师的教学水平,也有主观因素。在学习形式上,游戏因素在儿童的学习兴趣上作用逐渐降低。在阅读兴趣方面,一般从课内阅读发展到课外阅读,从童话故事发展到文艺作品和通俗科学读物,对社会生活的兴趣也逐步扩大和加深。

**3. 学习态度**

在小学的学习活动中,儿童初步形成了一定的学习态度,分别体现在对教师的态度、对集体的态度、对作业的态度和对评分的态度上。对于低年级儿童而言,教师对待儿童的态度是影响儿童学习态度的主要因素,此时,儿童对教师怀有特殊的尊敬和依恋之情,开始理解分数和评分的客观意义,但是还没有形成班集体概念,同学之间缺少互相关心,还没有意识到作业是学习的重要组成部分,所以不能经常以负责的态度对待作业。进入中年级后,儿童逐渐对教师产生选择性的、怀疑的态度,开始进行有组织的、自觉的班集体生活,对学习和对集体的责任感有所提升,逐步形成对作业的自觉负责的态度,表现为能按一定时间来准备功课和完成作业,主动安排学习时间,能排除干扰去细心完成作业。

**4. 学习策略**

随着年龄的增长,小学儿童的学习策略不断丰富,儿童逐渐学会使用有效的策略去完成学习任务。但是研究表明,在低年级阶段,儿童多使用单一的学习策略,使用策略具有不完善、不稳定和刻板的特点。但是当学习任务从非技能性向技能性过渡时,策略运用的多重性表现得特别明显。例如儿童从单一运用数手指计算数学运算,变成运用记忆提取、将问题分解成小问题等多种策略解决问题。

## (二)小学生思维发展的基本特点

在学前期思维发展的基础上,在新的生活条件下,小学儿童的思维有了进一步的发展。我国心理学家朱智贤早就指出,小学儿童思维的基本特点是从以具体形象思维为主要形式逐步过渡到以抽象逻辑思维为主要形式。但这种抽象逻辑思维在很大程度上是直接与感性经验相联系的,仍然具有很大成分的具体形象性。一般认为,小学四年级(10~11岁)是儿童思维发展的关键年龄,同时小学儿童思维的过渡性显示出思维结构趋于完整,但有待完善,7~8岁时表现出辩证思维的萌芽。在具体到不同思维对象、不同学科、不同教材的时候,思维发展过程常常表现出很大的不平衡性,主要表现在概括能力、比较能力和分类能力三个方面。

儿童入学之后,教学以及各种日益复杂的新的实践活动向儿童提出了多种多样的新要求,这就促使儿童逐渐运用抽象概念进行思维。整个小学阶段,小学儿童的思维由具体形象思维向抽象逻辑思维发展要经历很长的过程。低年级儿童的思维具有明显的形象性,他们所掌握的概念大部分是具体的、可以直接感知的,要求他们指出概念的本质常常是比较困难的。在小学中、高年级,学生才逐步学会分出概念中本质的东西和非本质的东西,以及主要的东西和次要的东西,学会掌握初步的科学定义,学会独立进行逻辑论证。同时,达到这样的思维活动水平,也离不开直接的和感性的经验。

## 二、课程设计的基本思路

### (一)设计理念

心理健康教育活动课程的开设并不是以传授系统的心理学知识作为其主要目的,而是让学生在课堂学习中,通过了解普遍性和共性的困惑或问题,掌握解决问题的方式、方法、技巧,从而在学习、工作、生活等实践活动中提升心理调适能力及更好地适应环境的能力,从而有利于其心理健康水平、生活质量及学习与工作效率的提高。因此,心理健康教育活动课程是以培养学生良好的心理素质、发展健康的人格、增进其心理健康水平为目的的专门教育活动。

本章的课程目标主要是协助学生认识自己和他人所处的环境,发展良好的社会环境适应能力;协助学生培养主动的学习态度,养成良好的学习方法和习惯,促进创造性解决问题的能力和学业的提高。

发展心理学家认为,对学校的顺利适应是个体发展的中心任务之一。做好儿童入学适应的关键是强化儿童"我是小学生"的意识,帮助孩子在入学后将其社会角色由"幼儿"转换成"小学生"。其中对于规则、纪律、学习、新环境的认识与学习,其实就是为了使儿童在新入学的时候能更好、更快地适应各种陌生与变化,顺利地完成小学入学适应。

学习活动作为小学儿童的主导部分,通过教育提升小学儿童的学习适应性,对于小学儿童的心理发展甚至一生的学习生涯都具有十分重大的影响。与此同时,新的学习活动、集体活动等对儿童提出了新的要求,从而引起小学儿童思维发展的种种新的需要,并和儿童已达到的原有心理结构、思维水平之间产生矛盾,构成小学儿童思维发展的动力。在教育的影响下,这些矛盾的不断产生和解决,推动小学儿童的思维不断向前发展。

### (二) 理论依据

#### 1. 学习对儿童心理发展的作用

学习促进儿童产生责任感并增强意志。学生学习不仅具有更大的社会性、目的性、系统性,还带有一定的强制性。儿童必须明确认识学习的目的,使自己的活动服从这一目的,并对这一目的的实现情况进行检查,在这种特殊的学习过程中,产生责任感和义务感,意志力也得到培养和锻炼。

学习使儿童掌握知识和技能并发展抽象思维能力。儿童心理活动的有意性和自觉性都明显发展起来,思维活动也逐渐从具体形象思维过渡到抽象逻辑思维。

学习提升了儿童的自我意识、社会交往水平并形成良好的道德品质。学习活动是以班集体为单位的,在共同的学习活动中,儿童不仅发展了社会交往技能,提高了社会认知水平,还培养了合作与互助的集体精神,自我意识也进一步发展。通过各种同伴团体,儿童掌握了各种基本的行为规范并发展出各种良好的品德。

#### 2. 维果茨基的最近发展区理论

维果茨基认为,儿童有两种发展水平:一是儿童的现有水平,即由一定的已经完成的发展系统所形成的儿童心理机能的发展水平,如儿童已经完全掌握了某些概念和规则;二是即将达到的发展水平。这两种水平之间的差异,就是"最近发展区"。也就是说,儿童在有指导的情况下,借助成人帮助所能达到的解决问题的水平与独自解决问题所达到的水平之间的差异,实际上是两个邻近发展阶段间的过渡状态。它的提出说明了儿童发展的可能性,其意义在于教育者不应只看到儿童今天已达到的发展水平,还应看到其仍处于形成的状态,正处于发展的过程中。所以,维果茨基强调教学不能只适应发展的现有水平,而应适应"最近发展区",从而走在发展的前面,最终跨越"最近发展区"而达到新的发展水平。也就是说"教学应该走在发展的前面",即教学在内容、水平、特点和速度上决定着智力的发展,教学的目的是引导儿童发展。维果茨基在"最近发展区"的基础上提出了"学习最佳期限",就是说学习任何知识或机能都有一个最佳年龄,为了最大限度发挥教学作用而不造成发展障碍,要让儿童在最佳年龄学习相应的知识。

#### 3. 皮亚杰的认知发展理论

皮亚杰把儿童心理或思维发展分成以下四个阶段。

(1) 感知运动阶段(0~2岁):形成客体永久性,表象思维开始出现:①有时不用明显的动作就能解决问题;②出现延迟模仿能力。

(2) 前运算思维阶段(2~7岁):思维表现出符号性的特点;出现自我中心化,不能完成守恒任务。

(3) 具体运算思维阶段(7~12岁):去自我中心化,能够完成守恒任务。

(4) 形式运算阶段(12~15岁):思维具有抽象性,思维水平已经接近成人。

儿童认知发展具有以下阶段性的特点。各个阶段都有其独特的认知结构,从而表现出各个发展阶段的年龄特征;每一个阶段都是形成下一阶段的必要条件;前后两个阶段之间并不是截然分开的,而是有一定交叉的;从一个阶段向另一个阶段发展的顺序是不能改变的;在同一发展阶段内的各种认知能力的发展是平衡的。

**4. 小学儿童具体的思维能力发展**

1) 思维的基本发展过程

(1) 概括能力的发展:直观形象(低年级儿童)—形象抽象(中年级儿童)—初步本质抽象(高年级儿童)。

(2) 比较能力的发展:从区分具体事物的异同到区分抽象事物的异同;从区分个别部分的异同到区分许多部分间的异同;从在直观感知条件下进行比较,到运用语言在头脑中对表象进行比较。

(3) 分类能力的发展:小学二年级可以完成自己熟悉的关于具体事物的字词分类;小学三至四年级是从根据事物的外部特征向本质特征分类转折的时期。

2) 概念的发展

概念的发展越来越深刻化、系统化、丰富化。

3) 推理能力的发展

(1) 直接推理能力的发展:小学一至二年级是第一发展阶段;小学三至四年级是第二发展阶段;小学五年级是第三发展阶段。其中,小学四至五年级是直接推理能力发展的转折期。

(2) 演绎推理的发展:小学二年级的学生已经应用演绎推理解释个别现象,但如果其解释的概念与事实具有不相似性,则推理中的逻辑关系将受到破坏。小学三至四年级的学生,不仅能对直观感知的事实,而且能对言语提供的事实运用演绎推理进行解释。只要其解释的概念与事实具有相似性,就能比较容易地进行演绎推理;如果完全缺乏相似性,则会感到困难。小学五六年级的学生,能以较快的速度进行演绎推理,但是这是未展开的,不完全的。

4) 思维品质的发展

思维品质的发展有以下四方面的特点。

(1) 敏捷性:儿童的运算速度不断提高。

(2) 灵活性:解决问题表现为一题多解;灵活解题的精细性在增加;组合分析水平在提高;其发展是稳步的,没有突变转折。

(3) 深刻性:小学三至四年级是思维品质的转折期。

(4) 独创性:比其他思维品质发展晚,独创性思维更复杂,涉及因素更多。

## (三) 设计重点

根据《中小学心理健康教育指导纲要(2012年修订)》,结合小学生不同发展阶段的特点,学习适应与思维发展专题设计重点也有所不同。具体表现为以下方面。

小学低年级主要包括:帮助学生认识班级、学校、日常学习生活环境和基本规则;初步感受学习知识的乐趣,重点是学习习惯的培养与训练;帮助学生适应新环境、新集体和新的学习生活,树立纪律意识、时间意识和规则意识。

小学中年级主要包括:初步培养学生的学习能力,激发学习兴趣和探究精神,树立自信,乐于学习;增强时间管理意识,帮助学生正确处理学习与兴趣、娱乐之间的矛盾。

小学高年级主要包括：着力培养学生的学习兴趣和学习能力，端正学习动机，调整学习心态，正确对待成绩，体验学习成功的乐趣；帮助学生克服学习困难，正确面对厌学等负面情绪，学会恰当地、正确地体验情绪和表达情绪；培养学生分析问题和解决问题的能力，为初中阶段学习、生活做好准备。

结合上述《纲要》的内容，建议本专题课选择以下内容进行建构。①心理适应辅导，主要包括规则、纪律、学习、新环境的认识与学习等。②学习心理辅导，主要包括学习动机、学习态度、学习方法、学习习惯和考试心理辅导等。③思维能力辅导，主要包括观察力、记忆力、思维能力、想象力和注意力等。此外，在设计中建议侧重于提升学生的自学能力、判断能力和独立思考能力，让学生掌握学习的科学方法，增强学习的信心，使其成为真正的思考者与创造者。

## 三、案例分享

**案例1：集中注意力，我最棒（设计者：任春香、胡艳冰）**

一、理论依据

注意是心理活动对一定对象的指向与集中，具有一定的选择性。注意并不是一种独立的心理过程，而是心理过程的一种共同特征。它总是伴随着人的各种心理活动，例如感知、记忆、思考、想象或体验等等。人能同时关注的对象不可能太多，在注意的帮助下，我们能有选择地关注某些东西，才能提高我们做事情的效率。

注意力有四种品质，即注意的广度、注意的稳定性、注意的分配和注意的转移，这些品质是衡量一个人注意力强弱的标志。

1. 注意的稳定性

它指一个人在一定时间内，比较稳定地把注意力集中于某一特定的对象与活动的能力，也就是听课质量。例如，当孩子在听课时大部分时间处在"溜号"状态或者偶尔会出现"溜号"状态，会导致孩子知识断点比较多，直接影响听课质量。

2. 注意的广度

也就是注意的范围有多大，它是指人们对于所注意的事物，在一瞬间内清楚地觉察或认识的对象的数量。研究表明，在一秒钟内，一般人可以注意到4～6个相互间有联系的字母，5～7个相互间没有联系的数字，3～4个相互间没有联系的几何图形。

当然，不同的人具有不同的注意广度。一般来说，孩子的注意广度要比成年人小。但是，随着孩子的成长及不断的有意识训练，注意广度会不断得到提高。

3. 注意的分配性

注意的分配性是指一个人在进行多种活动时能够把注意力平均分配于活动当中。比如，孩子能够一边看书、一边记录书中的精彩语言，成人能够一边炒菜、一边听新闻。

人的注意力总是有限的，不可能什么东西都关注。如果要求自己什么都注意，那最终可能什么东西都注意不到。但是，在注意的目标熟悉或不是很复杂时，却可以同时注意一个或几个目标，并且不忽略任何一个目标。能否做到这一点，还和注意力能够持续的时间有关，所以要根据自己的实际能力，逐渐培养有效注意力。

4. 注意的转移性

注意的转移性是指一个人能够主动地、有目的地及时将注意从一个对象或者活动调整到另一个对象或者活动。注意力转移的速度是思维灵活性的体现,也是快速加工信息形成判断的基本保证。例如,在孩子看完一个有趣的片子后,让隔壁的姐姐给孩子来讲解数学的解题思路,如果孩子能迅速把注意力从片子中转到解题当中,孩子的注意的转移性就不错。

注意力集中和注意力转移是一个事物的两个方面。孩子每天都在这两种状态下学习或生活,每天要上好多节课,每一节课的内容都有所不同。如果上语文课的时候全神贯注,上数学课时无法让注意力从语文课转移到数学课上,那么数学课的学习效果就会大打折扣。可见,对学生来说,学会转移注意力和集中注意力对提高学习成绩同样有益处。

本课以注意的稳定性和分配性为切入口,通过设计的小游戏,引导学生感受注意、学会注意,加强对培养注意力的重视程度。

二、设计思路和关键词

(一)目标要求

- 认知目标:通过故事分析使学生懂得集中注意力的重要性。
- 情感目标:在活动中使学生体验到集中注意力带来的愉悦。
- 技能目标:教会学生提升注意力的训练方法和技巧,使学生自觉养成在学习中集中注意力的习惯,提高学习效率。

(二)教学对象分析

本课的教学对象是小学二年级的学生,他们刚从一年级升上来,虽然已经养成了初步集中注意力的好习惯,但是注意力的稳定性还较差,很容易从一个事物转移到另一个事物上,出现"分心"现象,不利于学习效率的提高。另外,学生活动需要听、说、读、写同时运用,既要动手,又要动脑,这就需要注意力的分配,小学二年级的同学分配注意力的能力还比较弱。

(三)教学内容分析指导

- 知识要点:集中注意力的重要性及提升注意力的训练方法。
- 重点及难点分析:①明白集中注意力的重要性。②学会提升注意力的训练方法和技巧。其中,学会提升注意力的训练方法和技巧是本课的难点。
- 课时安排建议:一课时。

(四)内容指导

(1)本课以活动"请你跟我这样做"导入进行,这是一个集中注意力常用的训练游戏,让学生按照老师的口令和动作一起做,既简单易学,又充满乐趣。孩子们在轻松愉快的游戏中开始了这节课的学习之旅

(2)听故事《小欣的烦恼》,目的在于引导学生思考小欣做作业慢的原因。学生通过分析得出结论:小欣的烦恼全都是因为做作业时注意力容易分散造成的。其实,小欣的情况就是同学们平常表现的再现,大家年龄相仿,问题相似,故事的呈现一下子就激起孩子发言的欲望。从孩子的发言中,注意力的重要性这一教学重点就不言而喻了。

(3)闯关游戏。目的在于让学生通过对游戏的亲身体验,进行自悟探究,找到集中注意力的三个法宝:"眼睛看"、"耳朵听"和"脑子想"。此环节的设计一改往日直接将知识灌输给

学生的传授方式,而是让学生通过体验,自己探究,悟出结论。

(4) 抗干扰训练。让学生在动画片《猫和老鼠》的干扰下背诵儿歌,以此活动来强化孩子的注意力。

(5) 游戏结束后,让孩子们用今天学到的法宝去帮助故事中的小欣解决烦恼。这时,他们思维的火花已经被点燃,大家都设身处地地为小欣出谋划策。孩子用刚才总结出的集中注意力的几个法宝来解决小欣的问题,其实,这个过程也是孩子们自我反省和教育的过程。

(6) "舒尔特方格"训练法是心理学上训练注意力的一种既简单又易于操作的常用方法。长期用这种方法来训练孩子的注意力,效果会非常显著。

三、教学过程

(一) 设计意图

本节课以活动"跟我这样做"导入,这是一个集中注意力常用的训练游戏,让学生按照老师的口令和动作一起做,既简单易学,又充满乐趣。让学生听故事《小欣的烦恼》,并思考小欣做作业慢的原因,是要让学生通过分析得出结论:小欣的烦恼全都是因为做作业时注意力容易分散造成的。同时对照自己,大家年龄相仿,问题相似,故事的呈现能激起孩子发言的欲望,从而明确注意力的重要性。闯关游戏设计目的在于让学生通过对游戏的亲身体验,进行自悟探究,找到集中注意力的法宝。此游戏环节的设计一改往日直接将知识灌输给学生的传授方式,而是学生通过体验,自己探究,自主学习,悟出结论。设计让学生在动画片《猫和老鼠》的干扰下背诵儿歌,是为了学生的注意力能够继续提升,更进一步。接下来设计学以致用环节,用今天学到的知识帮助故事中的小欣解决烦恼,其实就是让孩子通过解决别人的问题,反思自己的不足,提升集中注意力的意识,明确集中注意力的方法。为了使课堂学到的知识得以延续和巩固,孩子们的注意能力能够不断提升和强化,笔者在课堂结束前又把"舒尔特方格"训练法呈现出来,这种方法是心理学上训练注意力的一种既简单又易于操作的常用方法,孩子也喜欢它。

(二) 准备要点

(1) 录制音频《小欣的烦恼》。

(2) 制作课件。

(3) 绘制"舒尔特方格",每个学生一份。

(三) 过程指导

1. 环节一:激趣导入,引出话题

游戏:请你跟我这样做。

师:孩子们,今天老师给大家带来了一个好玩的游戏——"请你跟我这样做",你看清楚我怎么做,等我停了你们就跟着我做,可以吗?

生:可以。

教师说口令并做动作,学生跟着一起做。(瞪眼睛、拉耳朵、摸头、伸出双手、拍肩膀)

【此设计通过创设轻松有趣的活动氛围,放松身心,让孩子在自由快乐的情绪中进入活动】

师:刚才我看到大家在玩这个游戏时反应好快哦,这是因为你们的注意力都很集中。今天,我想跟大家一起聊一聊注意力这个话题。我们的主题是"集中注意力,我最棒",我还编了个手势呢,(做手势)学生跟着做。等一下我们就用这句话来互相鼓励,好吗?

【教师利用鼓励的语言和动作,有利于消除学生的紧张情绪,让学生在没有任何压力的情况下进行教学活动】

2. 环节二:认识注意力的重要性

师:说起注意力,我不禁想起我在学校悄悄话信箱收到的一封来信,我们来听听吧。

师:孩子们,知道小欣的烦恼是什么吗?为什么会这样呢?

生:她的烦恼是做作业慢,爸爸妈妈批评她,同学也笑话她。这主要是因为她一边做作业、一边玩。

师:原来小欣同学的烦恼全都是因为注意力不集中造成的,那你们平时有没有发现同学们注意力不集中的时候,他们会做些什么呢?

生:有些同学喜欢在桌子下面玩文具。

生:有些同学就坐在位置上发呆。

师:是呀,我也发现了一些这样的现象,你们看。(展示同学们上课开小差的图片)这样做有哪些不好的影响呢?

生:这样就学不到老师讲的知识。

生:这样回家做作业就不懂得怎么做。

师:大家都说得很好,是的,注意力不集中,什么事情也做不好。

【故事的呈现能激发学生的兴趣,学生根据自身实际,自学自悟出注意力的重要性,能加深理解,印象深刻】

3. 环节三:注意力基础训练

师:同学们,我们已经知道做事集中注意力是很重要的,它与学习效果密切相关,那我们怎样才能够提升和控制自己的注意力呢?今天,我带来了一组闯关游戏,让我们一起在游戏中寻找方法吧。

- 第一关:眼力考察:什么东西不见了

图片1:铅笔、橡皮、尺子、笔盒、书本

图片2:铅笔、橡皮、尺子、笔盒、

师:是什么不见了呢?点名回答。

图片3:猫、狗、狮子、猴子、熊猫

图片4:猫、狗、猴子、熊猫

师:又是什么不见了呢?点名回答。

图片5:面包、薯片、冰激凌、可乐、巧克力

图片6:面包、冰激凌、可乐、巧克力

师:你们看得真仔细。我们接着玩。等一下屏幕上会出现一些动物和植物的名称,如果你看到植物名称就拍手,看到动物名称就挥挥手,明白吗?

生:明白。

师:那请站起来(示范动作)。

师:我看到大家都做对了,能不能分享一下你是用了什么法宝啊?

生:我眼睛看着大屏幕,眨都不敢眨,我怕一眨那词语就过去了。

师:这方法真不错!还有补充吗?

生:一边看着还要一边想,这个词是动物的名称还是植物的名称。

(板书:"眼看"、"脑子想")

师:正如大家所说,眼睛仔细看,脑子认真想,就能帮助我们集中注意力,大家真厉害,一下子就找到了两件法宝,轻而易举地就通过了第一关。那我们来闯第二关:听力比拼。

- 第二关:听力比拼

师:我这里有一些趣味题,你们可要仔细听哦。

(1) 排在第5位的词是什么?

A. 雪梨　香蕉　西瓜　凤梨　柿子　榴莲

(2) 水星排在第几位?

B. 月亮　地球　太阳　水星　金星　火星　土星

(3) 出现过叠词的名字有几个?

C. 王小东　李思思　赵志龙　钟丽丽　林媛媛　萧春玲

(4) 这次听听有几种水果?

D. 公鸡　菠萝　白菜　桃子　狮子　萝卜　西瓜

师:刚才四道题全对的同学请举手?请问,你用了什么法宝呀?

生:我认真地听题目,仔细地想答案。

师:也就是要用耳朵听,不能开小差,是吗?

生:是的。

师:(点一个刚才没举手的孩子)你哪一题出错了呀?为什么呢?

生:我没有仔细听,就不知道读到了第几个。

师:看来认真听也能帮助我们集中注意力,我们又找了一个法宝,它就是认真听。(板书:"认真听")

【此环节的设计一改往日直接将知识灌输给学生的传授方式,而是学生通过游戏体验,自己探究,悟出结论】

4. 环节四:抗干扰训练

师:伟大领袖毛主席常常在闹市中读书,就是为了提升自己读书的专注能力,你有没有想过在嘈杂的环境中读书会是一种怎样的状况呢?我们来体验一下吧。等一下我会放一部你们喜欢的动画片,看谁能够不受它的影响以最快的速度把手上的儿歌背出来。前五名还有奖品呢。

生:(期待的眼神)哇……

师:(播放动画片)看,好精彩哦,(等学生的注意力集中在动画片上时)背书活动现在开始!

(学生在动画片《猫和老鼠》的干扰下背诵儿歌《知识的海洋在课堂》,先举手背会的五名同学上讲台等待检查)

师:(问最先背会的同学)刚才你是第一个背会的,你背给大家听听。

(生背)

师:真厉害,其余四名同学一起背吧。

师:(问全班)你们也会背了吗?(会背的站起来一起背)

师:你们真厉害,在这么嘈杂的环境中,大家都能够集中注意力,太棒了!

5. 环节五:注意力方法运用

师:孩子们(指着板书),我们找到了集中注意力的法宝,也能够在嘈杂的环境中快速地集中注意力,现在让我们用这些法宝去帮帮正在烦恼中的小欣,好吗?

生:没问题。

师:谁来教教小欣,她怎么做才能够集中注意力呢?

生:小欣,你做作业的时候就只想怎么把作业做得又快又好,不要想其他的了。

生:小欣,如果你总是因为外面的声音让你不能专心做作业,我建议你用小纸团把耳朵塞上,这样,你就听不到外面的声音了。

师:同学们的方法真不错,我想小欣用上你们的方法后,注意力一定能够集中起来。为了表示对大家的鼓励,我再奖励大家玩一个小游戏,请大家拿出课前我发给大家的小卡片(舒尔特方格)。

拓展:注意力跟踪训练。

师:你们得到的卡片和我这是一样的,在这张有25个小方格的表中,将数字1~25打乱顺序,让我们从1数到25,边数边指出数字,看谁的速度最快。

(老师做示范)

师:你们可以把卡片保留下来,下课和同学比一比,也可以带回家和家人一起玩玩这个游戏。

【"舒尔特方格"训练法是心理学上训练注意力的一种既简单又易于操作的常用方法,放在课堂的结尾出现,课堂结束,但孩子们训练注意力的方法还在继续】

教师总结:孩子们,今天我们在愉快的游戏中不仅找到了集中注意力的法宝,还提升了自己的注意力。真了不起!其实,只要我们在做事情的时候能够做到眼睛看、耳朵听、脑子想,那我们就能成为做事专注的好孩子。

(四)教学建议

随着新课程标准的颁布,教学改革的深入发展,游戏教学已逐步引起了广大教育工作者的重视和兴趣。成功的游戏教学,不仅能调剂学生的精神状态,而且能寓教学于游戏之中,让学生轻松愉快地掌握新知识。因此,在本课的教学中,采用了游戏教学法,兼用启发式教学法、示范教学法和案例教学法。在学法引导上,采用了自悟探究法和体验式学法。

**案例2:大话学习之记忆宝盒(设计者:费贞元)**

一、理论依据

记忆是指人们对经验的识记、保持和应用过程,是对信息的选择、编码、储存和提取过程。培根说过:"一切知识的获得都是记忆,记忆是一切智力活动的基础。"记忆效果的好坏与信息编码和储存密切相关,因此,本节课主要从信息编码环节如联想、谐音、组块等方式入手。心理学研究表明,人的记忆是以"组块"为单位的,每一个组块内的信息量多少是相对的。一个字母可以看作一个组块,一个单词、一个词组可以看作一个组块,一个句子也可以看作一个组块。组块内部的信息不是各自独立的,而是相互联系的,如果善于把记忆材料分成适当的组块,就能够大大提升记忆效果。

美国著名的记忆术专家哈利·洛雷因说:"记忆的基本法则是把新的信息联想于已知事物。"联想,就是当人脑接受某一刺激时,浮现出与该刺激有关的事物形象的心理过程。一般来说,互相接近的事物、相反的事物、相似的事物之间容易产生联想。例如,谐音联想法是把需要记忆的知识通过谐音组合到一块,然后联想创造出一种意境的记忆方法。对于难记忆的知识,利用谐音联想记忆,能极大地调动记忆者的积极性和兴趣性,收到"记中乐,乐中记"的效果。当然,谐音记忆法只适于帮助我们记忆一些抽象、难记的材料,并不能推而广之,用于记忆所有的材料。因此,重复法仍是最古老也最有效的巩固知识的方法。

二、设计思路

本节课以"学习记忆"为中心,主要围绕组块法等三种基本的记忆法展开。通过生动具体的记忆材料,引导学生在学习和生活中对记忆方法进行学习和归纳。课堂设计的最后环节是由学习拓展到现实生活,强化学生对于记忆方法重要性的认识。

(一)目标要求

- 认知目标:了解组块法、联想法、重复法的原理及其应用情况,学习使用编码记忆材料。
- 情感目标:帮助学生认识记忆力的重要性,引导学生着手提升记忆力。
- 技能目标:通过分享与交流,教会学生掌握三种基本的记忆法,学会选择恰当的记忆方法,提高记忆效率。

(二)教学对象分析

小学高年级的学生需要学习、记忆的科目逐渐增多,如果能及时地了解记忆原理,学习常用的记忆方法,学会选择恰当的记忆技巧,努力提高记忆效率,将使学习事半功倍、如虎添翼。

(三)教学内容分析指导

- 知识要点

(1)引导学生了解组块法、联想法、重复法的原理及其应用情况,学习使用编码记忆材料。

(2)引导学生通过分享与交流,掌握三种基本的记忆法,并选择恰当的记忆方法,提高记忆效率。

- 重点及难点分析

重点分析:本节课的重点在于引导学生了解组块法、联想法、重复法的原理及其应用情况,学习使用编码记忆材料。这是引导学生学以致用的重要起点。

难点分析:"帮助学生认识到记忆方法的重要性,并能在平时的学习和生活中着手提升记忆力"的思想认识才是本节课学习的核心所在。对于这点,本节课通过一系列的例证来引导学生对其予以重视。以招聘会为载体的"学以致用"环节就是对于这个难点的最好突破手段。

- 课时安排建议:一课时。

(四)内容指导

本教案中的故事素材有两个,它们均来自香港TVB(电视广播有限公司)的电视剧《读心神探》。之所以选取这两个素材是因为:视频1非常好地契合了本节课的第一个重要问题,即"人的记忆是天生的吗?"视频2则具体而形象地展示了本节课"联想法"的使用方法。

- 选择视频的意图有:

(1) 形象直观,易于引发学生的学习兴趣;

(2) 视频情节性强,能很快抓住学生的注意力,提升课堂效率;

(3) 香港TVB的粤语电视剧非常受珠三角观众的欢迎,选取这样的视频可增强学生对课堂内容的亲切感。

- 选择视频的目标有:

(1) 以直观形象的视频,增强学生对内容的专注度;

(2) 通过视频的直观性,提高学生理解知识点的效率。

三、教学过程

(一) 设计意图

本节课主要针对小学高年级学生记忆能力发展的特点和学习要求,以"学习记忆"为中心,主要围绕"组块法"等三种基本的记忆法展开。为了打破学生对于"记忆方法枯燥感"的恐惧,教师特意试图通过生动具体的记忆材料,引导学生在学习和生活中学会对记忆方法的学习和归纳。为了强化学生"学以致用"的思想,教师特意在课堂设计的最后环节由学习实践拓展到生活实践中,加深学生对于记忆方法重要性的深刻认识。

(二) 准备要点

(1) 本节课所提供的三种基本的记忆法,既可单独使用,又可配合使用,所以在教学过程设计中,由各种方法单独使用上升为三种方法配合使用的逻辑思维过程是本节课的要点之一。

(2) 为了消除学生对于"记忆方法枯燥感"的恐惧,选择生动有趣的记忆材料是本节课准备的要点之一。

(3) 将"记忆方法"的实用性由学习引申到现实生活的应用中,设计现实生活语境下的具体应用环境也是本节课准备的要点。

(三) 过程指导

1. 热身活动:贪吃蛇

- 展示规则

(1) 请7位同学站到讲台前,排成一排。

(2) 从左边开始,每位同学大声重复前面同学的内容和念出自己的内容。举例:

第一位同学:"我是喜欢吃骨头的小狗。"

第二个同学:"我是喜欢吃骨头的小狗的右边的喜欢吃鱼的小猫。"

第三个同学:"我是喜欢吃骨头的小狗的右边的喜欢吃鱼的小猫的右边的喜欢吃草的小羊。"

后面的同学要记住前面同学的信息,严格按照句式依次重复,直到最后一位同学。

(3) 在游戏开展时,当身边的同学不记得时,其他同学可以提示。

- 活动开展

授课教师事先准备好7张卡通小纸片,纸片中的内容分别是:我是喜欢吃骨头的小狗,我是喜欢吃鱼的小猫,我是喜欢吃草的小羊,我是喜欢吃苹果的大象,我是喜欢吃香蕉的猴子,我是喜欢吃天鹅的癞蛤蟆,我是喜欢吃一切动物的老虎。

在游戏结束时,简要总结游戏,表扬优异者,由"记忆力是天生的吗?"这一问题引出本节课的主题"记忆"。

师:英国哲学家培根说过:"一切学习无非是记忆。"相信大家对于这句话一定也会有很深的认同感。现在就让我们通过一个有趣的小活动来考验一下自己的记忆力,好吗?

生:好!

师:现在,请出7位同学站到讲台前,排成一排。从左边开始,每位同学大声重复前面同学的内容和念出自己的内容。举例:

第一位同学:"我是喜欢吃骨头的小狗。"

第二个同学:"我是喜欢吃骨头的小狗的右边的喜欢吃鱼的小猫。"

第三个同学:"我是喜欢吃骨头的小狗的右边的喜欢吃鱼的小猫的右边的喜欢吃草的小羊。"

后面的同学要记住前面同学的信息,严格按照句式依次重复,直到最后一位同学。在游戏过程中,当身边的同学不记得时,其他同学可以提示。

……

师:非常棒,咱们班的七位挑战者非常完美地完成了这个小游戏,让我们以热烈的掌声对他们的精彩表现给予鼓励!

……

师:通过大家的掌声,我感受到了你们对这七位挑战者超强记忆力的赞赏,那我很想问大家一个问题:人的记忆力是天生的吗?

生:……

师:好,大家先不用急于给我一个肯定的答案,我们先看一段视频,看看你能不能找到我提到问题的答案!

2. 技能提升:打开你的记忆宝盒

• 视频1《记忆力是天生的吗?》

师:视频中的小女孩在很短的时间里就记住了看似毫无规律的信息,真的好惊人哦!这是因为她天生就记忆力超群,还是有什么诀窍?

生:……

师:好,同样,我们都暂时先不回答这个问题。视频中的小女孩有如此超群的记忆力,你也可能有的,我想测试一下大家的记忆力,好吗?

生:好!

师:我会给大家一组13位的数字,记忆的时间为5秒,请问大家做好准备了吗?

生:做好了!

师:(展示记忆测试材料:13411846857。计时:5秒。5秒后清空记忆测试材料)有人记住了吗?

生:……

师:非常棒的记忆力啊!咱们班的很多同学仅仅用了5秒钟的时间,就记住了我的电话号码?(笑声)

师：我注意到同学们在回忆我的电话号码时,很自然地这样来复述:"134/1184/6857(134/118/46857)。"这其实就是一种很实用的记忆方法——组块法!

- 记忆钥匙1:组块法

(1)日常生活中很多人使用组块法来记电话号码。

例子:13411846857——134/1184/6857(134/118/46857)

设计说明:在这个小环节中,笔者将自己的手机号码作为记忆材料,以此增强课堂的生动性,起到了给学生带来惊喜的突出效果。

(2)组块法在高中学习中的巧妙应用。举例:

记忆英语单词:assassinate(暗杀)——ass ass in ate

记忆文学常识:韩愈、柳宗元、苏洵、苏轼、苏辙、欧阳修、王安石、曾巩——韩愈、柳宗元/苏洵、苏轼、苏辙/欧阳修、王安石、曾巩

记忆元素周期表:钾钙钠镁铝锌铁锡铅氢铜汞银铂金——钾钙钠镁铝/锌铁锡铅氢/铜汞银铂金

师:组块法不仅可以让我们快速记住别人的电话号码,而且它在我们的学习中也可以进行广泛的应用。比如:记忆英语单词:assassinate(暗杀)。有同学愿意运用"组块法"来为这个单词组一下块吗?

生:ass ass in ate。

师:非常棒的组块!同学们有没有发现,提过这样组块后,一个长长的难记的英语单词似乎容易记忆了,对吗?

生:对!

师:好,那我们再用这种记忆方法来试试其他的科目吧!记忆文学常识:韩愈、柳宗元、苏洵、苏轼、苏辙、欧阳修、王安石、曾巩。

生:韩愈、柳宗元/苏洵、苏轼、苏辙/欧阳修、王安石、曾巩。

师:记忆元素周期表:钾钙钠镁铝锌铁锡铅氢铜汞银铂金。

生:钾钙钠镁铝/锌铁锡铅氢/铜汞银铂金。

师:为什么"组块法"在记忆上有如此神奇的效果呢?下面老师来帮你解密:约翰·米勒对记忆广度进行定量研究后,发现"神奇的数字$7\pm2$",即大约为7个组块,这个"7"被称为"魔力之7"。

生:……

组块法心理学原理:把记忆的材料分成若干个组块,可使记忆变得简单、快捷。约翰·米勒对记忆广度进行定量研究后,发现"神奇的数字$7\pm2$",即大约为7个组块,这个"7"被称为"魔力之7"。

- 记忆钥匙2:联想法
- 视频2《联想法记人名》

师:有同学可能又会问了:"'组块法'是可以化大为小,使记忆材料变得简单快捷,但我还是记不住啊,还有没有什么方法可以让我更好地记忆呢?"

生:对呀!

师:那我们先再看一段视频,看看你们会有什么收获。

……

师:视频中强调的记忆方法是什么?

生:联想法

师:那就让我们来看看"联想法"是怎么运用的吧?

- 联想法在高中学习中的巧妙应用,例如:

(1) 记忆英语单词:assassinate(暗杀)——ass ass in ate(注:ass指驴子,两只驴子在里面,把人咬死)。

(2) 记忆文学常识:韩愈、柳宗元、苏洵、苏轼、苏辙、欧阳修、王安石、曾巩——韩愈、柳宗元/苏洵、苏轼、苏辙/欧阳修、王安石、曾巩(寒流来了,三苏在修石拱桥)

(3) 记忆元素周期表:钾钙钠镁铝锌铁锡铅氢铜汞银铂金——钾钙钠镁铝/锌铁锡铅氢/铜汞银铂金(嫁给那美女,身体细兼轻,统共一百斤)

联想法心理学原理:联想法是利用事物间的联系通过联想进行记忆的方法。因为记忆的一种主要机能就是在有关经验中建立联系,思维中的联想越活跃,经验的联系就越牢固。常见的有想象联想法、谐音联想法等。

师:刚才我们在记忆英语单词 assassinate(暗杀)时用"组块法"——ass ass in ate,还可以用"联想法"——两只驴子在里面,把人咬死(注:ass指驴子)。

生:哇!

师:记忆文学常识:韩愈、柳宗元、苏洵、苏轼、苏辙、欧阳修、王安石、曾巩——韩愈、柳宗元/苏洵、苏轼、苏辙/欧阳修、王安石、曾巩(寒流来了,三苏在修石拱桥)。

师:记忆元素周期表:钾钙钠镁铝锌铁锡铅氢铜汞银铂金——钾钙钠镁铝/锌铁锡铅氢/铜汞银铂金(嫁给那美女,身体细兼轻,统共一百斤)。

生:真的好巧妙啊!

师:这就是神奇的联想法!

设计意图:介绍联想法的巧妙应用,并引导学生学习使用联想法编码记忆材料。

- 记忆钥匙3:重复法

艾宾浩斯遗忘曲线,如图 4-3 所示。

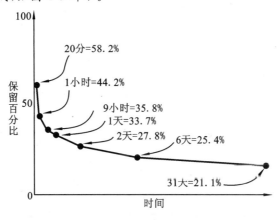

图 4-3 艾宾浩斯遗忘曲线

艾宾浩斯遗忘曲线告诉我们：遗忘是有规律的，且是先快后慢；特别是学习知识1天后，如果不复习，就只剩下约三分之一了。

重复法心理学原理：重复法就是把所记忆的内容连续重复或间隔一定时间后再重复记忆一次，经过多次重复，实现永久记忆的方法。

温故而知新——最笨的办法有时是最聪明的办法。及时复习，是记忆的"黄金搭档"！

生：老师，这两种方法的确很巧妙，但好像不是什么记忆材料都可以用这两种方法。如果有些记忆材料不能用这两种方法，怎么办呢？

师：这个问题问得好！那我想问问大家，碰到这种情况，你们通常会怎么做呢？

生：死记硬背呗！

生：实在没办法，就反复背诵。

师：是啊，在我们平时的学习和生活中，再难记忆的材料，反复去记，最终还是记得住的。那这种反复记忆的过程是不是一种记忆的方法呢？

生：好像是吧？

师：这当然是一种记忆方法，专业的称谓是"重复记忆法"，它就是把所记忆的内容连续重复或间隔一定时间后再重复记忆一次，经过多次重复，实现永久记忆的方法。

师：重复法来自艾宾浩斯遗忘曲线：遗忘是有规律的，且是先快后慢；特别是学习知识1天后，如果不复习，就只剩下约三分之一了。

师：所以在我们使用重复法记忆的时候，要特别注意：温故而知新——最笨的办法有时是最聪明的办法。及时复习，是记忆的黄金搭档！

设计意图：让学生了解遗忘的规律，对抗遗忘的最常见方法是多次重复，在不能巧妙应用组块法、联想法的时候，可使用重复法进行记忆。

3. 学以致用：记忆力PK（对决）

拟一份乐从天佑城卜蜂莲花超市的招聘启事，明确角色、规则。

### 招聘启事

亲！乐从天佑城卜蜂莲花超市招兵买马啦！

职位：仓库经理。

待遇：月薪8000元（帅哥美女另加2000元），一经录用，即配iPone6S一部。

角色：

应聘者PK：每组选派一名应聘者到前台做准备。

亲友团PK：除组长外，所有组员组成应聘亲友团。

监督员：各组组长担任下一组的监督员（1监督2，2监督3……最后一组监督1）

• 规则：

(1) 记忆过程中，所有人不得进行任何形式的交流，如有违反，每次每人扣3～5分。

(2) 记忆时间为1分钟。

(3) 总分＝应聘者得分＋亲友团得分。

• 材料：

应聘者记忆材料：4类16个；亲友团记忆材料：4类20个。

原始记忆材料：

铅笔　红酒　圆珠笔　毛笔　电饭煲

可乐　碗　橡皮　啤酒

饭勺　裤子　筷子　领带

皮鞋　衬衫　白酒

- 使用记忆方法组织后(组块法、联想法、重复法):

铅笔　橡皮　圆珠笔　毛笔

可乐　啤酒　白酒　红酒

饭勺　电饭煲　碗　筷子

皮鞋　裤子　衬衫　领带

师:(老师将一个准备好的"超市人力资源部经理"的胸牌戴上)现在作为"超市人力资源部经理",我要现场招聘仓库经理一名,竞聘人数7～8位,希望各位能学以致用,积极参与噢!

生:(笑……)

师:(展示招聘启事及竞聘规则)

……

师:哇,经过激烈的角逐,记忆力最强的人选已经确定,这位精英选手即将成为我们超市的新任仓库经理。我现场采访一下我们的优胜者:"请问你刚才在记忆这些非常凌乱的记忆材料时都用到了什么记忆方法?"

生:组块法、联想法……

师:好棒! 在这么短的时间里,你就可以掌握并运用这三种记忆方法,这就是我们最需要的仓库经理,卜蜂莲花欢迎您!

生:(笑……)

设计意图:通过现实版的招聘活动,引发学生学以致用的意识;这种生动活泼的形式可为活跃课堂气氛起到很好的作用;设置竞争活动,检验学生对几种常见记忆方法的掌握程度。

4. 分享与交流

- 小结:

师:组块法:巧妙,但局限于适合分组的材料。联想法:巧妙,但需要花费较多的时间联想。重复法:适合一切记忆材料,但耗费时间、精力最多。

下面,我想问大家两个问题。

- 分享与交流:

(1) 除了刚才了解的3种记忆方法,同学们还知道有哪些记忆方法?

(2) 你在学习中碰到了哪些需要记住但又难以记住的材料,请分享给同学们,让大家运用记忆方法帮你解决。

生:(学生分享交流时间……)

师:非常棒的方法和分享! 相信通过大家的交流和分享,我们不但可以认识和理解更多的记忆方法,而且可以在平时的学习和生活中,总结和发现属于自己的好记忆方法!

设计意图:分享与交流,学会选择恰当的记忆方法,提高记忆效率。

（四）教学建议

（1）将本节课作为引导学生增进认识和理解记忆方法的契机，引导学生更好地处理学习中的记忆问题。

（2）由于记忆力问题相对较为专业和枯燥，所以多选用生动的记忆材料是本节课成功的一个重要因素。

（3）多设置一些现实生活情景，引导学生建立"学以致用"的思想，增强学生学习和理解的实用性与趣味性。

（4）教学素材和手段尽量多样，这样不但可以扩大课堂容量，而且可以更好地调动学生学习的热情。

**案例3：好态度，好习惯（设计者：叶萍）**

一、理论依据

现代教育观认为，教育不仅要让孩子学到科学文化知识，更重要的是让孩子掌握学习的方法和途径，而良好的方法有赖于良好的学习习惯。心理学家说："培养良好的习惯就等于在塑造成功。"学习习惯是在学习过程中经过反复练习形成并发展成为一种个体需要的自动化学习行为方式。良好的学习习惯，有利于激发学生学习的积极性和主动性；有利于形成学习策略，提高学习效率；有利于培养自主学习能力；有利于培养学生的创新精神和创造能力，使学生终身受益。学习习惯的培养是持之以恒、强化训练的结果，不是一朝一夕所能完成的，整个过程充满着对意志的磨炼。勤奋、自信、独立、创新、严谨、谦虚等是良好的学习性格最主要的特征。勤奋、自信、独立、创新、严谨、谦虚又是随着习惯的形成，才表现出来的。因此，良好的学习习惯也是养成良好的学习性格的基础。习惯基本上属于非智力因素，良好的学习习惯有助于非智力因素的培养，而培养非智力因素是现代化教育的重要目标之一。它是培养学生全面发展，实现素质教育的一个重要组成部分。

二、设计思路与关键词

态度是个人对他人、对事物的比较持久的肯定或否定的内在反应倾向。学习态度则是学生对学习所持的肯定或否定的内在反应倾向，它影响着学生对学习的定向选择。笔者发现学校有相当一部分学生的学习成绩不是那么理想，通过了解笔者发现大多数学生是因为没有端正自己的学习态度，学习效率低而导致学习成绩不是很理想。为了让学生拥有一个正确的学习态度，特设计了此课程。

关键词：态度　内在反应倾向　影响　定向选择　好习惯

（一）目标要求

认知目标：了解自己的学习态度。

情感目标：了解自己的学习态度对学习的影响。

技能目标：调整自己的学习态度。

（二）教学对象分析

随着新课程的全面实施，学校为了端正学生的学习态度而创造了良好的外部环境，但发现学生的学习态度还存在着多方面的问题。如学习兴趣不浓，缺乏求知欲、好奇心，只是在外在压力下机械、被动、应付式地学习。课堂注意力不集中，不愿做作业，合作学习的意识不强，依赖心理严重。对老师、家长提出的学习要求，常故意抵触对立，未能确立稳定的、自觉的、远大的学习目标和方向等。

（三）教学内容分析指导

知识要点：通过心理测查了解自己的学习态度；经由情景对比明白学习态度对学习效率的影响；在角色扮演、团体活动中调整自己的学习态度，提升自己的学习态度。

教学重点及难点分析：让学生了解学习态度对学习的影响，从而调整自己的学习态度。

课时安排建议：一课时。

（四）内容指导

1. 教法

根据小学生的心理特点，以及本节课的具体内容，笔者除了采用多媒体辅助教学等教学方法外，还重点采用了以下四种教学方法：情景教学法、心理测试法、角色扮演法、脑力激荡法。使学生入情、入景，给学生提供畅所欲言的空间，有利于学生有感而发，降低教学难度。

2. 学法

六年级的学生已经有一定的反省自我、评价自我的能力。本课着重引导学在体验中得到感悟，并在团体活动中分享出来，从而达到自我审视、自我调整的目的，让学生在实际学习中鞭策自己端正学习态度，养成良好的学习习惯。

三、教学过程

（一）设计意图

在教学过程中，笔者从新课导入、情景对比、心理测查、角色扮演、团体活动、优点大轰炸六个方面进行展示。

在新课导入环节中，用了1分钟的时间。为了让大家能有一个轻松愉快的心情，自然地进入了这节课的主题。在情景对比环节中，给学生观看了关于学习态度的两段录像，两个同学因为不同的学习态度而取得不同的学习成绩。录像中学生学习态度的强烈对比，学习成绩的强烈对比，让学生初步了解不同的学习态度对学习产生的影响，那么学生就会产生要提高学习效率的欲望。紧接着让学生小组合作对学习态度进行分析并表达自己的看法，学生在分享中懂得自己要去调整自己的学习态度，学习好的学习态度。在这个环节中通过两个步骤的引导，这节课的教学重点已经解决了，也为后面解决教学难点做好准备。设计了学习态度的心理测查环节，是为解决后面的教学难点做铺垫。学习态度所包含的内容是很多的，学生只有了解了自己的学习态度，才能针对自己的学习态度进行调整。在这个环节中，用了5分钟的时间，学习态度自查表采用问卷的形式，分数越高说明学习态度越好。平时在上心理课时，学生都特别喜欢这个环节，这节课也同样安排了。既让学生清楚地了解自己的学习态度，也能激发学生的学习兴趣，为学生乐于改善自己的学习态度打下基础。接着进行角色扮演——表演情景剧，这也是心理健康教育中比较常用的一种方法，这个环节也是这节课要解决的难点。

情景剧《放学后》演的是一个学生放学后在家里的学习态度。让在家里学习同样有这种学习态度的学生来演自己的故事，说说自己的心里话，大家都有共鸣。在讨论中、在表演中更容易找到解决问题的办法，有利于学生调整自己的学习态度，也会让课堂教学掀起一个高潮。团体活动环节，是巩固方法的阶段，为了让学生能更有效地提升自己的学习态度，设计了一份表格，学生根据自己的实际情况做出选择，并针对自己迫切要改善的学习态度进行调整,学生可在分享中互相学习。在最后一个环节优点大轰炸中,学生学习态度的形成,与周围人物和环境的影响密切相关。在班里树立榜样,充分发挥同伴对学习的积极作用,由学习好、大家都喜欢的好学生来带动全班同学,有助于学生良好态度的形成。有了这些环节的引导,这节课的难点也就解决了。在整个教学设计中,一步一步地引导,就会收到成效。

(二)准备要点

在整节课的教学过程中,我们需要做些相关的准备。在进行第二个环节即情景对比时,需要准备两段不同学习态度的录像(素材一)引起学生的共鸣;在看完录像分享完自己的看法后,为各小组准备一个小盒子,里面装有10种不同学习态度的小纸条(素材二)让学生分享自己的调整方法;在进行心理测查时需要准备一份关于学习态度的自查表(素材三)让学生了解自己的学习态度;在角色扮演环节,需要准备一个心理情景剧(素材四),以解决课堂教学的难点;在最后一个环节中,需要准备一份学习态度调整表(素材五),让学生针对自己迫切要改善的学习态度进行调整。

(三)过程指导

1. 暖身运动,新课导入

师:大家一起来放松,伸出你的左手,伸出你的右手,听着口令做运动,前前后后,左左右右。

2. 情景对比,态度影响效率

观看关于学习态度的录像(素材一)。

师:同学们,看了录像后你们有什么感受呢?

学生A:看了之后,我明显知道这两位同学的学习态度不一样,学习成绩最后也不一样。

学生B:我觉得男生的做法,我不赞同,这样做只会让学习成绩更差。

学生C:如果我遇到这样的事情,我会参照女生的做法去做,我相信努力会有好成绩的。

小组合作对学习态度进行分析,表达自己的看法(素材二)。

师:请同学们对自己抽到的学习态度写出自己的看法,愿意跟大家分享自己看法的同学,请举手发言。

学生A:每个学期,我都给自己定下目标,每次综合测试也会给自己定下小目标,每次的进步都是鼓舞我前进的动力,让我更加容易达到大目标。

学生B:每次在学习上遇到难题,我都会想办法解决,有的时候我课堂上就举手问老师,有的时候我会请教同桌,有的时候我会看书或上网去查找,直到弄懂为止。

学生C:平时复习的时候,我总会把不懂的题目做记录,以后再复习时,我就看不懂的题目,节省了很多的时间。

3. 心理测查,了解自己的学习态度

师:同学们请完成心理测查问卷。

师:这位同学,平时在家学习你需要家长去督促吗?

学生:我在家学习不是很自觉,妈妈不叫我,我会一直在玩,等到妈妈叫了我才会去学习。

师:这位同学当你不想学习的时候,你会给自己找借口吗?

学生:我在学校时,一到不想学时,我就跟老师说我要去厕所,在厕所待了很久才回教室。在家时,我会跟爸妈说我口渴去喝水或者说自己不舒服……很多借口。

师:这位同学,你觉得自己在什么时间学习是最好的呢?

学生:我不知道,放假时我总是玩够了就学习,也不知道是什么时候。

师:这位同学,当你学习成绩不是那么理想的时候,你会怎么做?

学生:因为学习不认真所以学习成绩不理想,当老师、爸妈批评时,我会在上课时认真点;要是他们不说我的话,我就是老样子。

4. 角色扮演,调整学习态度

(分析情景剧)

(1) 小明的学习态度是不是好的学习态度?

师:同学们,你们对小明同学的学习态度有什么要分享的?

学生:对待学习,小明的态度不是很好。

(2) 小明有什么不好的学习态度?

师:同学们,小明同学的学习态度有哪些地方做得不够好呢?

学生A:小明学习的时间不是很合适,回到家一直在玩,等到自己最累的时候才做作业,我觉得学习效果不好。

学生B:我觉得小明同学的学习习惯不是很好,学习不主动,妈妈叫了还不愿意去学习。

学生C:小明同学意志不够坚强,遇到难题就放弃了,不会想办法去解决问题。

(3) 小明应该怎样改掉不好的学习态度?

师:同学们,小明同学该怎样做才能让自己改掉不好的学习态度呢?

学生A:我觉得小明同学回到家后,应该先把作业完成后再去玩。

学生B:小明同学应该想想办法去解决不会做的题目,可以问家长,也可以看书、上网去找找答案。

学生C:我觉得小明同学应该尊重长辈,养成良好的学习习惯。

(重演情景剧)

师:看完了情景剧,你会觉得小明同学的改变对学习起作用吗?

学生:我们相信小明同学的改变让他养成了好习惯、好态度,学习成绩会提高的。

5. 团体活动,提升学习态度

师:你觉得自己该怎样调整自己不良的学习习惯呢?

学生A:在课堂上要专心听讲,积极举手回答老师的问题。

学生B:我要和我身边的同学结成学习小组,一起学习,一起解决学习上的困难。

学生C:上课的时候,除了认真听课,还要做好笔记。

学生D:每天要做好新课的预习和旧知识的复习。

学生E:对于英语的学习要听老师说的多听、多读。

学生F:每天按时完成老师布置的作业。

6. 优点大轰炸

师:同学们在身边有哪些同学的学习态度值得我们去学习呢?

学生A:我们班的班长写的作文很棒,因为她看了很多书,我们要向她学习,利用课余时间多看课外书,增长自己的见闻。

学生B:我们班的学习委员学习成绩很优秀,因为他刻苦学习,遇到困难从不退缩,我们应该向他学习,遇到难题想办法解决。

学生C:我们班的体育委员学习与娱乐两不耽误,他把时间安排得很好,经常去踢足球但是他的学习成绩依然保持在前几名,是我们学习的榜样。

7. 老师总结

消极、被动的、依赖的学习态度,都不利于学习效率的提高;只有积极、主动、独立、认真的学习态度,才有利于高效、深入地学习。希望同学们能改善自我的学习表现,端正学习态度,提高学习效率。

在课堂的最后,老师送给学生一句话:"成功就是一种态度。"以此结束这节课程。

(四)教学建议

(1)在情景对比环节,两段不同学习态度的录像,建议在本班学生当中寻找两个不同学习态度的例子进行拍摄更有说服力。

(2)在看完录像后学生抽纸条分享自己的调整方法时,建议老师充分让学生去分享自己的看法。因为这些不良的学习习惯没有具体指向某人,学生分析得更透彻,对调整自己不良的学习习惯更有帮助。小纸条的内容可根据学生的实际情况去调整。

(3)心理测查环节,是为了让学生了解自己的学习态度,建议教师在这一环节,让学生说说自己养成不良学习习惯的原因。

(4)在角色扮演环节,建议重演情景剧,让学生直观地了解如何调整学习态度,思考调整过程中会遇到什么困难,以及怎样战胜困难。

(5)在团体活动中,建议让学生针对自己的一个需要调整的学习习惯写出详细的调整步骤,这样做更有利于学生调整学习习惯。如果时间允许,最好让部分学生分享他们的调整步骤。

(6)在优点大轰炸环节,建议找一些在本班影响力比较大的学生,他们更能起到榜样的作用,能更好地带动学生,形成良好的学习习惯。

**案例4:了解自己,建构有效学习方式(设计者:罗嘉欣)**

一、理论依据

建构主义认为,个体认知图式的建构,是通过个体与环境交互作用,在原有知识经验上内化、建构新的知识经验。学习是在一定的情景下,借助其他人的帮助和协作活动而实现的建构过程。学习者受到外部信息带来刺激而做出反应,并重复发生,构成一定的经验,形成一种习惯模式,并利用内化的经验做出反应。但在知识建构中,学习者需要根据环境做出一定变化,形成互动,在同化和顺应中使自己的认知结构在动态平衡中不断发展。通过设计"九宫格变两个正方形"情景,让学生在协作和会话中,发现自己在学习中的情绪和行为模式,从个体实际出发,把原有知识经验和新的知识经验进行联结,从而调整自我,形成主体意义性建构,建立对学习实践产生积极意义的经验方式。

二、设计思路和关键词

(一)目标要求

根据六年级学生的心理特点及这节课的主要内容,笔者设计了以下教学目标:

- 认知目标:了解自己与他人对"我"的不同理解,认识自己的学习形态。

- 情感目标：培养学生的互动性，提升团队协作与互帮互助的能力。
- 技能目标：掌握最有利于自身的学习方法与情绪，提升学习能力。

（二）教学对象分析

六年级已经发展成为"半大成人"，进入心理发展"狂风暴雨"时期。同时，学生面临升学，面对来自课业任务、学业成绩、学习态度和学习动机等方面的压力，特别是学业成绩对他们的影响尤为深远。而学习习惯对学业成绩的影响很明显，它是提高学习效率的诸多重要条件之一。六年级学生经过几年的学习过程，逐渐形成了固有的、普遍的小学高年级学习习惯。但并不是所有学习习惯都能使学习有序而高效地进行，本节课通过游戏，让学生了解、发现、反思自己的学习习惯，讨论并建构有效的学习方式，提高学习效率，减轻学生心理疲劳。

（三）教学内容分析指导

- 知识要点

六年级学生面临升学，尤为重视学习。但他们尚不能自觉根据自己的特点，主动及时地调整学习方法，建构有效的学习方式。于是，笔者选择了与六年级学生的实际生活联系最密切的话题——"了解自己，建构有效学习方式"，通过"九宫格变两个正方形"这个游戏帮助学生发现自己在学习中的情绪和行为模式，从而调整自我，建构有效学习方式。

- 重点及难点分析

教学重点：

（1）借助游戏，帮助学生在游戏过程中发现自己在聆听、做事、协助等方面的情绪、形为习惯特点，从而审视自我日常不自觉的学习模式，更深入地了解自我的学习状态。

（2）通过讨论和分享，对自己或他人的学习模式做出具象的评价，并从中找到建构有效学习方式的方法。

教学难点：

（1）在游戏过程中发现自己平常的学习习惯和模式。

（2）反思自己的学习模式，重新建构有效的学习方式。

- 课时安排建议：一课时。

（四）内容指导

1. 教法

"活动"和"体验"是心理活动课最核心的两个要素。根据六年级学生的认知特点和心理特点，笔者采用了以下教学方法：创设情景法、多媒体教学法、案例教学法、互动体验法和游戏法。在教学过程中，笔者以多媒体为辅助教学工具，利用学生好玩、活泼的心理特点，通过九宫格变两正方形游戏，让学生体会日常学习习惯，在内心深处体会、琢磨，产生共鸣，引起反思，思考方法。同时，游戏有助于激发学生的学习兴趣，提升学习的积极性。

为了让学生更好地完成游戏，笔者给每个学生准备了一扎小棒。还在课前找了本班的几位同学拍了几段常见不良学习状态的视频，这一亲切熟悉的情景，可引起学生共鸣，激发积极性。

在最后，通过情景，设计围绕学习为主题，共同探讨提高学习效率的方法，建构有效的学习方式蓝图。通过问题，让学生经历内心思考、内心体验，有感而发，反映出自我真实心态。

通过学生的内心体验,让学生产生心灵顿悟,调整自己的心态。活动中理解包容学生不同的心灵体悟,不妄加评论,让学生畅所欲言。

2. 学法

六年级的学生已经有一定的反省自我、评价自我的能力。本课采用了分享法、体验法和感悟法。着重引导学生把在游戏中、情景中体验到的感悟,通过交流、讨论、总结、反思分享出来,从而达到自我审视、自我提高的目的,并让学生将此感悟运用到实际生活中去指导、鞭策自己。

三、教学过程

(一) 设计意图

通过活动,让学生形成自身独特的心理体验,发现影响自己学习的因素,就自己的学习成绩、人际交往等方面寻找原因,树立正确的学习动机。通过观察他人学习行为,帮助学生反思和总结自己的学习模式,引导他们对自己的学习成绩、人际交往等进行合理的归因,建构新的学习模式,这对激发学生的学习积极性、培养良好的人格特征显得很重要。

(二) 准备要点

在整个活动中,最为关键的是九宫格变两正方形游戏,讲述游戏规则要清晰明了,重点突出,有指向性,发出指令明确,按部就班。在学生进行游戏中要细心观察学生的游戏进度和情况,并及时做记录,以便清楚整个游戏进程。游戏结束后,要对学生做出事后的心理辅导,缓解学生情绪。

(三) 过程指导

本节课教学过程,包括4个环节,分别为:①破冰游戏,提升信任;②亲身游戏,剖析自我;③观看视频,解决问题;④交流总结,双向沟通。

1. 第一个环节:破冰游戏,提升信任

破冰是指打破人际交往中的怀疑、猜忌、疏远的藩篱,就像打破严冬厚厚的冰层。为了让老师和学生之间、学生与学生之间有高度的信任感和亲切感,笔者安排了这个"破冰"游戏,帮助学生放松并变得乐于交往和相互学习。

• 欣赏别人的学习模式

师:对同学说出你最欣赏他的在学习方面的三个优点。

生A:他学习认真,作业按时上交,书写很工整。

• 欣赏自我的学习模式

师:与同学分享你的三个有效的学习方法?

生B:提前预习课文知识,课后要复习,上课要认真听讲。

游戏开始了,教室里一下子活跃了起来,笔者穿插在学生中,去聆听他们的分享。游戏不但在短时间内打破生生之间的心灵沟通障碍,而且通过对别人和别人对自己的赞美,让学生学会沟通,懂得欣赏他人,从中感受到分享的愉悦。

破冰游戏的话题是学习,紧扣这节课的主题。学生通过交流,反思了自己和他人的学习模式。从学生的分享中可以发现:上课专心认真、积极回答问题、准时认真完成作业、按时温故知新等学习态度和习惯受到普遍赞许,说明学生学习观念正确,有一定的学习素养和学习能力,但是对自己的学习模式不清楚甚至没有意识到。

2. 第二个环节：亲身游戏，剖析自我

心理健康教育的首要目的是通过开展活动，唤醒学生内心的心理体验，以达到提高心理素质的目的。"九宫格变两正方形"的游戏，就是为了让学生亲身感悟，从而发现，原来自己在游戏中的行为和情绪，就是自己平常的学习习惯模式。

• 游戏介绍

笔者先告诉学生，这是一个情商游戏，而不是一个智力游戏，也就是说，这游戏只是看看大家的学习品质，而并非看学生聪不聪明。这一介绍，把游戏的目的告诉了学生，也有助于减轻部分学生在游戏失败时所产生的失败感。

宣布游戏规则：

游戏准备：游戏需要24根小棒。每个同学会收到一扎小棒，里面或多或少，当你不足或者多于24根小棒时，可以举手示意。老师会增加或取回你的小棒。

游戏步骤一：当老师发出第一个步骤的指令时，请你把24根小棒摆成9个小正方形。摆好后举起你的右手，当老师拍你的肩膀时，你就可以放下手，静静等待第二个步骤。

游戏步骤二：当老师发出第二个步骤的指令时，请你抽出8根小棒，使刚才的图形变成两个正方形，完成的同学请举起你的左手。老师认为你做得正确，将打乱你所摆的图形，然后你可以收好小棒；如果没有打乱，说明你做得不正确，请继续努力。

游戏步骤三：当老师发出第三个步骤的指令时，还没有完成的同学可以举右手，请求已经完成的同学给予帮助。支持者可以离开座位，但要做到不出声、不做手势、不点头或摇头，当求助者拿对一根小棒时，可以鼓掌示意正确，直到对方做对为止。

• 进行游戏

学生按教师指令进行游戏。而笔者会仔细观察每一个孩子在游戏中的各种状态，并将其记录下来。

• 分享与感悟

游戏结束，请与大家分享一下，你在游戏过程中的情绪、心理活动、操作方法、疑惑等等。

在这个环节里，笔者会根据学生的回答，相机引导学生就自己在游戏过程中所产生的情绪、行为、心理活动等反思平常的学习模式，从而发现自己在学习过程中的不良情绪或习惯。学生的反应和笔者的引导如下。

在游戏过程中，进入步骤一时，部分同学无法继续进行游戏。因为在游戏准备阶段，没有数清小棒数目，小棒缺少或多余造成其无法拼出指定的图案。反映在学习模式中，学习前的准备不够细致，容易忽略学习前的细节末枝，造成学习效率低下，学习效果与预期有落差，从而打击信心。要重视学习前知识的准备和状态的调整，并落到实处。好的开始是成功的一半。

在第一个步骤进行时，出现两种特别情况：一个是完成九宫格，举起手却迟迟没等到老师过来拍肩膀；二是拼不出九宫格图形，拼成其他图形。第一种情况的出现原因在于还没等待老师发出第一步的开始指令，就动手拼图形，违反了游戏规则。这种情况折射到平常学习中，表现为较为急躁，经常急着把作业完成，却没有如期完成。第二种情况的出现原因是由于在老师讲解游戏规则及九宫格形状时，只顾着听，没有看到屏幕图例，在学习过程中经常出现顾此失彼的情况，不能做到耳、心、眼、行同步。通过该游戏，让学生感悟到，当接到学习任务后,先要理清思路,按部就班,做到耳到、心到、眼到、行到,做到全身心投入学习中去。

完成第一步的同学继续进行游戏的第二步骤,结果为数不多的同学能够自主完成进入第三步。第二步进行中出现以下状况使游戏不能持续:①移动了小棒,拼成了两个正方形;②怎样也想不到该如何拼凑,由于着急,思路变得更凌乱;③受到身边成功者的影响,对自己失去信心,积极性受挫;④游戏者成功取出八根小棒,举起右手等待老师来打乱小棒,却没有等来老师的回应。

游戏规则规定在不移动原图形情况下,只"抽走"8根小棒,并在拼成正确图形后举起左手示意打乱小棒。所以这也侧面反映游戏者在平常学习中审题不够认真,忽略细节,没有能正确理解题目的要求,总认为差不多就可以,导致在作业和考试中出现错答、漏答、少答现象。在游戏中出现情感因素,同样的同学在学习中遇到难题会着急,心情烦躁,反而欲速则不达。当看到别人取得解决方法,自己感到失落,信心受挫,学习热情降低。面对这种情况,必须让端正学习态度和建立学习信心,重视细节、关注细节,认真审题,细读题目要求,字字必究,同时遇到难题要冷静,只有冷静,大脑才能进行正常思考,最后大声对自己说:"相信我能行!"

完成第二步后,有一部分被打乱小棒的同学却没有成功完成任务,原因是被成功的喜悦冲昏了头脑,没把小棒收起来。在学习中收获成功常常会带来喜悦,同时也要注意,骄傲情绪的滋生,往往会使人放松对自己的要求,结果导致止步不前或者退步。学习中要保持平常心,明白"骄傲使人退步,虚心使人进步"的道理,戒骄戒躁。

游戏进行到第三步时,游戏者可以请求完成的同伴协助,同伴只能给以掌声示意。大部分同学在这个时候总是会忍不住询问或者等待同伴,希望得到最直接的答案帮助。学习中有许多困难,大部分同学都会习惯性依赖他人,不会做的题目抄袭或者直接让同学告诉答案。学习是一个自我修炼的过程,应懂得自己努力尝试解决难题,摆脱直接依赖他人的惯性,即使寻求帮助,应该获得的是解题思路,而不是简单答案。

比如说这个孩子,他非常聪明,很快就把九宫格摆好,然后举起右手来等待我的反应,而我多次在他面前走过时都没有去拍他的肩膀,令他既焦急又疑惑。

生C问:为何不拍他的肩膀?

师:因为他违反了其中一个游戏规则,那就是还没等老师说开始步骤一,他就迫不及待地开始摆九宫格了。

生C:其实我听见您说要等口令再开始摆小棒,但我很想快点把九宫格摆好,就没顾得上那么多了。

师:请你回想一下,你在学习时,也会有这种迫不及待的表现吗?

生C:有,每回做作业或测验的时候,我心急想快点完成,就会一拿到题目就开始做,也没有细细地去审题,或者考虑清楚再动笔,所以每次作业都得不到满分。

师:你在游戏中的状态折射出了你平常的学习模式,那你觉得自己有可以改进的地方吗?

生C:当然可以改进了,以后我要把步子放慢一些,不着急,理清思路再开始学习,效果一定可以更好。

在整个分享过程中,学生们就是在分享自我感受—明白其中原因—反思学习状态—寻找改进途径—重新建立模式的过程中,逐渐认识自我,剖析自我,从而帮助自己建立良好的学习模式。最重要的是在这个环节中,充分体现了学生的自主性,把发现问题、解决问题的权利全部归还给学生。让学生学会自我剖析、自我调适、自我疏导,最终达到"助人自助"的最高境界。

3. 第三个环节:观看视频,解决问题

学生通过反思自己在游戏中的表现,从而发现了存在的错误模式,那么该如何解决呢?笔者安排了三段学生最常见错误学习模式的视频,让学生在帮助他人的同时,达到教育自我、提升自我的目的。

- 引入

A同学很苦恼,他的学习成绩总是不能得到提高,请同学们看看他在学习时的一些视频片断,帮他诊断一下他的学习模式有什么不对的地方? 并给他一些建议。

- 观看情景片断

情景一:A学生在做作业,桌子上放着一些小玩具,他做一会儿,玩一会儿。旁边走来几个同学在议论昨晚的动画片,他忍不住放下作业,也和这几位同学聊了起来,作业却被晾在了一边。

情景二:A学生在听老师讲课,老师才讲了一部分内容,他却在心里想,哎,老师讲的我都知道了,不听也可以。结果,老师一提问,他什么也答不出来。

情景三:A学生在做作业,有一道题怎么也做不出来,旁边有位同学看到了,问他是否需要帮助,他说好。但那位同学在帮助他的时候,他却不虚心接受。

- 分组讨论

学生结合在游戏中的发现,想方设法帮助A同学提高学习成绩,从而建立良好的学习模式。

师:同学们,结合刚刚游戏中的状态,你有什么好方法帮助A同学提高学习成绩?

生:专心,用心和眼睛完成学习内容,再去放松。

生:要坚定,排除自己内心的杂念和外来的诱惑。

生:还要懂得不耻下问,不要不懂装懂。

生:上课认真听讲,多举手发言,参与讨论。

心理活动课还要达到的一个目标就是教会学生了解或掌握一些心理保健的方法和技巧,让学生学会自我剖析、自我调适、自我疏导,甚至自我宣泄等,最终达到"助人自助",这是心理健康教育所追求的最高境界。为此,在这个环节中,笔者通过情景法,结合游戏中的发现与反思,紧密、有效地解决学习中的实际问题。通过分组讨论,让学生自主找出解决方法,培养学生的团队合作能力。

4. 第四个环节:交流总结,双向沟通

梳理归纳能更好地帮助学生巩固在这节课中的所得。笔者在最后安排了交流总结、双向沟通这一环节。

同学们真棒,可以结合自己的实践及在刚才游戏中的感悟,给A同学提出了许多很好的建议,老师把同学们的建议归纳为以下几点:

方法之一:运用积极目标的力量。

方法之二：要有培养专心素质的自信。
方法之三：善于排除外界的干扰。
方法之四：善于排除内心的干扰。
方法之五：处理好学习与休息、玩耍的关系。

通过梳理归纳，提炼了学生的建议，并做出简单讲解，方便学生建立良好的学习模式，而谈收获能更好地帮助学生巩固在这节课中的所得。

四、教学建议

这节课，笔者的设计充分体现了心理健康活动课中提倡的以学生为主体的原则，整个过程让学生多想、多动、多参与、多感悟、多想办法，而教师没有作过多的讲述、讲解。这节课所有的学生都参与了体验与分享，这种让学生自得自悟的方式显然要比教师直接给出答案有意义得多，体会也深刻得多。相信学生能自主地发现学习中一些不自觉的学习模式，也必定能自主地调整方法，从而建构有效的学习方式。但在教学内容设计中，还存在诸多不足，比如课堂教学时间有限，部分学生未能积极主动地分享自己在游戏中的困惑，使教师不能及时地疏导其情绪和状态。因此，笔者还需要课后找个别学生进行针对性谈话和辅导。此外，由于班级学生过多，不可能关注每个学生在游戏中的状态。

## 学习行为综合评定量表

什么是学习行为？学习行为指的是学习过程中产生的与学习相关的行为。对于此，学者冀芳在《不同课程形态课堂教学中学生学习行为的个案研究》中有更详尽的阐述。

(1) 学习行为是指学习过程和学习活动。

(2) 学生的学习过程是一系列学习行为的发生和发展过程，包括由学习动机到实现学习目标这一过程的一切行为活动。学习行为是学生和环境相互作用的产物和表现。

(3) 学习行为是指学习者在学习过程中所采用的行为形式与方法，它是学习者的思绪、情感、情绪、动机、能力及运作程序的具体行为表现，是学习者在特定情景下的学习活动的具体化和现实化。

(4) 学生学习行为是指学生在获取和应用知识过程中表现出来的个性特征，这种特征在不同的学习阶段存在一定差异。

研究者刘淳综合以往国内外研究，编制了信效度良好的《小学生学习行为综合评定量表》，该量表由6个分量表组成，共63题，包括学习动机、学习策略、学习偏好、学习焦虑、学习满意度和学习态度。

小学四至六年级学习行为调查问卷

姓名：　　　性别：　　　独生子女：①是　②否
年级：　　　班级：　　　学校：
亲爱的同学：

你好!

谢谢你支持我们的问卷调查。你的认真回答对于我们的调查研究很有价值。下面是一些描述大家学习情况的句子,请你仔细阅读每一个句子,然后根据自己的实际情况,在最合适的答案上打"√"。每个句子后面都有两个选项:"①是,②否",你只能选择其中的一项,答案本身没有对错好坏之分,并且你的回答仅供本研究使用,对他人绝对保密,所以请根据自己的真实情况作答。

本问卷共63道题目,请仔细作答,不要漏题。谢谢合作!

1. 让班里的其他同学认为我的成绩很好,这对我来说很重要。① ②
2. 我喜欢有挑战性和难度高的作业,因为这些作业能显示自己比别人学习更好。① ②
3. 在课堂上,我是唯一能回答老师问题的学生,所以我非常高兴。① ②
4. 我喜欢做那些大部分同学都不会做的题目。① ②
5. 对于同学们不明白也不会做的事情,我想由我一个人来做,并且出色地完成它。① ②
6. 如果有人说我不聪明,我认为只要我努力学习就可以改变人家的看法。① ②
7. 我尝试用关键词(几个重要的词)把所学的基本概念表达出来。① ②
8. 我会有计划地复习。① ②
9. 我把学校里所学的知识同实际生活联系起来。① ②
10. 遇到新的学习内容时,我会及时提醒自己注意那些已经学过的内容。① ②
11. 我在上课之前都会预习。① ②
12. 我尽量抓紧时间学习。① ②
13. 我常发现自己不知道该学些什么,也不知道该从哪儿学起。① ②
14. 我试图记住老师上课所讲的或教材中所写的解决问题的过程。① ②
15. 为了确保自己弄明白所学的内容,我会向自己提问。① ②
16. 我总是要把很多的时间用在新知识的学习上。① ②
17. 学习时,我喜欢让MP3、电视机等音响设备开着。① ②
18. 在学习走神时,我会努力使自己专心。① ②
19. 当我对某个问题不确定时,我就去问老师。① ②
20. 解题时,如果一种方法行不通,我就会换另一种方法。① ②
21. 我总是给自己出一些问题来帮助自己专心地阅读。① ②
22. 语文课很生动。① ②
23. 学好语文,长大后我可以成为知识丰富的人。① ②
24. 为了读语文课外书,我宁可不看电视。① ②
25. 我上语文课时说小话。① ②
26. 语文课有太多作业。① ②
27. 我上数学课开小差。① ②
28. 我解数学题的能力强,解得快。① ②
29. 上数学课时,我的思维很活跃。① ②

30. 上数学课时,我不做小动作。① ②
31. 我特别喜欢语文课。① ②
32. 我喜欢与同学讨论,这样我会理解得更好。① ②
33. 学习时,我对周围环境的要求很高,别人说话都会影响我。① ②
34. 我喜欢在安静的环境里学习。① ②
35. 我喜欢独立思考。① ②
36. 在课堂上,我喜欢自己动手解决学习问题。① ②
37. 我喜欢用不同的方法解决老师提出的问题。① ②
38. 我会给自己制定一个学习时间安排表。① ②
39. 我喜欢把老师所讲的内容背下来。① ②
40. 当遇到不懂的问题时,我喜欢问老师。① ②
41. 上课时,大家认真听讲。① ②
42. 我认为,我们班级的课堂气氛很活跃。① ②
43. 上课时,周围环境安静。① ②
44. 老师口齿清晰,表达清楚。① ②
45. 老师讲课结合实践,形象生动。① ②
46. 老师能掌握教学重点。① ②
47. 老师积极鼓励学生参与教学过程。① ②
48. 老师批改作业态度认真。① ②
49. 学习遇到挫折时,老师鼓励我勇敢去面对。① ②
50. 班上有同学欺负我,我不喜欢去上学。① ②
51. 我在学习上遇到困难时,一般能得到同学的帮助。① ②
52. 我与同学经常相互学习,共同进步。① ②
53. 父母经常在学习上辅导我。① ②
54. 学习上父母很信任我。① ②
55. 老师教会了我们面对问题如何思考。① ②
56. 我在学习中是同学们的榜样,我很开心。① ②
57. 学习成绩代表了一个人的努力程度。① ②
58. 我喜欢学习,在学习时总是感到很高兴。① ②
59. 没有家长的督促,我也能好好学习。① ②
60. 课堂上有时思想开小差,我能很快让自己集中精力听讲。① ②
61. 我在家读书时,会准备好字典、词典或者其他参考书。① ②
62. 学习中,我喜欢做一些比较难的题目。① ②
63. 我能排除各种困难,坚持把学习搞好。① ②

参考文献:

[1]刘淳.小学生学习行为综合评定量表的编制[D].湖南师范大学,2014.

[2]冀芳.不同课程形态的课堂教学中学生学习行为现状的个案研究[D].东北师范大学,2007.

心理训练

(1) 学校将举行一个心理观摩课活动,请你为三年级学生上一节以"发散性思维"为主题的心理健康课,请你设计一节40分钟的课程。

(2) 最近某市组织了一个创新能力比赛,学校有40名学生(主要是四至五年级学生)报名参加了这个比赛,请你以"创造力训练"为主题,为参赛选手设计两节心理健康课,作为赛前培训课程。

(3) 临近期末考试了,学生们开始出现考试焦虑情绪,请你以"如何面对考试焦虑"为主题,设计一节心理健康课。

## 第二节 小学生的自我意识与人际交往

 案例分享

**某针对小学四年级学生的课程设计案例(选段)**

选题依据:

(一)《中小学心理健康教育指导纲要(2012修订)》的相关内容《中小学心理健康教育指导纲要(2012修订)》(简称《纲要》)指出,心理健康教育的主要内容包括:普及心理健康知识,树立心理健康意识,了解心理调节方法,认识心理异常现象,掌握心理保健常识和技能。其重点是认识自我、学会学习、人际交往、情绪调适、升学择业以及生活和社会适应等方面的内容。

《纲要》提出,小学中年级心理健康教育的主要内容包括帮助学生了解自我、认识自我。本课拟选取"认识自我"这一主题进行设计。

(二)知识背景

1. 自我意识

自我意识是对自己身心活动的觉察,即自己对自己的认识,具体包括认识自己的生理状况(如身高、体重、体态等)、心理特征(如兴趣、能力、气质、性格等)以及自己与他人的关系(如自己与周围人的关系,自己在集体中的位置与作用等)。它不仅包括对自己与他人相似性的认识,更包括对自己区别于他人的独特性的认识。自我意识是心理健康教育的核心,它在儿童青少年成长中起着不可估量的作用。自我意识制约着个体的情感、意志、行为和人际关系,自尊、自爱、自信是保持心理健康、走向成功的基本条件。

2. 小学生自我意识的发展趋势

(1) 小学一年级到小学三年级处于上升时期,小学一年级到小学二年级的上升幅度最大,是上升期中的主要发展时期。

(2) 小学三年级到小学五年级处于平稳阶段,年级间无显著差异。

（3）小学五年级到小学六年级处于第二个上升期。随着儿童的抽象逻辑思维的逐渐发展和辩证思维的初步发展，小学儿童的自我意识更加深刻，他们不仅摆脱对外部控制的依赖，逐渐发展了内化的行为准则来监督、调节、控制自己的行为，而且开始从对自己的表面行为的认识、评价，转向对自己内部品质的更深入的评价。

基于对以上知识的解读以及结合心理活动课的教学特点，本课教学架构如下。本课主要分为三大板块。第一板块：强调我在家里是不可替代的。第二板块：强调我在学校里也是不可替代的。第三板块：强调未来的我也是不可替代的。

对于该设计选题依据的论证过程，你是否认同？我们在进行类似主题的设计中，有何注意事项？其基本的设计思路如何？本章将着重探讨以小学生自我意识与人际交往为主题的心理健康教育课程设计的常规思路，并以此抛砖引玉。

### 学习导航

## 一、小学生的自我意识与人际交往发展特点

### （一）小学生自我意识的发展特点

自我意识的成熟标志着个性的基本形成。在小学阶段，小学生的自我意识处于客观化时期，是获得社会自我的时期。在这一阶段，小学生明显受到社会文化的影响，是角色意识建立的最重要时期。角色意识的建立，标志着儿童的社会自我观念趋于形成。小学生的自我意识发展存在两个高峰：1～3年级和5～6年级。1～3年级处于上升时期，1～2年级的上升幅度最大，是上升期中的主要发展时期，3～5年级处于平稳阶段，年级间无显著差异，5～6年级又处于第二个上升期。

随着小学生的抽象逻辑思维的逐渐发展和辩证思维的初步发展，小学儿童的自我意识更加深刻。他们不仅摆脱对外部控制的依赖，逐渐发展了内化的行为准则来监督、调节、控制自己的行为，而且开始从对自己的表面行为的认识、评价转向对自己内部品质的更深入的评价。

自我意识的发展主要分为自我概念、自我评价和自我体验三方面的发展。

**1. 自我概念**

自我概念在儿童发展的多个方面有重要作用。儿童教育的目标之一就是帮助儿童形成积极的自我概念。小学儿童的自我描述反映其对自我的认识，同时，小学儿童的自我描述是从比较具体的外部特征的描述向比较抽象的心理术语的描述发展。随着年龄增长，儿童从最初对个人的和才能的简单抽象认识，逐步形成社会的自我、学术的自我、身体的自我等不同的层次。研究发现，当回答"我是谁"的问题时，小学低年级学生往往提到姓名、年级、性别、家庭住址等，而到小学高年级后，儿童开始试图根据品质、人际关系以及动机等特点来描述自己。不过即使如此，小学高年级学生的自我认识仍带有很大的具体性和绝对性。

**2. 自我评价**

进入小学之后,儿童能进行评价的对象、内容和范围都进一步扩大,自我评价能力逐步发展起来。随着年级的升高,儿童的自我评价的独立性逐步提升,逐步减轻对他人评价的依赖性。同时,从比较笼统的评价逐步发展成对自己个别方面或者多方面的正负评价。在整个小学阶段,儿童自我评价的稳定性在逐步加强,其抽象概括能力和对内心世界的评价能力在迅速发展。另外,研究发现,高自我评价的学生更具有创造性,更快被团体所接受并成为领导者,更为自信、坦率,愿意表达自己的意见,善于接受批评,学业成绩也较好,相反,低自我评价的儿童往往比较孤独,有不良的行为习惯且学习成绩不好。

**3. 自我体验**

自我体验主要是自我意识中的情感问题,包括对自己产生的各种情绪情感的体验。在小学阶段,自我体验的主要表现形式是儿童的自尊心,自尊心强的儿童往往对自己的评价比较积极,反之,缺乏自尊心的儿童往往容易自暴自弃。

### (二) 小学生人际交往的基本特点

和幼儿相比,小学儿童的交往对象同样主要是父母、教师和同伴,但其交往关系、性质与幼儿有完全不同的特点。随着小学儿童的独立性与批评性的不断增长,小学儿童与父母、教师的关系从依赖开始走向自主,从对成人权威的完全信服到开始表现出富有批判性的怀疑和思考。与此同时,具有更加平等关系的同伴交往日益在儿童生活中占据重要地位,并对儿童的发展产生重大影响。

小学生的人际交往是小学生社会化的重要发展部分。其中,同伴关系是人际交往中最主要的内容。和幼儿相比,小学儿童相互交往频率更高,交往形式也更加复杂化,共同参与的社会活动也进一步增加,而且其社会交往也更具有组织性。小学儿童的行为特征和社会认知是影响同伴交往的主要因素。在整个小学阶段,小学儿童的社会认知能力得到发展,他们能更好地理解他人的动机和目的,能更好地对他人进行反馈,更加善于利用信息来决定自己对他人所采取的行动,同时更加善于协调与其他儿童的活动,开始形成同伴团体,因而其同伴间的交流更加有效。小学儿童对友谊的认识也是逐渐发展的,低年级儿童认为朋友就是一起玩耍的伙伴;中高年级的儿童强调相互交流和相互帮助,认为忠诚是朋友的重要特征,且朋友关系是比较稳定的。此时儿童选择朋友的理由包括他们的积极人格特点,如勇敢、善良或者开朗,以及志趣相投。

## 二、课程设计的基本思路

### (一) 设计理念

根据心理健康教育活动课程目标的细分,本章的课程目标是协助学生了解自己的能力、兴趣爱好、气质和性格特点,了解自己的优势与不足,达到正确的自我认识与自我悦纳;协助学生认识所处环境,学习人际交往技巧,发展良好的社会适应性和人际关系,协助学生培养坚强的意志力和乐观进取的人生态度,发展健全的人格和健康心理。

其中,自我意识的培养是健康人格的基础。因为,任何人的成长都是外在自然和社会规则内化为人的内在心理特质的过程,这个内化过程的最高境界就是自我教育。只有建立完整的自我意识,才能真正促进学生成长。因此,认识自我、悦纳自我、有自我控制力既是心理健康教育的基本内容,更是心理健康的重要指标。因此,我们要重视对学生自我意识方面的教育,尤其是自我认识、自我体验、自我调控这三个部分之间的相互作用和相互影响,以及学生在认识自我中常有可能存在的误区,等等。

人际关系是指人际交往中由于相互认识和相互体验而形成的以感情亲疏为特征的直接心理关系,它表现为交往双方心理相容或心理冲突的主观体验状况,是构成人类社会最普遍、最直接的关系。人际交往可以促进人与人之间相互沟通理解、调节身心状态、增强责任感。良好的人际关系能够帮助学生不断适应生活环境,理解生活的意义,养成良好的习惯与品质。一个具有健康人格的儿童会拥有许多亲密的同学和朋友,善于参与范围较广的活动,与人相处时的诚恳、热情、尊重、信任等积极态度多于嫉妒、怀疑等消极态度。而且能够尽力遵循理性和公正的原则,正确认识自己和他人的情绪,能营造和谐的群体气氛。和谐的人际关系既是人格健康水平的反映,同时又影响着健康人格的形成发展。

## (二)理论依据

### 1. 埃里克森的心理发展观

在埃里克森看来,社会和文化为发展中的个体呈现了随年龄而变化的特定挑战。他认为,人们的成长经历了八个明显不同的阶段,每一个阶段都以人们必须解决的冲突或危机为特征。我们努力解决这些冲突的体验引导着我们发展出持续终生的自我意识。因此,埃里克森提出了心理发展八阶段。

第一阶段:信任对不信任(0~2岁)。获得信任感和克服不信任感,体验希望的实现。

第二阶段:自主对羞怯与怀疑(2~4岁)。获得自主感,克服羞怯和疑虑,体验着意志的实现。

第三阶段:主动对内疚(4~6岁)。获得主动感,克服内疚感,体验着目的的实现。

第四阶段:勤奋对自卑(6~12岁)。获得勤奋感,克服自卑感,体验着能力的实现。

第五阶段:同一性对同一性混乱(12~18岁)。建立同一感,防止同一混乱感,体验着忠诚的实现。

第六阶段:亲密对孤独(18~25岁)。获得亲密感,避免孤独感,体验着爱情的实现。

第七阶段:繁殖对停滞(25~50岁)。获得繁殖感,避免停滞感,体验着关怀的实现。

第八阶段:完善对绝望(老年期)。获得完善感,避免失望感,体验着智慧的实现。

其中,小学儿童的自我发展主要处于第四阶段,主要围绕能力而展开。勤奋对自卑阶段从6岁持续到12岁,其特征是儿童为了应对由父母、同伴、学校以及复杂的现代社会提出的挑战而付出努力。随着年龄的增长,小学儿童不仅要努力掌握学校要求学习的大量知识,还要找到自己在社会中所处的位置。如果这一阶段顺利度过,儿童将拥有一种掌握感和熟练感,并伴随逐渐增长的能力感。反之,若度过该阶段有困难,则儿童会获得一种失败感和自卑感,随后可能在学业追求和同伴交往中退缩,表现出较低的兴趣和取胜动机。另外,研究发现,小学儿童勤奋感的获得对掌握感和熟练感的建立有着持久的影响,儿童期勤奋感与成年期成功之间的关系比智力或者家庭背景与成年期成功的关系要密切得多。

**2. 儿童观点采择能力的发展**

观点采择是指儿童能采取别人的观念来理解他人的思想与情感的一种必需的认知技能,是自我意识发展的重要组成部分。

1) 弗拉维尔关于儿童观点采择能力的发展模式

第一,存在阶段。儿童了解他人具有与自己不同的观点、经验和知识等,并了解到这种区别是客观存在的,在这个阶段中,交融着自我中心和非自我中心的两种表现。

第二,需要阶段。儿童产生推断他人观点、意志等需要,而且这种需要经常是指向人际交往中的某种具体目标的,如试图去说服别人等。

第三,推断阶段,儿童心理的操作内容已超过了手头的信息,即能根据当前线索对他人较隐蔽的心理活动进行推断。

第四,应用阶段,儿童能应用通过推断所获得的信息,决定自己下一步的行为。

2) 塞尔曼关于儿童观点采择能力发展的阶段模式

阶段0:自我中心或无差别的观点(3～6岁)。儿童不能认识到自己的观点与他人不同。

阶段1:社会信息角色采择(6～8岁)。儿童开始意识到他人有不同的观点,但不能理解其产生的原因。

阶段2:自我反省式角色采择(8～10岁)。儿童能认识到即使面临同样的信息,自己和他人的观点也可能会冲突,已经能考虑他人的观点,但还不能同时考虑到自己和他人的观点。

阶段3:相互性角色采择(10～12岁)。儿童能同时考虑自己和他人的观点,能以一个旁观者的身份对事件进行解释。

阶段4:社会和习俗系统角色替换(12～15岁)。儿童能够利用社会标准和信息去衡量和判断事件。

**3. 塞尔曼的儿童友谊发展阶段**

友谊是指与亲近的同伴、同学等建立起来的一种特殊的亲密人际关系。友谊对儿童的发展有重要影响,它为儿童提供了相互学习社会技能、交往、合作和自我控制,以及体验情绪和进行认识活动的机会,并可为儿童提供情感支持,消除儿童的孤独感,提升儿童的自尊,为以后的人际关系奠定了基础。

小学儿童已经很重视与同伴建立友谊。儿童友谊的发展表现在亲密性、稳定性和选择性等方面。随着儿童年龄的增长,友谊的特性也不断发展变化着。美国著名儿童心理学家塞尔曼认为,儿童友谊的发展有五个阶段。

第一阶段(3～7岁):儿童还未形成友谊的概念。儿童还没有形成友谊的概念,儿童间的关系还不能称之为友谊,而只是短暂的游戏同伴关系。对这个阶段的儿童来说,友谊就是一起玩,朋友往往与实利和物质属性以及时空上的接近相关联。认为朋友就是与自己一起玩的人,与自己住在一起的人。

第二阶段(7～9岁):单向帮助阶段。这个阶段的儿童要求朋友能够服从自己的愿望和要求。如果顺从自己就是朋友,否则就不是朋友。

第三阶段(9～12岁):双向帮助但不能共患难的合作阶段。儿童对友谊的交互性有一定的了解,但是仍具有明显的功利性。

第四阶段(12~15岁):亲密共享阶段。小学儿童发展了朋友的概念,认为朋友间可以相互分享,朋友间要互相保持信任和忠诚,甘苦与共。儿童出于共享和双方利益而与他人建立友谊。在这样的友谊关系中,朋友间可以倾诉秘密、讨论、制订计划,互相帮助,解决问题,但是此时的友谊具有强烈的排他性和独占性。

第五阶段(15岁以后):自主的共存阶段,是友谊发展的最高阶段。它以双方互相提供心理支持和精神力量,互相获得自我的身份为特征。由于择友更加严格,所以建立起来的朋友关系持续时间都比较长。

以上阶段的变化反映了儿童随年龄的增长,对友谊有着不同的理解。对小学儿童而言,最初(小学一、二年级),儿童只是根据一些表面的行为和关系来定义朋友,认为朋友就是住得较近、有好玩的玩具、喜欢与自己一起玩、玩自己喜欢的游戏的同伴。到后来(小学四、五年级),慢慢发展为将友谊视为更抽象的相互关心、共享情感、互相安慰的内在关系,认为朋友就是互相支持、互相忠诚、合作、彼此不打架。最后(开始于小学五年级),儿童将友谊看成是可以进行自我表露和倾吐彼此秘密的特殊同伴关系,朋友就是有共同兴趣、互相了解、互相透露个人小秘密的人。

在小学阶段,儿童都喜欢选择同性而不是异性朋友,因为在小学儿童看来,同性朋友可以分享共同的兴趣,并从中获得快乐。此外,女性好朋友间比男性好朋友间更注重人际关系,因而也更愿意分享彼此的秘密,而男性好朋友间则更看重活动本身及其成就。

### (三) 设计重点

根据《中小学心理健康教育指导纲要(2012年修订)》,结合小学生不同发展阶段的特点,自我意识与人际交往专题设计重点也有所不同。

小学低年级主要包括:培养学生礼貌友好的交往品质,乐于与老师、同学交往,在谦让、友善的交往中感受友情;使学生有安全感和归属感,初步学会自我控制;帮助学生适应新环境、新集体和新的学习生活。

小学中年级主要包括:帮助学生了解自我,认识自我;树立集体意识,善于与同学、老师交往,培养自主参与各种活动的能力,以及开朗、合群、自立的健康人格;帮助学生建立正确的角色意识,培养学生对不同社会角色的适应;增强时间管理意识,帮助学生正确处理学习与兴趣、娱乐之间的矛盾。

小学高年级主要包括:帮助学生正确认识自己的优缺点和兴趣爱好,在各种活动中悦纳自己;开展初步的青春期教育,引导学生进行恰当的异性交往,建立和维持良好的异性同伴关系,扩大人际交往的范围;积极促进学生的亲社会行为,逐步认识自己与社会、国家和世界的关系。

根据上述规范化要求,本专题内容的具体界定如下。自我意识教育主要表现为,在认识过程中,培养小学儿童客观以及全面认识自我、评价自我和悦纳自我,在情感过程中就是自尊、自信、自爱,在意志过程中就是努力发展身心潜能,提升抗挫折能力。人际关系教育主要包括,学习人际交往技巧,养成良好的人际交往品质,包括倾听、尊重、换位思考、合作、分享、合理拒绝等等,旨在帮助小学儿童发展良好的人际关系,做一个受欢迎的小学生。

## 知识链接 4-1
### 教育中的心理效应之"增减效应"

在人际交往中,我们总是喜欢那些喜欢我们的人,总是不喜欢那些不喜欢我们的人。然而,人是复杂的,其态度不是一成不变的,当对方对我们的态度在喜欢与不喜欢之间转变时,我们会有什么样的反应呢?为此,心理学家们做了一系列的实验。其中有这么一个实验:被试有八十名大学生,将他们分成四组,每组被试都有七次机会听到某一同学(心理学家预先安排的)谈有关对他们的评价。其方式是:第一组为贬抑组,即七次评价只说被试缺点不说优点,第二组为褒扬组,即七次评价只说被试优点不说缺点;第三组为先贬后褒组,即前四次评价专门说被试缺点,后三次评价则专门说被试优点;第四组为先褒后贬组,即前四次评价专门说被试优点,后三次评价则专门说被试缺点。当这四组被试都听完该同学对自己的评价后,心理学家要求被试各自说出对该同学的喜欢程度。结果发现,最喜欢该同学的竟是先贬后褒组而不是褒扬组,因为该组被试普遍觉得该同学如果只是褒扬或先褒后贬均显得虚伪,只是贬抑显得不客观,而先贬后褒则显得客观与有诚心。

实验的结果,使心理学家们提出了人际交往中的"增减效应",即我们最喜欢那些对我们的喜欢显得不断增加的人,最不喜欢那些对我们的喜欢显得不断减少的人;一个对我们的喜欢逐渐增加的人,比一贯喜欢我们的人更令我们喜欢他。当然,我们在人际交往中不能机械地照搬"增减效应"。因为我们在评价人时,所涉及的具体因素很多,仅靠褒与贬的顺序变化不能说明一切问题。倘若我们评价人时不根据具体对象、内容、时机和环境,都采取先贬后褒的方法,往往会弄巧成拙。尽管如此,这种"增减效应"仍然有其合理的心理依据:任何人都希望对方对自己的喜欢能"不断增加"而不是"不断减少"。不是吗,许多销售员就是抓住人们的这种心理,在称货给顾客时总是先抓一小堆放在秤盘里再一点点地添入,而不是先抓一大堆放在秤盘里再一点点地拿出……

诸位老师,我们在评价学生时难免将学生的优点和缺点都要说一番,可往往是采用"先褒后贬"的方法,其实这是很不理想的评价方法。我们不妨运用"增减效应",这或许会增强评价的效果:当你评价学生时可以先说学生一些无伤尊严的小毛病,然后再恰如其分地给予赞扬……

(资料来源:http://wenku.baidu.com/link? url=5pbzBZ0JTMYI-Tw5LRby_-YkD-jUU_uJe-iR9ATxIdw0o-Lik1jgFLPevomd-Wkthp1u1QOPNr6KU7OlRNIksMkV_JI1Oa_B_Xl8MF-yMfK.)

## 三、课程设计的案例分享

**案例1:不一样的你我他(设计者:周琼)**

**一、理论依据**

自我意识是对自己身心活动的觉察,即自己对自己的认识,具体包括认识自己的生理状况(如身高、体重、体态等)、心理特征(如兴趣、能力、气质、性格等)以及自己与他人的关系(如自己与周围人相处的关系,自己在集体中的位置与作用等)。自我意识具有意识性、社会性、能动性、同一性等特点。自我意识的结构是从自我意识的三层次,即知、情、意三方面分析的,是由自我认知、自我体验和自我调节(或自我控制)三个子系统构成。自我意识的形成原理包括:正确的自我认知、客观的自我评价、积极的自我提升和关注自我成长。自我意识的发展过程是个体不断社会化的进程。小学生的自我意识不是头脑中固有的,而是从比较模糊逐渐趋向清楚,从比较片面逐渐趋向多面,从主要依靠成人的指点逐渐趋向积极主动。

**二、设计思路和关键词**

(一)目标要求

- 认知目标:帮助学生感受人的不同,了解自己与众不同。认识到每个人无论是外观还是在内在都不一样,每个人都是独一无二的个体。
- 情感目标:初步培养学生理解、尊重和接纳他人的品质,促进学生培养和谐的人格。
- 技能目标:帮助学生通过具体的活动,认识到世界上没有相同的两个人,不同的人不管外表还是内在都不一样。比如:不同的外表、性格、选择和想法等。

(二)教学对象分析

本课适合小学中年级(3~4年级)的学生,小学中年级的学生思想比较单纯,在对自己的认知方面,往往存在着一定的盲点,无法正确、全面地认识自我,对自我的认知非常片面。他们从众心理比较严重,容易受到外界的影响而对自己感到不满或自卑。比如,在意教师的评价,在学校常常以教师表扬的人作为自己学习的榜样,样样都追求一致,从而失去自我。再比如,在意家长的评价,经常在家长夸奖别人的长处时,表现出羡慕,因自己无法达到父母的期望而否定自我,等等。

每个人对自己的意识不是一生下来就有的,而是逐步形成和发展起来的。人首先形成对外部世界、对他人的认识,然后才逐步认识自己。自我意识是在与他人交往的过程中,根据他人对自己的看法和评价而发展起来的,这个过程在我们一生中一直进行着。

(三)教学内容分析指导

- 知识要点

通过"听音辨人"、"奇思妙想"两个具体的活动认识到不同的人有不同的外在、不同的性格、爱好和想法等;接着利用"我的五句诗"让学生进一步深刻认识自己与其他人的与众不同;最后通过"我们该如何相处"这个思考环节,引导学生学会如何跟不同的人正确相处。

- 重点及难点分析

本教案的重点:引导学生在活动中感受人与人之间所存在的差异;让学生学会正确、全面地看待自己的优缺点。

本教案的难点：在了解到大千世界、人各不同之后，学会怎样与人相处。很多同学经常在学校发生打架等行为，就是不懂得如何与别人相处。相信通过本节课的学习，他们会对如何跟同学相处有进一步的了解。

- 课时安排建议：一课时。

（四）内容指导

本节课，一共有5个教学环节：热身游戏、听音辨人、奇思妙想、我的五句诗、我们该怎样相处。

热身游戏：马兰开花。让学生跟着音乐的节奏，按照自己喜欢或习惯的方式围着凳子转圈。听到老师说"请你马上就开花"时，就在自己的小组找一个空位坐下。在这个环节中，学生不仅能够最大限度地放松自己，而且在活动中能感受到每个人走路的方式和姿势都不一样。以下是"马兰开花"的说词："马兰花，马兰花，风吹雨打都不怕，勤劳的人在说话，请你马上就开花。"当学生随机坐下之后，各个小组的组长就诞生了（事先在坐的凳子上做好标志），这样选取组长，避免了以"学习成绩"来定组长的做法，使每个学生更加平等地参与到课堂之中。

听音辨人：在班上随机抽取一些同学上台开口说话，其他人转过身去，闭上眼睛。猜猜声音是谁发出来的。这个环节中，相处了几年的同学很容易辨别说话的人，而且准确无误，这正是因为每个人的声音不一样。进而引出讨论：人与人之间有什么不同之处？没有统一答案、没有固定答案，同学们充分调动自己的各个感官——耳朵、眼睛、手，去感知人与人之间的差别，尊重学生最真实、最独特的感受。体会到人与人之间，从外在来看，的确存在着不同。

奇思妙想：不同的人在相同的一个圆上作画，画出来的事物会是一样的吗？在这个环节，让学生充分发挥自己的想象力，画出自己想到的事物。画完之后相互交流，会发现：没有两个同学画出来的东西是一样的，就算很像，也在某些方面不同。然后请同学拿着自己的画上台展示，进一步论证之前的想法：没有两个相同的人。这个环节，可以帮助学生体会从外在不同到内在不同的升华。

我的五句诗：既然人与人之间都是不一样的，那自己到底有什么独特之处？这时，让学生静下心来想想自己，重新认识自我。通过前面一系列的铺垫，或活泼的我，或文静的我，或能歌善舞的我，或没什么特长的我，此时此刻，不管是怎样的自己，孩子们都乐于接受，因为自己就是那么与众不同，不需要刻意去追求。这样，进一步引导学生更全面、更正确地看待自己的优缺点。

我们该怎样相处：面对着这么多与自己完全不同的个体，我们到底该怎样相处呢？问题一抛出，马上就会引起积极反应，小组内相互讨论，说说平常自己是如何和同学相处的。或许，之前有些不友善的相处方式，在一次次的讨论之后，都会得到改善。孩子们也会意识到这种方式的不妥，进而改善。整个过程，不需要老师明确提出哪种方式不友善、不合适，有了前面的铺垫和现在的讨论，相信孩子们很容易就能领悟到。至此，本节课结束了，但是孩子们能从本节课的学习中，找到以后与他人相处的好方法，也算是潜移默化、学有所得吧。

可以说，本节课的五个教学环节，环环相扣，由外在到内在，由浅到深，层层深入。让学生对自我的认识从片面到全面，从偏颇到正确。有利于学生树立正确的自我认识观念，也有利于培养孩子的自信心。

三、教学过程

（一）设计意图

本节课围绕着五个活动开展，在设计的时候每个活动都有其特定的意图，具体如下。

热身游戏：马兰开花。心理活动课的热身活动一般在教学中主要是起到放松心情、卸下心理防备的作用，而笔者设计的这个热身游戏，不仅能充分放松孩子们的心情，让他们的身体活动起来，也能够让他们的内心感到愉悦，而且能让每个小组在不起争执的前提下迅速地选出组长，为接下来有小组讨论的活动做好铺垫。

听音辨人：在朝夕相处了几年以后，班级的同学对每个人的声音都非常熟悉，只要同学一开口，肯定能马上听出来是谁说的。在同学之间找人上来说话，而且让每个同学都参与去听，去发现不同，远远比找老师说来得好。这也正好符合心理课中要求体验这一宗旨。这种轻松愉快的方式，也比较符合刚刚从三年级升上四年级学生的心理。

奇思妙想：心理课注重学生的活动，以及在活动中的体验、生成。刚才第一个环节里说到的不同，终究还只是"纸上谈兵"。在这个环节，笔者充分给足时间，让每个学生通过自己的亲身经历去体验，去感受每个人的不一样。当一张张五花八门的画出现在他们面前的时候，不用老师多说，事实胜于雄辩。

我的五句诗：每个人无论是长相或者声音、性格、爱好等方面肯定会存在差异。孩子们通过在自己小组内找，在全班找，都找不到两张相同的纸片，在找的过程中自然会在心里得出结论：每个人真的是不一样的。这些根本就不需要再通过老师的嘴巴讲出来。或许这个环节，教室里可能会有些吵闹，不太安静，然而，这不正是同学们从心里碰撞出来的火花吗？

我们该怎样相处：通过前面的种种活动，学生们已经能够体会到每个人的不同，也明白自己是世界上独一无二的。那么意识到了不一样，该怎么看待呢？这是本节课的落脚点，要适时地引导出学生对待与自己不同的人要学会尊重、接纳、理解、欣赏等。根据四年级学生的特点，这个环节只是初步带过，并不做过深的探讨，只要在学生心中划过、留下一点印迹就可以了。

（二）准备要点

印有"圆圈"的任务纸，每人一份。

印有"我的五句诗"的任务纸，每人一份。

（三）过程指导

1. 课前约定

当听到老师拍手时，就停下手中的活动，跟着老师拍手的节奏重复一次，并且坐在座位上，安静下来，眼睛注视老师。

尊重同学，认真倾听，不随意打断同学的发言，如果有不同的意见或看法，先举手，再发言。

2. 热身活动：马兰开花

- 游戏规则：所有的人站起来，在自己小组的凳子外面围成一个圈，随着音乐的节奏按照相同的方向，围着凳子转圈。听到老师说"请你马上就开花"的时候，就在自己的小组找一个空位坐下，并且把手举过头顶，做开花的样子，保持不动。

3. 活动一：听音辨人（6分钟）

- 活动要求：老师在每个小组中请一位同学到讲台上来说一句话，其他同学转过身去，仔细听他们说话,等他们说完,猜猜哪句话是谁说的。为什么你们眼睛根本就没看,就能猜出来是谁在说话呢?

- 全班交流:你发现了什么?(板书:"不一样"、"声音")
- 每个人除了声音不一样,你还发现有哪些不一样呢?结合自己小组成员的不同来讨论。

预设:

生1:除了声音,还有每个人身高不太一样。有些同学高一点,有些同学稍微矮一点。

生2:老师,我觉得还有喜欢的东西也不一样。比如说,我们小组的×××喜欢打篮球,而×××就比较喜欢画画。

生3:还有每个人的脾气也不一样。有的人比较暴躁,爱打架;有些人比较温和,说话做事都是细细柔柔的。比如说我们组的×××和×××。

生4:我觉得每个人的长相也不太一样。有些人的眼睛大,是双眼皮;有些人的眼睛小,是单眼皮……

生5:老师,有长得一样的人。双胞胎就长得一样。

师:哦,是吗?我们班有谁认识双胞胎吗?说说平时你是怎样区分她们的?

生1:看细节,可能她们喜欢穿不同颜色和款式的衣服。

生2:两个人的性格可能也不一样。一个比较内向,不爱说话;另一个比较外向,话比较多。

生3:说话的声音也不太一样……

生4:可能两个人喜欢吃的东西也不一样,学习成绩也不一样。(根据学生的回答板书,或者直接让学生上黑板板书)

- 教师小结:从刚才同学们的发言中,我们发现,原来没有两个完全相同的人,没有相同的你,没有相同的我,也没有相同的他。(板书:"你"、"我"、"他")就算长得几乎一模一样的双胞胎,也会存在不同。到底是不是每个人都不一样呢?接下来我们进入第二个活动。

4. 活动二:奇思妙想

- 圆上作画:组长给每个组员分发一张印有一个圆的纸片。同学在纸上画自己想象中的东西。画完之后用几个简单的词语对自己的画加以说明。在轻柔的背景音乐声中,学生开始边想象、边画。提醒同学画自己想到的内容。
- 画完之后,小组内分享。发现在本组找不到相同的两张画。在不影响别人画画的前提下,画完的同学去自己小组找一找,有没有找到两张画得完全一样,连画上的说明也是一样的画?

预设:

方案一:学生兴奋地找过后,摇摇头,表示没有找到。

方案二:有一样的。我们组有两个同学是一样的,都是画的小女孩。请上讲台,展示两人的作品给全班看,是否真的一样。即使真的画得一样,说明自己的意图的时候肯定也会不相同。

生1:老师,不一样呀,你看……

生2:就是,不一样,他们自己都有说明的。

师:是呀,这两位同学想到的都是画×××,可是画出来的结果却是不一样的。

- 全班分享,展示一部分同学的画。

- 全班交流:你发现了什么?
- 小结:在这个活动中,我们知道了每个人除了长相、声音、性格、爱好不一样,每个人的想法也不一样,根本就没有一样的两个人。既然自己那么与众不同,那自己到底有什么独特之处呢?请闭上眼睛想一想,然后写下关于自己的五句诗。

5. 活动三:我的五句诗
- 写完的同学在不影响其他同学的前提下,可以离开座位在小组里找一找,看能不能找到和自己完全相同的纸片,比较一下,哪些方面不一样;如果在小组里没有找到,也可以离开自己的座位,去全班找一找,仔细对照,哪些方面相同,哪些方面不一样。
- 教师和大家分享自己的小诗。
- 没有找到两张完全相同的纸片,你有什么想说的?

预设:

学生1:我没有在班上找到两张完全一样的五句诗,因为事实上,世界上没有完全相同的两个人。

学生2:我发现,有些同学的某些方面可能会相同,比如说我喜欢画画,××也喜欢画画。

学生3:我还发现了,有相同兴趣爱好的人比较容易相处,交朋友。

……

6. 活动四:我们该怎样和他们相处呢

我们的班级就是一个小世界,在这个小世界里也没有完全相同的两个人,那么,面对这么多不一样的人,我们该怎么做?你们平时是怎样和这么多与自己不一样的人相处的呢?

- 小组内讨论。
- 全班交流。

生1:我觉得我们可以做朋友,做好伙伴。

生2:我们可以互相包容,和平共处。

生3:我可以看别人的优点,欣赏别人。

生4:做好朋友,共同分享喜悦、快乐,共同分担痛苦……

(根据学生的回答板书,或者让学生自己写)

7. 总结
- 通过这节课的学习,你知道了什么?

生谈感受:我明白了,没有完全相同的两个人,就算长得像,其他方面也是会有差异的;我们要尊重、接纳每个不一样的个体。

- 教师总结:这节课通过几个活动,我们知道了人和人在声音、性格等各方面都是不一样的。结合大家的讨论和生活的经历,我们也明白了,面对不一样的人,我们该如何相处。相信只要我们每个人都发挥自己的长处,展现自我,生活会变得更加精彩。

(四)教学建议

在执教本课时,应该充分尊重学生的自我体验,并及时给予肯定,每次不同的体验,也正是体现"不一样"的最好方式;要将心理课和语文课区分开来,不要过分强调语文中的东西。比如在写"我的五句诗"时,不要去评价诗的内容及好坏,只要学生写出了他们对自己的认识就可以了。另外,在最后一个环节"我们该怎么相处"中,也要避免把心理课上成思想品德课,教师应始终保持中立。尤其当学生说到比如"打架"等相处方式时,不能给予否定,因为这也是某些人的一种相处方式,只能循循善诱,让学生自己感悟这种方式是否可取。

**案例2:塑造阳光的我(设计者:张小燕)**

**一、理论依据**

自我是对自己存在的觉察,即自己认识自己的一切,包括认识自己的生理状况、心理特征以及自己与他人的关系。自我就是自己对于所有属于自己身心状况的认识。如果一个学生对自己的认识有偏差,就会使自身产生不恰当的情绪和行为反应,从而影响个体的心理健康。自我意识的培养与发展是一个漫长的、循序渐进的过程,它包括许多方面认识与能力的提高。它是小学生健全人格形成的基础,是个体的身心健康得到发展的有力保证。教师要不断地探索与研究,必须结合多方面途径来帮助学生全面地了解自己,帮助学生正确地认识自我,塑造阳光的心态。引导学生学会正确地对待自己的缺点,并在努力克服困难的过程中获得成功和满足,以良好的个性迎接生活的挑战。

**二、设计思路和关键词**

(一)目标要求

- 认知目标:引导学生分辨消极自我和积极自我,并了解消极自我的危害。
- 情感目标:引导学生学会培养积极的自我。
- 技能目标:指导学生学习"换个角度看问题"、积极的心理暗示法,从而塑造阳光的心态。

(二)教学对象分析

小学生由于自身认识水平的限制,在自我认识上往往容易出现偏差,对自己的消极看法,容易形成消极的心理障碍。而自我认识上的偏差必然带来行动上的偏颇,使得他们在学习、生活中出现诸多问题,比如偏激、易怒、嫉妒、狂妄、迷惘、焦虑、害怕困难、自暴自弃等。这些消极问题的根本解决办法是帮助学生对自己的能力、价值有清醒而客观的认识,培养阳光的心态。应该说,本课教学能够让学生了解消极自我的危害,学会培养积极自我的方法。在教学中,从学生的兴趣和生活实际入手创设情景,提出问题,注重让学生从已有的生活经验出发,全面看待自己,从而发展学生的思辨能力。

(三)教学内容分析指导

- 知识要点:

(1)引导学生分辨消极自我和积极自我。

(2)引导学生了解消极自我的危害。

(3)引导学生学会培养积极自我。

(4)指导学生学习积极的心理暗示法,从而塑造阳光的心态。

- 重点及难点分析:

小学生认识、分辨什么是消极自我和积极自我后,如何针对自己的消极行为积极地做出改变,塑造阳光的自我,是本课教学的重难点。

- 课时安排建议:一课时。

(四)内容指导

准备一个典型的有教育意义的故事,拍成录像——《她应该放弃吗》,内容如下。

小蕊:李欣,电视台来学校选校园达人啦,你唱歌那么好听,快去报名啊!

李欣：我不去了,我样子不好看,长得又这么胖,不好意思上台!
小琳：没关系的!没人会笑你的。
李欣：我真的不去了,你们去吧!
小蕊、小琳：那好吧,我们先走了!

(1) 思考：录像中的李欣同学怎么啦?你有过类似的经历吗?你想对李欣同学说什么?(生回答：录像中的李欣觉得自己的样子不好看,不敢上台唱歌。我有类似的经历,记得有一次学校选校干部,我觉得自己的成绩不够优秀,没有信心去参选。我想对李欣说："你要对自己有信心,样子只是外表,心灵美才是最让人欣赏和敬佩的,你唱歌那么好听,去参加肯定能拿奖的!加油!")

(2) 小结：由李欣同学的例子可知,我们应该要学会换个角度看问题。

三、教学过程

(一) 暖身运动——一起来看阳光天使

1. 设计意图

上课铃声一响,学生尚未有足够的情绪、精神准备,对本节课要探索的主题和达成的目标茫然无知,开展互动、交流、分享的氛围也尚未形成。因此,这一阶段工作的重点是"情绪接纳",充分运用课前的热身游戏,营造一种轻松和温暖的氛围,促成团体成员的初步互动,帮助团体形成一个具有凝聚力的实体。让全体学生既能打消自己的防卫心理,感到轻松愉快,又能够集中注意力,调动起学生积极参与辅导活动的情绪,增进学生之间、师生之间的信任感和凝聚力,以一种轻松自然的状态进入课堂。

2. 准备要点

用一面镜子、一个盒子和一块红色的布,制作成魔术师使用的小盒子。

3. 过程指导

师：同学们,童话故事《白雪公主》里面有一面魔镜,今天老师也带来了一面神奇的魔镜,里面藏着可爱的阳光天使,想不想上来看看?

生：想!

师：(邀请个人看、小组看)其实阳光天使就在我们心中,我们每个同学都可以成为阳光天使。今天我特别高兴,有这么多的阳光天使走进了我的阳光乐园,在这里,大家可以轻松愉快地参加老师的活动。这次我们的主题是"塑造阳光的我"。

4. 教学建议

在上课开始,让学生产生神秘感,活跃课堂气氛,达到激发学生学习的兴趣。

(二) 游戏——猜猜我是个怎样的人

1. 设计意图

第一次给学生上课,学生对老师并不熟悉,此环节让学生通过玩游戏在短时间内了解老师,拉近彼此的距离。同时,也教会学生如何剖析他人的特点。

2. 准备要点

教师通过语言、外貌流露自己的个性。

3. 过程指导

师：我和大家玩一个游戏好不好?这个游戏的名字叫"猜猜我是个怎样的人"!

生:好!

师:第一次给同学们上课,你们觉得我是个怎样的人?(学生猜老师的优点和缺点,教师适时引导和评价学生的回答。)

生1:我觉得老师是个开朗的人!

师:第一次见面就被你看出来了,猜对了!我的性格的确很开朗。

生2:我觉得您是个善良的人!

师:我的内心也被你看出来了,很厉害!

生3:我觉得您有时候也会不够自信。

师:孩子,我们似乎是老朋友啊,我是有不自信的时候,你真了解我!

生:……

师小结:同学们对老师并不熟悉,但是你们可以通过表象来猜我是个怎样的人,还说得这么准,老师真是佩服你们!

4. 教学建议

教师适时鼓励学生大胆地评价自己,从而为学生自我剖析作铺垫。

(三)分辨积极自我和消极自我

1. 设计意图

自我认识是主观自我对客观自我的认识与评价,自我认识是自己对自己身心特征的认识,自我评价是在这个基础上对自己做出的某种判断。正确的自我评价,对个人的心理生活及行为表现有较大影响。如果个体对自身的估计与社会上其他人对自己的客观评价距离过于悬殊,就会使个体与周围人们之间的关系失去平衡,产生矛盾,长期以来,将会形成稳定的心理特征——自满或自卑,将不利于个人心理的健康成长。自我认识在自我意识系统中具有基础地位,属于自我意识中"知"的范畴,其内容广泛,涉及自身的方方面面。自我评价是自我意识发展的主要成分和主要标志,是在认识自己的行为和活动的基础上产生的,是通过社会比较而实现的。由于学生的自我评价能力不高,因此,要提升自我评价能力,就应学会与同伴进行比较,通过比较做出评价。还应学会借助别人的评价来评价自己,学会用一分为二的观点评价自己。由于自我评价是自我认识中的核心成分,它直接制约着自我体验和自我调控,所以,对学生进行自我意识训练,核心应放在自我评价能力的提高上。

2. 准备要点

准备一叠花朵形状的卡纸、画一棵大树。

3. 过程指导

师:刚刚同学们猜了我是一个怎样的人,下面说说你们是个怎样的人?请拿出课前给大家发的那叠花朵形状的卡纸,动笔写下3个"我是一个怎样的人?"

• 出示课件:

我是一个____的人。(提示:写下你的优点、缺点,包括长相、能力、人际关系、情绪状态、性格……)引导学生大胆地剖析自己。

• 师边巡视边收起学生写好的卡片。

• 分辨积极自我和消极自我。

师:同学们对"自我"做出了评价,到底什么是积极自我,什么是消极自我呢?

(1) 积极自我就是对自己的积极看法和态度。如"我是一个自信的人"。消极自我就是对自己的消极看法和态度,如"我是一个自卑的人"。

(2) 全班进行分辨,把花朵(卡纸)张贴在成长树的左右两边。

师(边读边贴):我是一个乐观的人,这是属于积极自我还是消极自我呢?

生:属于积极自我。

师:我是一个胆小的人!

生:消极自我。

师:我是一个自信的人!

生:积极自我。

师:我是一个悲观的人!

生:消极自我。

……

师小结:同学们,如果消极自我的想法经常出现,就会给我们带来危害,阻碍个人的身心发展。那么,这些消极的想法到底会给我们带来什么样的不良后果呢?请看一个短片:《她应该放弃吗》。

4. 教学建议

此环节让学生找出自己的优点和缺点,多角度地对自己做出评价,并且能够分辨哪些自我是消极的,对我们有一定的危害,我们应该重视起来。

(四)百科搜索馆——认识消极自我的危害

1. 设计意图

心理学研究表明,消极心态可使大脑皮层处于抑制或半抑制状态,不利于思维活动的开展,不利于接受知识,也不利于进行创造性的学习。长此以往,会使人形成紧张、抑郁、焦虑、孤僻、敏感、多疑等消极情绪状态,甚至导致心理失常,影响人的身心健康。此环节让学生通过观看录像中的案例,认识消极自我的危害。所谓自我暗示,是指靠思想、词语,对自己施加影响以达到心理卫生、心理预防和心理治疗目的的方法。学习积极的自我暗示,需要坚强刚毅的意志,要对自我及自我暗示有坚定不移的信心,并在实践中进行锻炼,使自我暗示得到恰如其分的应用。通过引导学生体验积极的自我暗示,可以调理自己的心境、感情、爱好和意志,起到积极的作用。

2. 准备要点

拍摄视频,准备一个积极的心理暗示体验,准备轻音乐用于配乐。

3. 过程指导

播放视频——《她应该放弃吗》,内容如下。

小蕊:李欣,电视台来学校选校园达人啦,你唱歌那么好听,快去报名啊!

李欣:我不去了,我样子不好看,长得又这么胖,不好意思上台!

小琳:没关系的!没人会笑你的。

李欣:我真的不去了,你们去吧!

小蕊、小琳:那好吧,我们先走了!

师:看完后请同学们思考:录像中的李欣同学怎么啦?你有过类似的经历吗?你想对李

欣同学说什么？

生：录像中的李欣觉得自己的样子不好看，不敢上台唱歌。我有类似的经历，记得有一次学校选校干部，我觉得自己的成绩不够优秀，没有信心去参选。我想对李欣说："你要对自己有信心，样子只是外表，心灵美才是最让人欣赏和敬佩的，你唱歌那么好听，去参加肯定能拿奖的！加油！"

师小结：从李欣同学的例子我们可以看出，我们应该学会换个角度看问题。

师：从李欣同学身上我们可以看出，消极自我让人缺乏动力、失去目标，我们不是没有能力做好，只是我们在心里习惯性暗示自己——我不行！这是一种消极的心理暗示。老师教给大家一种积极的心理暗示法，我们一起来体验！（播放轻音乐）

师：请同学们双手自然放松地放在桌面上，以你觉得最舒服的姿势坐好。闭上眼睛，老师没有叫你睁开眼睛的时候，请你不要睁开。吸气、呼气、吸气、呼气，全身放松，再放松。现在我们打开记忆的匣子，我们已经是五年级的孩子了，回首过去，总会有不顺心的时候。或许你因为样子不好看而发愁，或许你因为成绩不够优秀而自卑，或许你因不够乐观而闷闷不乐，太多的或许……有一天，老师拿了一叠数学试卷走进教室，你的心里很紧张，心"砰砰"跳得很厉害，当试卷发到你手上的时候，呀！从来没考过这么差的成绩，你很伤心、很难过，该怎么向自己的家长交代呢？你真的很想哭！这时，请你在心里默默地念一遍："不要伤心、不要难过，我是不错的，好好找原因，下次我一定要考好！"看，阳光的你慢慢地走过来，笑得那么可爱，笑得那么灿烂。现在，你觉得自己充满了希望。请同学们轻轻睁开眼睛，把手放下！同学们在悲观、消极的时候，可以用这个方法对自己进行积极的心理暗示。

4. 教学建议

从生活中的例子入手，学生更能产生共鸣。教师创设情景现场传授积极的心理暗示法，可以让学生身临其境，感受心理暗示法的力量。

（五）出谋划策——变消极为积极

1. 设计意图

以"头脑风暴"的形式让学生寻找、交流消极变积极的方法，达到互相学习的效果。

2. 准备要点

准备一个消极评价自己的例子，卡纸，大头笔。

3. 过程指导

师：今天我们了解了"换个角度看问题"和"积极心理暗示法"，老师想考考大家会不会运用。

出示练习：有位同学这么评价自己：我的成绩很差，但是特别喜欢打球。因为家里很穷，我总是觉得同学们瞧不起我。我喜欢睡觉，他们就给我起外号，我很讨厌他们。我不善于交际，脾气暴躁，他们惹我，我就生气，还会摔东西，有一次还砸伤了一位同学。我整天都感觉很郁闷、很难受！

师：我们先在小队里展开讨论，一起来提建议，让这位同学变得积极、阳光，看哪个小队的办法最多，最有效。

生1：这位同学可以试着想想自己的优点，成绩很差并不代表什么都不好，要相信自己，通过自己的努力可以有进步的！

生2：心情郁闷的时候可以听听音乐，或者去外面散散步，放松心情！

生3：还可以找心理老师或者是好朋友聊天。

……

师小结：在实际生活中，希望同学们多用这些方法去改变消极自我。老师把这棵特别的"成长树"送给大家，班长下课后把它张贴在教室里！同学们可以把自己写的"积极自我"的"花朵"张贴上去，希望这棵成长树在阳光的照耀下绽放更多的花朵！

4. 教学建议

教师充分引导学生寻找实现积极自我的有效方法。

（六）分享巩固

1. 设计意图

此环节是让全体同学畅所欲言谈自己的收获，巩固本节课所学内容。

2. 过程指导

师：这节课同学们在老师的阳光乐园里开心吗？有些什么收获呢？我们一起来分享。

生1：开心！这节课我收获了遇到问题可以换一个角度来看。

生2：在心情不好的时候，可以爬山、运动、听音乐来放松自己。

……

3. 教学建议

教师引导学生回顾本节课所学习的内容。

（七）升华

1. 设计意图

通过师生合读，将本课教学推向高潮。

2. 准备要点

准备轻音乐及鼓励自己的话。

3. 过程指导

师：同学们，在人生的路上总会有磕磕碰碰，但阳光总在风雨后。让我们来大声告诉自己：（课件出示，师生在配乐中合读）

当你觉得样貌不如别人的时候，你可以大声告诉自己：我的内心比我的样子更有魅力！

当你觉得成绩不够优秀的时候，你可以大声告诉自己：只要我努力就一定会成功！

当你觉得自己胆小害羞的时候，你可以大声告诉自己：我很勇敢，我要改变！

站起来，站起来，站起来！走出今天的课堂，我们的内心依然铭记：我是最棒的！

4. 教学建议

教师通过激情的引语将课堂气氛推向高潮，让学生充满正能量。

（八）教师总结

希望同学们在平时多用我们今天学到的方法，正确认识自我和不断完善自我，做一个阳光又快乐的孩子，相信你的人生路会走得更加精彩！

**案例3：扬起自信的风帆（设计者：林燕玲）**

一、理论依据

自信是人对自身力量的一种确信，深信自己一定能做成某件事，实现所追求的目标，是对自身能力作肯定评价的一种积极的心理状态。自信是一个人心理健康的标志，也是一个人获得心灵成长的重要因素。拥有自信的人,对其正确的自我价值、自我尊重和自我意识的形成有着积极的推动作用。

二、设计思路和关键词

(一)目标要求

- 认知目标:认识自信的外在表现。
- 情感目标:唤起学生对自信的内在感受。
- 技能目标:培养学生的自信。

(二)教学对象分析

小学四年级的学生在心理上处于"动荡"的过渡时期,最明显的心理特点是自我意识突然萌发并逐渐增强,自信对于这个时期的孩子而言是非常关键的。然而由于能力不足以及缺乏经验,当遇到困难和挫折时,他们往往束手无策,不断的挫败容易导致自卑心理的产生,这对于学生自我认同感的发展以及身心健康发展是不利的。

(三)教学内容分析指导

- 知识要点:心理课注重学生的活动体验和感悟,有利于学生本节课通过故事、活动、分享交流,唤起学生对自信的内在感受,引发学生共鸣,体验自信。此外,心理学家告诉我们,身体的动作是心灵活动的结果,改变姿势与速度,可以改变心态。本节课引用自信范例,通过行为训练,引导学生认识自信的外在表现,让学生在对自信的内在感受和外在表现相整合的基础上,创设展示自信的平台,使得自信不知不觉内化为他们的自觉行动,从而达到逐步培养学生的自信的目标,促进学生身心健康发展。自信的培养并不是一蹴而就的,需要一个长期的过程;同时培养自信的方法和途径也很多,需要从不同的角度系统地逐步引导学生学会培养自信,这将体现在我们后续的相关课程中。

- 重点及难点分析

重点:唤起学生对自信的内在感受,认识自信的外在表现。

难点:通过展示活动,使学生培养自信。

- 课时安排建议:一课时。

(四)内容指导

在课堂的一开始让学生齐读自信名言,既能轻松自然地导入自信的话题,又能让学生从中初步感受到自信的重要性。同时,再配以简洁有力的口号"我自信,我能行",既能作为教师调控课堂秩序的一个手段,又能以积极的语言暗示学生时刻保持自信的状态参与课堂活动,一举两得!

心理课注重学生的体验和感悟,而切合学生实际的东西最能触发学生的内在感受,继而引发深层的感悟。自信是一个非常抽象的概念,如果仅让学生纸上谈兵,难免空洞。因此,第二个环节,我们以故事作为引子,让学生举例谈谈自己的自信经历,通过讨论分享,总结出让人自信的几个因素。在这个过程中,学生对自信的内在感受得以唤起,深层地认识自信的内在支撑点,为学生提供了多种途径,懂得从这些方面去培养自信。

学生自信心的培养应该是由内而外、由本质到表象的一个过程,身体的动作是心灵活动的结果,改变姿势与速度,可以改变心态。在学生对自信有了深刻的内在感受的基础上,以图片的形式展示自信的范例,让学生直观地感知自信的外在表现。老师适时小结、提供参考,将学生的直观感知提升到理性认识,让学生懂得生活中可以通过行为的训练来培养自信。

心理健康教育活动课注重通过主体性活动唤醒学生内心深处的心理体验,进而在分享交流中领悟、探索、实践,可见活动的设计必不可少。考虑到四年级的学生已经有一定的组织和表达能力,第四个环节我们设计了一个体验活动——自我介绍,为学生提供一个展示自信的舞台。学生通过练习、展示、评价,将自信的内在感受与外在表现相整合,将自信转化为自觉行动,逐步培养学生的自信,突破难点,并将本节课推向高潮!

分享也是心理健康教育活动课的重要活动之一,因此,笔者给予学生充分的时间,鼓励学生多分享活动感悟。最后,以一首激情澎湃的歌曲,让师生自信地投入到歌曲的演绎中,为学生的自信注入新的能量!

### 三、教学过程

#### (一)设计意图

自信是人对自身力量的一种确信,深信自己一定能做成某件事,实现所追求的目标,是对自身能力作肯定评价的一种积极的心理状态。自信是一个人心理健康的标志,也是一个人获得心灵成长的重要因素,拥有自信的人,对其正确的自我价值、自我尊重和自我意识的形成有着积极的推动作用。小学四年级的学生在心理上处于"动荡"的过渡时期,最明显的心理特点是自我意识突然萌发并逐渐增强,自信对于这个时期的孩子而言是非常关键的。然而由于能力不足以及缺乏经验,当遇到困难和挫折时,他们往往束手无策,不断的挫败容易导致自卑心理的产生,这对于学生自我认同感的发展以及身心健康发展是不利的。

本节课引用自信范例,通过行为训练,引导学生认识自信的外在表现,让学生在对自信的内在感受和外在表现相整合的基础上,创设展示自信的平台,使得自信不知不觉内化为他们的自觉行动,从而达到逐步培养学生的自信的目标,促进学生身心健康发展。

#### (二)准备要点

教师认真备课,并于课前了解授课班级学生的情况。

准备自信格言、故事《赞美的礼物》、自信图片4张(奥巴马自信演讲、"羊城小市长"竞选、女兵风采)、"自信勋章"若干、歌曲《我相信》、课件。

#### (三)过程指导

**1. 齐读自信名言,谈话导入课题**

师:欢迎来到我们的心理课堂!希望在接下来的时间,同学们能够积极参与,踊跃发言,能做到吗?回答得不够坚定哦!能做到吗?

生:能!

师:大家响亮的回答让老师信心满满!为了感谢同学们的支持,老师和大家分享一句名言,请你们齐读一遍。

出示自信名言:"自信,是迈向成功的第一步。"——莎士比亚

(学生齐读一遍该名言)

点睛:是的,自信是迈向成功的第一步,今天,我们来上一节与自信有关的心理健康教育活动课,扬起自信的风帆,寻找属于自己的自信!在本节课上,我们有一个帮自己加油鼓劲

的口号,当听到老师说"我自信"时,大家齐声回应"我能行",并安静坐好,明白吗?(师生自信地演习1~2次)

师:我自信!

生:我能行!

2. 分享亲身经历,唤起自信的内在感受

师:同学们真自信!我们一起来欣赏故事《赞美的礼物》,想一想,马克为什么能如此自信?

- 出示故事《赞美的礼物》。
- 提问:马克为什么能如此自信呢?

师:哪位同学来谈一谈,故事中的马克为什么这么自信呢?

生1:因为他觉得自己有很多优点。

生2:他珍视的优点单给了他自信。

师:是啊,那马克是如何知道他自己的这些优点的呢?

生3:是他的同学帮他找到的。

生4:马克那么自信是因为同学对他的赞美。

- 活动:我的自信经历

师:是的,他人的肯定让马克变得自信,那么生活中,你们是否也有让自己觉得非常自信的经历呢?接下来,请在小组里举例说说自己的一次自信经历,可以是你曾经自信地做一件自己本来不敢做的事;也可以是因为自信,你成功做到了某一件事。只要你觉得那次你是自信的,都可以。并说说,是什么原因给了你自信。

(小组长组织小组成员进行交流,师适时巡视、点拨)

师:小组长负责组织,小组成员轮流说,并且认真倾听,明白吗?好,开始!

(全班分享,师根据学生回答,进行归纳、板书)

预设有以下自信的因素:①他人肯定;②自我鼓励;③成功体验;④榜样力量;⑤自身优势;⑥准备充分;⑦追求目标。

师:看着大家说得兴高采烈,谁愿意和老师分享一下你的自信经历?

生5:有一次我参加广州市的钢琴比赛,在准备的时候我觉得很紧张,担心自己表现不好。但是后来我又一想,在比赛之前我已经很认真地进行练习了,曲子也弹得很熟练了,所以我又觉得没有那么紧张了,信心满满地参加比赛,结果拿了二等奖。

师:嗯,真棒!辛勤付出总是会有回报的!你认为那一次你能那么自信,是什么原因给了你自信的力量呢?

生5:我觉得我做好了充分的准备,我是有能力的。

师:是啊,打有准备之仗,当然就自信满满了。谢谢你的分享!其他同学呢?

生6:我记得秋游的时候,我很想玩过山车,但是看到过山车的样子,我觉得很害怕,不敢去坐。这时一个高年级的大哥哥爽快地坐上去,我看他玩得很开心,心想:"别人都可以玩,我也可以试试啊!"于是,我鼓起勇气去玩了,觉得那次自己特别自信!

师:嗯,老师也觉得那次很厉害,挑战自我,取得成功!你觉得自己为什么会那么自信呢?

生6：我觉得别人可以做的事，我只要努力应该也是可以做到的，因为这个事情其实不是很难。

师：榜样的力量是无穷的，当我们信心不足的时候，想想身边那些正面积极的例子，你会从他们身上得到自信的能量！

生7：我还记得那次老师让我当小主持人，我心里很高兴啊！但同时我又怕自己做不好让同学笑话，对自己没有信心。老师知道了我的心思，他对我说："你的语言表达能力很强、反应又很快，完全可以胜任主持这项工作的，老师相信你可以！"结果，那次我真的做得很好。

师：那你认为，是什么给了你自信？

生7：老师的话鼓励了我。

师：除了他人的赞美和鼓励，想一想，还有其他原因吗？其他同学也分析一下。

生8：因为他自己本身就很厉害，很适合当主持人。

师：说得真好！当我们去做一件自己很熟悉或者自身有优势的事情时，我们也会对自己充满自信的。

……

- 点睛：他人的肯定让我们自信，准备充分让我们自信，发挥优势让我们自信（根据学生的回答进行归纳总结）……因此，当我们信心不足的时候，不妨从这些方面找找自信，多给自己鼓励，也多鼓励别人，互相加油鼓劲！

3. 展示自信范例，认识自信的外在表现

- 课件出示图片：奥巴马自信演讲、"羊城小市长"竞选、女兵风采。

师：下面，让我们来欣赏一下自信者的风采！请同学们边看边思考：他们的自信表现在哪些地方？

- 提问：你从哪些地方感受到了他们的自信？

师：好，哪位同学来说说？

生9：从他们的手势可以看出他们很自信，动作有力。

生10：我觉得他们面带微笑，给人很自信的感觉。

生11：我觉得他们站得很笔直，很有气势，不会像那些不自信的人那样闪躲。

生12：你看图片上的这几个人物，他们都目视远方，目光坚定，一看就是非常自信的。

……

师：正如同学们所说的那样，一个有力的动作，一个甜美的微笑，一个笔直的站姿，都能让人感受到那份自信的力量。当然，自信的表现还有很多，我们一起来看看吧！

- 课件展示自信者的表现，学生齐读。

①昂首挺胸，精神抖擞。

②面带微笑，目光坚定。

③笔直站立，动作有力。

④声音响亮，语言流畅。

⑤认真坚定、勇敢快乐。

- 点睛：老师发现，大家刚才齐读的时候，声音响亮、精神抖擞，展示了你们的自信！是啊,心理学家告诉我们,身体的动作是心灵活动的结果,改变姿势与速度,可以改变心态。平时注意从这些方面进行练习,不仅可以更好地展示自信,还可以通过行为的改变让自己收获更多的自信哦!

4. 参与体验活动,逐渐培养自信

师:刚才我们一起分享了自信的经历和感受,并且知道了自信的表现,接下来老师将给你们一个展示自信的舞台,欢迎进入我们的体验活动——自我介绍。

- 体验活动:自我介绍。

学生参照老师提供的自信的表现,在小组里自行准备1分钟自我介绍,要求能自信、大方展示,让大家对自己印象深刻。

师:先听老师把规则说清楚。参照这些自信的表现,自行在小组里准备1分钟自我介绍,要求能自信、大方展示,让大家对你印象深刻。明白了吗?好,赶紧准备吧!

- 学生小组自行准备、练习,师巡视指导。
- 学生一个接一个自行上台进行自我介绍。
- 参照自信的表现,让学生评价:"你觉得他们刚才的表现怎么样?"
- 教师给学生颁发"自信勋章"。

师:大家都准备好了吗?凡是积极参与的同学,都能得到"自信勋章"!等会请大家认真观看,评一评上来展示的同学表现得怎么样。名额有限,谁能把握机会,做第一个自信者?

生13:大家好!我的名字叫×××,我最喜欢看科幻漫画,希望自己以后能一飞冲天,做个棒棒的科学家,希望大家记住我!(双手合十上举,做了一个朝天的动作)

师:可爱的小男生,老师记住你了!大家来说说看,他自信吗?表现在哪里?

生14:我觉得他很自信,站得很直,而且在介绍完后还配了一个很有型的动作!

生15:他全程面带微笑,说话铿锵有力。

生16:他的声音很响亮。

生17:他的目光与远处是平行的,给我感觉他是很有信心的。

师:是啊,在老师看来,这位同学刚才的表现是很自信的,来,领取属于你的"自信勋章"!希望其他同学也能勇敢地迈出自信的一步,上来展示自己。

……

- 点睛:你们在小组内的表现让老师感受到了你们的自信!把掌声送给我们自己!其实能勇敢地站出来尝试,就已经是迈出了自信的一步,在此基础上,只要再能把握机会,通过不断努力从而获取成功,我们的自信就会逐渐增强。希望大家记住这份自信的感觉,并把它带到生活中,做个自信的人!

5. 畅谈活动感悟,延续自信氛围

- 小组讨论交流:本节课的感受和收获。

(1) 上完这节课,我的心情或者感受是什么?

(2) 通过这节课,我知道了什么?或者我有什么改变?

- 全班分享

师:快乐的时光过得真快!请在小组里围绕这两个问题,分享一下你的感受和收获。同样,小组长组织一下,开开心心分享去!

生18:这节课我觉得很开心,对自己也更加有信心了。

生19:我知道了在生活中怎样让自己变得更加自信。

生20:我知道可以从自己的动作、语言、表情等方面去训练自己的自信心。

生21:我觉得我变得自信了,因为我平时比较胆小,但是我刚才勇敢地上台进行自我介绍了。

生22:自信可以带给人很大的力量,敢于尝试,勇于挑战。

……

- 点睛:培养自信的方法有很多,像我们归纳的这些要点(学生齐读),还有自信的表现,都可以帮助我们重拾自信。当然,自信心的培养不是一蹴而就的,接下来我们还会有一系列的相关课程,帮助我们逐步培养自信,课后大家也可以就如何培养自信心这个话题继续和身边的人交流。最后,让我们在音乐声中扬起自信的风帆,与自信同行,继续远航!
- 齐唱歌曲《我相信》,结束课堂。

(四)教学建议

本节课的主题是自信的培养,因此授课教师在整个课堂教学中要时刻注意保持自信的状态,这本身就是对培养学生自信的一种潜移默化的影响,是学生学习的榜样。此外,本节课设计了很多活动要学生去体验自信、展示自信,但是课堂只有40分钟,因此教师在课堂上要掌控好每个环节的时间;在课堂上出现的一些问题或者学生的分享、展示意犹未尽的时候,可以后续再加一课时进行深化和提升。

最后,因为是自信培养,因此在课堂上要注意对学生自信、自尊的保护。比如"自我介绍"环节,尽可能引导、鼓励学生(尤其是那些平时就较为不自信的学生)站出来尝试,发掘学生在介绍过程中做得好的地方,弱化对具体结果的评价。

**案例4:魅力男生 魅力女生(设计者:刘秀银)**

一、理论依据

性别角色是指是在某种社会文化中长期形成的对不同性别的群体特征和行为方式的规定。也就是说将男女的社会分工、角色、气质、能力、性格以及身份、地位等后天约定俗成的一整套男女规范视为"社会的"性别。性别角色发展是儿童自我意识和社会化发展的主要表现之一。在对我校学生进行问卷调查时得知:有3%的男生不喜欢自己的性别,有12%的女生不喜欢自己的性别。同时受传统观念的影响,学生对男生与女生有刻板印象,认为男生就只能坚强,勇敢等,女生只能温柔、文静等。性别认同是一个人自我认同感的重要组成部分,6岁到15岁之间,是青少年最容易发生性别认知混淆的时期,是一个人社会性别形成的关键期,也是心理性别形成的一个重要阶段,所以对这个年龄段的孩子进行性别角色教育是非常重要的。

二、设计思路和关键词

(一)目标要求

- 认知目标:正确认识和悦纳自己的性别。
- 情感目标:引发学生作为男生或女生的自豪感,悦纳自己的性别。
- 技能目标:帮助学生进入符合社会规范的性别角色,促使学生懂得男女生的发展需要互相学习、互相促进,成为魅力男生、魅力女生。

(二)教学对象分析

五年级是一个人社会性别形成的关键期,也是心理性别形成的一个重要阶段,所以对这个年龄段的孩子进行性别角色教育是非常重要的。

(三)教学内容分析指导

- **知识要点**:悦纳自己的性别;男女均可成功;消除刻板印象,成就魅力男生、魅力女生。

- **教学重点及难点分析**

通过游戏体验,悦纳自己的性别;认识到男女生均可取得各自的成功;消除刻板印象,男女生互相学习,互相促进,成就魅力男生、魅力女生。

- **课时安排建议**:一课时。

(四)内容指导

游戏"玩具博览会"让学生了解男女生是不一样的;图片"名人集锦"让学生明白不管男女只要经过自己的努力一样可以成功;游戏"男生女生"让学生在活动中明白男女一样重要,男女缺一不可,男女可以互相学习,互相促进;视频《刘洋、钟南山》引导学生消除刻板印象,发展自己,成就魅力男生、魅力女生。

三、教学过程

(一)图片观赏

1. 设计意图

通过一张有趣的图片及班内的两位男女生的对比,让学生猜哪个是男孩,哪个是女孩,使学生初步认识男女的差异,并放松心情,活跃课堂气氛,同时初步接受自己的性别。

2. 准备要点

图片。

3. 过程指导

师:猜一猜,这张图片里,哪个是男孩,哪个是女孩?为什么?

生:左边的是男孩,因为他穿的衣服是蓝色的,右边的是女孩,她穿的衣服是红色的。

生2:恰好相反,我认为右边是男孩,因为他用手抓另一个小孩,男孩比较调皮,而另一个没有,她是女孩。

师:对于刚才那两个婴儿,我们无法就体貌特征来识别男女。那么这两个同学呢?为什么?(直接在班里指一个男生、一个女生)

师:随着我们年龄的增长,身体在慢慢发生变化,我们作为男生或女生的体貌特征就表现出来了。

4. 教学建议

准备的图片要有代表性,老师要会引导学生并有趣地引入课堂。

(二)玩具博览会

1. 设计意图

通过此环节,让学生认识自己身上的男生或女生的特质,从而按社会规范中的性别角色发展自己,这是性别角色发展的第一步。

2. 准备要点

玩具。

3. 过程指导

学生展示各自的玩具。

小组讨论：男孩和女孩的玩具各有什么特点？

男孩和女孩的玩具有什么不同？为什么会不同？

生1：女生的玩具大多是洋娃娃，男生的大多数是一些汽车、飞机、拼图等。

师：还有什么不同吗？

生2：女生的玩具都是红色、紫色、黄色什么的，比较艳丽，男生的比较单一，是冷色调。

师：为什么会不同？

生3：因为性别不一样。

师：因为性别不一样，我们的体貌特征、穿衣打扮、言行举止、兴趣爱好等都有所不同。这样的不同是如何形成的呢？当我们出生之后，爸爸妈妈知道我们是女孩或男孩后，给我们买玩具、衣服时会不会考虑我们的男女性别？（会）对我们的言行举止有没有不同的要求？（有）如果你是男孩子，家长会要求你要有个男孩子的样子，不要动不动就哭鼻子。如果你是女孩子，家长会要求你不要整天跟男孩子一样上蹿下跳的。他们会按照社会规范对男生或女生的要求来教养我们。在我们成长的过程中，男孩子自己也会观察爸爸、邻居的哥哥或是周围的叔叔的言行和打扮并进行模仿；女生也会模仿妈妈、姐姐、阿姨这些女性的行为举止。慢慢地，我们从衣着打扮和行为举止这些方面就能判断出我们同学的性别。这个过程其实就是在让我们按社会规范中的性别角色发展自己，这样我们才能男孩有男孩样儿，女孩有女孩样儿。

男女生写"魅力男生、魅力女生"特质。

全班分享。

师：哦，原来在我们大家的眼中，魅力男生和魅力女生的特点是各不相同的。那男女生有那么多的不同，是不是长大后，男女生的成就也不一样呢？带着这个问题让我们一起来个名人大集锦。

4. 教学建议

学生带自己最喜欢的玩具，场面要控制好，会引导学生。

名人大集锦：

1. 设计意图

通过"名人大集锦"，让学生了解无论男性还是女性，都能取得成功，都能得到社会的认可，都能对社会做出非凡的贡献，都能过上幸福的生活，引发其自豪感，悦纳自己的性别。

2. 准备要点

名人图片。

3. 过程指导

学生快速说出一些男性或女性的名人，老师播放一些名人或伟人。

播放"名人大集锦"。

师：同学们刚才看的一些名人里，有男性也有女性，你们有什么感受或收获？

师：男生女生是否因性别不同而成就也不一样呢？

师：同学们刚才注意到没有，这些伟人或名人，在政治界是有男性也有女性，在文化界、体育界、艺术界等也是有男性也有女性，这充分说明男女生不会因为性别不同而成就不同。也就是说，不管是男性还是女性，通过自己的努力，都能取得成功，都能得到社会的认可，都能对社会做出贡献，都能过上幸福的生活。

4．教学建议

找的图片要有代表性，有演员、作家、政客、体育明星、企业家等。

（三）男生女生

1．设计意图

通过"男生女生"游戏，让学生接受自己的性别，明白男女都很重要，男女生要学习彼此的优点。

2．准备要点

抽签纸。

3．过程指导

• 游戏规则：

男生女生抽签，确定男女生分别代表的数值是0.5或1。

当老师喊一个数字时，每个小组迅速按这个数字的值派出相应的男生或女生。

每一组派出的同学，在游戏完成前，不能回到座位。看哪个小组完成得又快又准。

• 游戏进行。

老师喊数字，各组快速做出反应。

师：这两位同学代表男生、女生抽签，大家同意吗？（同意）

师：大家接受这个抽签结果吗？（接受）

师：1.5，2，4.5。

• 全班分享：

（1）你接受代表你的数字吗？那性别呢？

（2）1和0.5在游戏中分别有什么作用？

（3）在平时的学习与生活中，我们应该怎样做？

师：游戏开始时，我们抽签来确定男生或是女生代表的数值，大家都对抽签的结果表示接受，这就是说我们要接受我们的性别。在游戏过程中，我们需要组合三个数字。组合第一个数字1.5时，我们发现每个组都不约而同地有男生也有女生。正如这个世界上要有男生，也要有女生，只有这样，世界才会更加精彩，更加和谐。男女都很重要，所以我们要悦纳我们的性别。当我们在组合第二个数字3.5时，我们派了男生，组合第三个数字4时我们派了女生。如果我们把游戏的过程比作我们的成长过程，我们增加人相当于我们在增加我们的知识、积累我们的能力。当我们要加入男生时，相当于我们在平时的生活与学习中，我们要向男生学习；加入女生时，表示我们要向女生学习；男女生都要加入，相当于我们要吸取男生和女生的长处与优点。换句话说，在成长过程中，我们要怎样呀？

生：互相学习，互相促进！

4．教学建议

游戏的场面要控制好，并把规则说清楚，老师要巧妙地引导学生。

（四）具体例子

1. 设计意图

通过刘洋、钟南山的事迹，让学生明确地感受到不管你是男生还是女生，为了使自己成为魅力男生、魅力女生，可以互相学习、互相促进。

2. 准备要点

视频、图片。

3. 过程指导

观看视频《刘洋、钟南山》，简单介绍刘洋和钟南山。

你欣赏刘洋、钟南山吗？你认为她和他是不是魅力女生、魅力男生？你觉得刘洋、钟南山身上有什么特质？

师：我们从刘洋、钟南山身上学到了，要想成就魅力男生、魅力女生，就要互相学习、互相促进。联系自己的实际，你觉得如果你要成就魅力男生或魅力女生，最需要发展什么呢？让我们一起来写写自己的魅力男生、魅力女生卡。

4. 教学建议

掌控好时间，同时启发学生。

（五）书写卡片

1. 设计意图

通过写魅力男生、魅力女生卡，让学生从自己的实际出发，具体了解自己可以学习对方的哪些优点，使自己成就魅力男生、魅力女生。

2. 准备要点

卡片。

3. 过程指导

学生写魅力男生、魅力女生卡；全班分享、总结。

师：同学们都希望自己成为魅力男生、魅力女生，那就让我们一起接受自己的性别、悦纳自己的性别，彼此互相学习、互相促进，一起成就魅力男生、魅力女生吧！

4. 教学建议

要掌控好时间，如时间不够，可以省略此环节。

## 小学生自我意识与心理健康的相关研究

自我意识从婴儿起就开始萌芽，至青春期逐渐成熟。如果在发育过程中受到内外因素的影响，使儿童的自我意识出现不良倾向，则会影响儿童的行为、学习和社会能力的发展。有研究发现，自我概念的发展呈曲线变化，从小学到初中逐年下降，随后又开始上升。杨宏飞等经研究发现，学生自我概念各方面呈"U"字形发展，小学五年级至初中一年级逐年显著下降，初中一年级至初中三年级逐年显著上升。

王维等人的研究采用小学生自我意识能力测量量表和小学生心理健康综合测量量表作为评价工具,对云南安宁连然小学二、四年级每个年级各抽取两个班共192名学生进行问卷调查。其中使用自我意识能力测量量表评价小学生的自我意识能力时,发现小学二年级学生除了在自我意识评价一般状况方面得分与四年级学生无统计学差异外,其余三项得分均高于四年级学生,显示自我意识能力的发展也具有波动性,四年级学生在家庭关系、朋友关系和对学校态度方面自我意识能力有所下降。另外,使用小学生心理健康综合测量量表的调查结果显示,四年级学生较二年级学生更容易出现性格缺陷和行为障碍。男生和女生比较,除性格缺陷、不良习惯和特殊障碍无差异外,其余各项男生分数高于女生,男生较女生更容易出现学习障碍、情绪障碍、社会适应障碍、品德缺陷、行为障碍。表明在今后进行心理干预的时候应更多关注小学高年级学生,且更应该重视男生的心理健康问题。研究对自我意识与心理健康的相关分析结果发现,一般情况下,自我意识评价越低越容易出现情绪障碍、品德缺陷及特殊障碍,家庭人际关系状况越差越容易出现社会适应障碍和品德障碍,朋友人际关系状况越差越容易出现学习障碍、性格缺陷、品德障碍及行为障碍,对学校的态度越差越容易出现学习障碍。既往研究显示,自我意识高的学生心理健康状况较好,与研究结果相符。

因此,在今后的心理干预中,应注意通过各种方式,培养学生积极的自我意识,增强学生健全的人格,预防和减少心理问题的发生。这项工作不仅是学校心理健康教育应该注意的问题,同样是心理卫生机构应该关注的问题,只有学校和心理卫生机构的良好配合,才能最大限度地促进学生心理健康的发展。

资料来源:

[1] 王维,阮鋆,唐岩,黄芹,张勇辉,王珊.小学生自我意识与心理健康的相关研究[J].中国民康医学,2012,24(15).

[2] 周凯,何敏媚.青少年的自我意识与心理健康的现状及其相关研究[J].中国学校卫生,2003,3(24).

[3] 杨宏飞,吴清萍.中学生自我概念与心理健康的相关研究[J].浙江预防医学,2003,15(2).

[4] 樊富珉,付吉元.大学生自我概念与心理健康的相关研究[J].中国心理卫生杂志,2001,15(2).

## 心理训练

根据上述资料,可将小学生的人际交往问题归纳为以下四种类型。

(1) 攻击型。表现为攻击性强,具有敌意的,经常打人骂人,行为古怪,或以武力相威胁,狂妄自大,自命不凡,喜怒无常,粗暴。

(2) 差生型。表现为上课不认真,不完成作业,作弊行为多,学习成绩差,不努力学习,不求上进。

(3) 吵闹型。表现为课堂不守纪律,活动游戏不守规则,事事胡闹,或缺乏必要的交往规则,不善于处理交往中出现的问题,缺乏责任感,生活无约束,无组织,无纪律,爱说谎。

(4) 孤僻型。表现为退缩、安静、孤独、易于拒绝他人,对人冷漠,不合群,兴趣贫乏,气量狭小,不真诚,虚假。

针对以上人际交往问题的不同类型,请你以"我的好朋友"为题设计一节心理健康教育课。

## 小　结

本章综合介绍了小学生的学习适应、思维发展、自我意识与人际交往发展的基本特点,并基于该特点阐述了课程设计中的实际操作流程,分享了具体教学案例。

## 练习与思考

**1. 练习题**

(1) "学习适应与思维发展"包括哪些具体内容?

(2) "自我意识与人际交往发展"包括哪些具体内容?

**2. 思考题**

"有人说,进行小学生学习适应方面的设计,只需要考察学生的心理特点即可。"请谈谈你对该观点的看法。

## 综合案例

### 遗失的声音

案例背景

本案例选自广东省首届中小学心理教师专业能力大赛教学节段展示模块的一等奖作品(小学组)。

一、选题依据

本教学节段节选自自编课程"寻找失落的感官"的第二课时"遗失的声音"。"寻找失落的感官"系列课程以欧美学校普遍使用的《Mind up》(《正念》)教材小学版作为课程设计的蓝本。

《Mind up》由多名顶尖的发展心理学家、脑神经科学家编著完成,是欧美学校目前比较流行的教材。研究表明,经过"Mind up"课程的学习,学生表现出了更高的自我、社会觉知力,以及更高的优秀的自我管理水平、人际沟通技巧和学业表现。

本课程借鉴了"Mind up"课程的教学理念,并将其与中国儿童的认知发展特点相结合,以脑与认知科学最新研究成果为课程设计的理论基础,通过各种活动刺激学生感官,从而活跃相关脑区。以"遗失的声音"为例,研究表明,RAS(reticular activating system,网状活化系统)具有主管学习、自我抑制、产生动机等动能,是大脑中掌管注意力的脑区。通过分辨不同声音刺激的练习,可以让RAS更有效地工作,从而提升学生的注意力。

此外,"寻找失落的感官"系列课程强调"正念生活"的理念,即带着觉知去生活,引导学生有意识地关注每一个当下,珍惜每一个事物。

二、教学内容

"寻找失落的感官"共由六个课例组成。

第一课时:寻找失落的感官之遗失的斑斓。

第二课时:寻找失落的感官之遗失的声音。

第三课时:寻找失落的感官之消失的气味。

第四课时:寻找失落的感官之消失的味道。

第五课时:寻找失落的感官之停滞的运动。

第六课时:寻找失落的感官之缥缈的念头。

本系列课程教学内容涵盖对学生视觉、听觉、嗅觉、味觉、运动觉(触觉)、念头六大感官的刺激。

其中,"遗失的声音"整课的教学内容如图4-4所示。

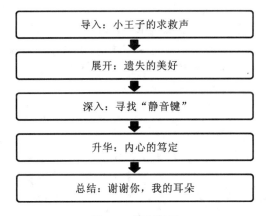

图4-4 课程组图

十分钟教学节段包括了导入和展开阶段两部分的内容。

三、教学对象分析

本课的教学对象为小学四年级的学生。

四年级的孩子大脑发育正好处于内部结构和功能完善的关键期,生理和心理特点变化明显,是培养学习能力、情绪能力、意志能力和学习习惯的最佳时期。四年级的孩子注意力的目的性增强,注意力保持的时间更持久,注意力的稳定性由15~20分钟提高到20~30分钟,可以胜任更加复杂的学习任务。因此,增强对四年级学生的各种感官刺激,可更为有效地激发脑区的积极运作,提升学生的注意力水平,从而提升学习能力。

四、教学目标

(1)知识与技能:认识生活中干扰我们专注聆听的各种因素。

(2)过程与方法:通过静心练习和专注倾听流水声等方法,掌握专注倾听的具体方法。

(3)情感态度与价值观:采用童话导入的方式激发学生的学习兴趣,激发助人行为,体会助人之乐。

五、教学重难点

(1)教学重点:让学生明白专注倾听的重要性。

(2) 教学难点:激发学生从自身出发,改变被噪音干扰的状况的欲望。

六、教法与学法

(1) 教法:讲授法、体验法。

(2) 学法:探究学习法。

七、教学准备

(1) 多媒体课件。

(2)《春水》的音频。

(3) 任务卡。

八、教学流程

(一) 导入:小王子的求救声

创设情景:上一节课,在同学们的帮助下,小王子成功打开了心灵之窗,为了尽快集齐所有失落的感官,找回自己,小王子很用力很用力地想打开第二扇窗户——听觉之窗,却发现怎么也打不开。此时,小王子收到了一张神秘的任务卡,他迫不及待地打开,上面写道:"只有集齐同学们的声音力量,方可打开听觉之窗。"于是,小王子向同学们发出了求救声。

设计意图:童话是学生喜闻乐见的一种表现形式,以童话导入能更好地激发学生的学习兴趣,激发助人行为,体会助人之乐。

(二) 声音大闯关

1. 第一关:勇者的条件(静心练习)

(1) 宣读魔王的第二张任务卡:要想集齐声音的力量,首先需要有一颗宁静的心。

(2) 请所有同学闭上眼睛,以最舒适的坐姿静止不动、放松地坐着。

(3) 在《春水》的音乐声中,跟随老师的指导语进行"身体扫描"式的静心练习。

2. 感受心跳

(1) 承上启下:在刚才的静心练习中,我们与自己的身体有了一次亲密的接触,或许有些同学甚至能感受到自己的心跳声。

(2) 小调查:你留意到了吗?

①课前让学生填写问卷,内容为你是否感受过自己的心跳声,课上出示课前调查的结果。

②引发学生思考:为什么心跳声每天都伴随着我们,我们却从未专注地感受过?

③提问:为什么医生可以听到病人的心跳声?

原因有二:一是医生有目的地倾听;二是医生有工具(听诊器)。

由此引出:倾听需要"选择关注的对象"、"确定目标"和找对方法。

3. 第二关:流水的美妙

(1) 宣读魔王的第三张任务卡:你是否关注到流水的美妙?请你在钢琴声中寻找到失落的流水声吧!

(2) 再次播放《春水》的音频。

(3) 引发思考:为什么流水声本来就在音乐中,但第一次播放的时候我们都没有听到?(因为我们没有把流水声确定为我们的倾听目标,所以没留意到)

(4) 举例子:生活中有许多比钢琴声更不悦耳的噪音在干扰我们的倾听,如……但只要我们像刚才那样按下"静音键",只去关注我们需要倾听的声音,我们就能排除干扰了。

(5)迁移:课堂上,我们如何对噪音按下"静音键"呢?

设计意图:闯关游戏,是学生非常喜欢的一种方式。在任务难度不断升级的挑战中,让学生感受不同的声音刺激,从而提升注意力。同时,在闯关中,加入对噪音的认识与思考,使学生明白专注倾听的重要性,并激发学生主动"屏蔽"噪音的动力。

九、板书设计

案例讨论

1. 该教学节段中,教学组织的难点在哪里?
2. 该教学节段的亮点是什么?

(设计者:曾卉君)

### 本章推荐阅读书目

[1] 吴发科,郑奕耀.心理健康普及读本[M].哈尔滨:哈尔滨工程大学出版社,2011.

[2] 许思安.青少年十种常见问题行为的矫治[M].广州:暨南大学出版社,2012.

# Chapter Five

## 第五章
## 心理健康教育课程案例分享之初中篇

**本章结构**

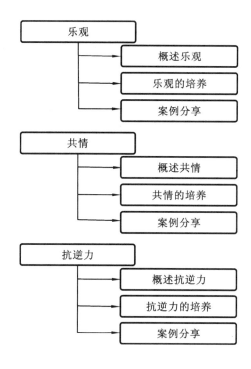

### 第一节 乐 观

某教学设计从一个实验引入,并逐渐带出了一个新概念,如图 5-1 所示。

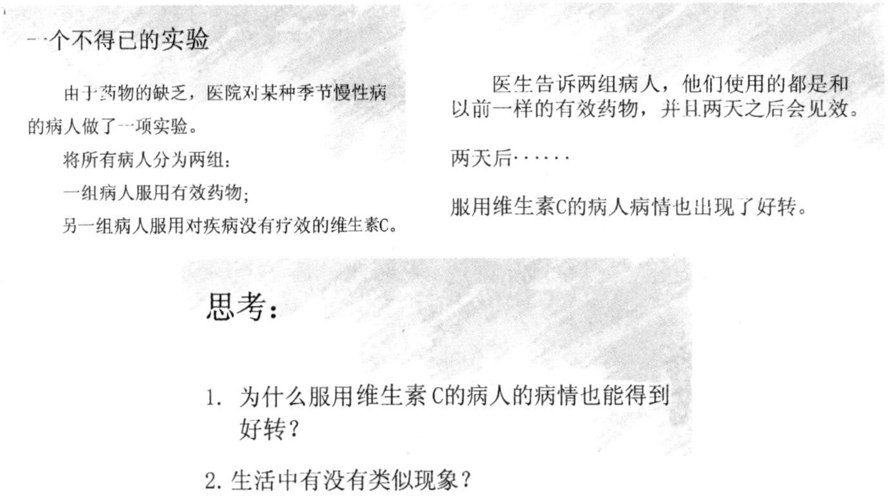

### 一个不得已的实验

由于药物的缺乏,医院对某种季节慢性病的病人做了一项实验。

将所有病人分为两组:

一组病人服用有效药物;

另一组病人服用对疾病没有疗效的维生素C。

医生告诉两组病人,他们使用的都是和以前一样的有效药物,并且两天之后会见效。

两天后……

服用维生素C的病人病情也出现了好转。

思考:

1. 为什么服用维生素C的病人的病情也能得到好转?
2. 生活中有没有类似现象?

图 5-1 课程组图

该设计中想要带出的新概念是"自我效能乐观"。这是个体对自身行为结果的期望,虽然这种期望可能与个体的先前行为经验无关,但是个体仍相信自己有能力完成某一行为。该概念是 Schweizer 等人 2001 年采用问卷法验证的关于乐观的理论构想之一。对于乐观,你的了解有多少?让我们一起来了解它的内涵、发展、主流观点,并分享相应的教学案例吧。

### 学习导航

## 一、概述乐观

### (一) 乐观的内涵

《辞海》将乐观界定为:乐观是指遍观世上的人、事、物,皆感觉快然而自足的持久的心境,与悲观相反。

在西方社会中,首先是一些哲学家在 17 世纪时注意到了乐观和悲观,并把乐观和悲观解释为人类能够达到准确预测未来的能力。积极心理学在 20 世纪 80 年代作为西方心理学的一个分支逐渐兴起后,越来越多的心理学研究者把视线转移到如何更好发挥人积极的一面来减弱人消极悲观的思维和认知方面。而乐观作为积极心理学中的一个核心概念,更加受到研究者的关注。

迄今为止,在心理学中有关乐观的研究,大多是在西方开展的,研究者根据不同的理论来源对乐观的概念进行不同的界定。

**1. 乐观解释风格**

乐观解释风格,是 Seligman 根据个体拥有的带有个性特征的解释风格提出来的,它是 Seligman 在研究动物和人的"习得性无助"的现象和规律的基础上发展而成的。

研究者起初假设习得性无助感的产生是源于行为和结果的不可控制,要想避免个体产生这种消极心理就要让个体形成一种可控性认知,增强个体的控制感和积极情绪体验。后来 Seligman 接受了阿伯埃森等人的批评和建议,为了克服采用简单的观点来解释复杂的心理现象的缺陷,采用了维纳的归因理论,从归因的三维度来重新阐释习得性无助感的形成,根据人们对成功和失败的不同解释风格,划分出乐观解释风格和悲观解释风格(见图 5-2)。乐观是指人们对已经发生的事件进行解释时,对积极事件作普遍、持久和个人的归因,对消极事件则刚好相反。不管对事件的解释方式是积极还是消极的,这种解释方式都是后天习得的,这就形成了习得乐观和习得悲观。同时,人们通过后天的学习和有针对性的培养,可以将悲观的归因方式转向乐观的归因方式,这也是习得乐观。从这个意义上讲,人选择悲观还是乐观是由人自身决定的,取决于其解释问题与失败的方式是采取乐观的归因方式还是悲观的归因方式。

图 5-2　乐观解释风格与悲观解释风格

**2. 气质性乐观**

积极心理学中对积极人格的关注来源于对过去人格研究的不足,以往的人格研究集中在问题人格或人格形成的问题上,对良好人格的形成与发展规律了解甚少。乐观人格,是由生态学家 Taylor 和 Tiger 等人提出,后为 Carver 和 Scheier 等人予以明确的一种积极特质,它具有一定的天性成分,但主要是受后天环境影响所表现出来的对事物发展产生的一种积极体验。

人类学家 Tiger 提出了一个有意义的乐观主义定义,即"对将来社会性或物质性方面抱有期望的一种心境或态度。这种态度可以突出个体的优势,或者能使个体快乐,因此是一种被社会接纳和肯定的态度"。从这个定义来看,乐观主义的一个重要内涵就是它不是纯客观的,而是以评价为基础的一种主观心境。面对同一个客观事物,不同的人由于对其的评价不一样,会使人形成一种主观心境。面对同一个客观事物,不同的人由于对其的评价不一样,会使人形成不同的倾向或态度。如果评价对个体有利则会产生乐观,反之会产生悲观,即个体是否拥有乐观要依赖于其是否把这种经验或态度看作是令人愉快的。定义的另一个重要内涵是,乐观是指向未来的,个体一旦形成后,会对现在或今后的自身行为产生一定影响,成为一种行为的动因。

Tiger 在此基础上又从进化论的角度进行了深化。我们的祖先离开森林变成平原狩猎者时,他们通过杀死其他野生动物、面对不同的自然条件来获取食物而求得生存。在这狩猎和采集过程中,他们必定经历过许多的不利条件。学习原理告诉我们,人类倾向于放弃与消极结果联系的任务,选择能带给他们好处的任务。为什么我们的祖先在面对这样的不利条件时能成功应付呢?Tiger 认为他们逐渐形成了一种乐观主义,乐观就是一种生物学上的适应。乐观主义会使他们避免不利条件,甚至伤害。乐观主义是依靠什么机制发展的呢?Tiger 提出一个涉及内啡肽的机制。当我们受伤时,我们躯体典型的反应是释放内啡肽。内啡肽有两个重要特性:止痛和产生欣快感。Tiger 认为我们狩猎的祖先受伤时经历一种积极的、适应的情绪,这种情绪能强化他们将来狩猎的倾向。Tiger 在 1999 年又论证了有许多神经化学物质与乐观的感觉相连。这个定义强调乐观主义是一种积极的和进取的情绪,它使我们经由生存所需的资源来探索我们所处的环境,这种态度对我们祖先的生存非常重要。从进化论角度来研究乐观主义强调的不是一种个体化的情绪,而是把它当作一种社会化情绪。

气质性乐观是 Scheier 和 Carver 于 20 世纪 80 年代提出的,该概念的理论基础是行为自我调节模型,即认为行为在很大程度上受到个体对行为结果的期望的影响,而行为自我调节模型起源于心理学中传统的期望-价值理论。他们认为对行为结果的预期在决定人们是继续坚持下去还是放弃上起重要作用。如果人们把渴望得到的目标看作是可以达到的,他们倾向于继续努力去获得这些目标;如果这些目标被看作是无法达到的,不管这是由其本身能力的缺乏还是由外部条件造成的,他们都会减少努力,甚至放弃。持此乐观主义观点的人们即使遇到挫折和遭遇不幸时,他们也倾向于把所有渴望得到的目标都看作是可获得的。当事情不利于他们时,他们一般倾向于坚持,甚至投入更多努力。

Scheier 和 Carver 认为,人类的期望有两种不同的水平。一种是具体情景中的期望,这种期望具有特殊性和具体性的特征,是我们通常所说的希望。另一种是普遍的期望,它具有稳定性和普遍性,他们正是从这个层面对乐观概念下定义,认为乐观是指个体总体上对积极结果的期望,而悲观是个体总体上对消极结果的期望。希望常被定义为期望某些事情可能将发生的一种愿望,乐观主义被定义为期望将来事情有最好结果的一种倾向或意向,因此希望通常指具体情景中的期望,乐观则是指一般的期望。Scheier 和 Carver 把乐观作为一个人格变量来看,并称之为气质性乐观,表示普遍的积极期望,并把它定义为对将来好事情多、坏事情少的普遍期望。Scheier 和 Carver 认为乐观与悲观居于一个连续体的两端,一个人如果处于乐观这端,就意味着他是乐观者,而不是悲观者;如果处于悲观这端,那他对未来事物的发展就抱有消极期望,认为坏事会发生。这个定义中蕴含着该概念的两种重要特征:首先,若气质性乐观是一种人格特征,那么人们的乐观或悲观的程度是相当稳定的;其次,乐观与悲观是两个相对立的心理预期,是一种非此即彼的状态。

另外,Dember 等人以更加广泛的方式定义乐观、悲观,认为乐观、悲观是对生活积极或消极的看法,不仅包括对未来的期望,还包括对当前生活的感知和评定。乐观者通常会看到生活(包括过去、现在和未来)中好的一面、有利的或是有建设性的一面,并且这种态度能够在实际行动中体现出来,发挥出积极的作用,而悲观者正好相反。Dember 等的定义虽然全面,但过于泛化,它将积极人格的成分似乎全部涵盖进去了,不仅包括个体的信念,也涉及个体行为,这样就很可能与自我和积极心理学的其他方面的概念相混淆。在实证研究中,基于此概念编制的问卷也确实出现了与其他相关的测量区分效度不理想的结果,如生活满意度、道德、情绪和自尊等,并且测量结果更可能是乐观状态而非人格特征。

为了测量气质性乐观,Scheier 和 Carver 于 1985 年编制了一个简短的自陈问卷,即生活定向测验(Life Orientation Test,LOT),随后又进行了修订。还有人开发了让父母评价孩子气质性乐观的 LOT。LOT 测量的乐观是一种人格特质,其特点是总体上对未来有美好期望。

### 3. 自我效能乐观

Schweizer 等人 2001 年采用问卷法验证了自己把乐观分为个人乐观、社会乐观和自我效能乐观的理论构想。个人乐观主要指的是对与个体有直接关系的好结果的预期;而社会乐观指的是个体对社会和生态领域的,与个体自身没有直接关系的好结果的预期,比如环境污染、暴力、犯罪、经济问题等;自我效能乐观也是对自身行为结果的期望,只是这种期望与个体的先前行为经验无关,是个体在面对没有经历过的任务时依然相信自己能够完成的一种积极体验。我们对乐观的定义为:乐观是指个体相信自己有能力完成未知的某件(些)事的一种积极心态。

班杜拉认为,自我效能存在三个维度上的变化,即水平、强度和广度。

当任务按难度水平排列时,自我效能的水平是指活动任务给个体增加的困难或对个体完成任务的能力、信心产生威胁的等级数,即个体觉得自己能否完成不同难度和复杂度的活动或任务。有些效能预期停留在简单任务上,有的扩展到中等难度的任务上,有的则延伸到高难度的任务上。如,试图戒烟的人,有的可能认为在没有其他人抽烟的轻松环境中他能坚持,然而在高压力或有其他抽烟者在场的环境中,他可能怀疑自己的坚持能力。

自我效能的强度是指,个体确信他能完成困难行为的坚定性,也即个体对完成不同难度和复杂度活动或任务能力的自信程度。自我效能感比较低的个体,在不一致经验的作用下,会很容易降低其努力程度;而自我效能感强的个体,在不一致经验的作用下仍能维持其努力程度。例如,两个吸烟者可能认为他们在聚会中能戒烟,但一个人可能比另一个人持有更高的确信感和信心。自我效能的强度与个体在面对挫折、痛苦或其他行为障碍时的坚持性的重复有关。如果个体在遇到困难情景时,行为经常能坚持下去,就会积累起较高的自我效能强度。

自我效能的广度是指成功或失败的经验以某种有限的、特定的行为方式影响自我效能的程度,或者自我效能的改变可能会延伸到其他类似行为或情景中去。如吸烟者已经通过在困难情景或高风险情景(如在一个周围都是吸烟者的酒吧)中成功地戒烟而提升了他的戒烟自我效能,这种自我效能可能扩展到他还没有经历过成功的其他情景。而且,成功戒烟可能会泛化到其他自我控制的情景,如节食等。

### 4. 自我决定理论

自我决定理论是 Deci 和 Ryan 于 20 世纪 70 年代提出的一种新动机理论,它假设人类是一种生来就具有心理成长和发展趋向的积极生物。人有三种基本需要,其中之一是自主需要或自我决定需要,这种需要的满足对个体来说最为重要。个体在活动中的自我决定程度高时,其就能体验到一种内部归因,感到能掌控自己的活动,内部动机相应地也会高涨。他们认为:"自我决定是一种关于经验选择的潜能,是在充分认识个人需要和环境信息的基础上,个体对行动所做出的自由选择。""自我决定的潜能可引导人们从事感兴趣的、有益于能力发展的行为,这种对自我决定的追求就构成了人类行为的内在动机。"自我决定不仅是人的一种天生能力,也是个体的一种内在需要。自我决定理论是从阐述个体的内在动机概念开始,把这个概念看作原始的自我组织状态,个体在这种状态下为获得一种积极情感体验,会积极挑战环境,这样个体能充分接近其认知资源和创造性资源。当人们为内在动机所激发时,他们在活动中将会体验到强烈的兴趣和适应感并可能忘掉时间和自我,这种内在动机在研究者看来就表达了个体内部的机体成长过程。

自我决定理论包括四个小的分支理论,即认知评价理论、有机整合理论、归因定向理论和基本心理需要理论。认知评价理论阐述了社会背景对人内在动机的影响,主要涉及作为自主支持(信息)、控制和无动机的背景三个方面。国内研究者认为:"信息性事件促进个体内在的因果知觉与胜任感,由此提高个体内在动机的水平;控制性事件产生的是一种压力,提高个体外在因果知觉的水平,降低自主的感觉,从而削弱内部动机。"邮寄整合理论探讨挖补动机的类型和促进外在动机内化,它提出了一个动机内化的概念,指个体对外在价值的吸收并试图将社会赞许的道德态度和要求转化为个体赞同的与自我价值相结合的过程。因果定向理论认为个体具有对有利于自我决定的环境进行定向的发展倾向。Deci 和 Ryan 认为个体具有三种水平的因果定向,不同因果定向水平的人具有不同的人格特征,如高自主定向的个体富有创造性,喜欢寻找有趣的和有挑战性的活动。基本心理需要理论主要阐述人类存在的基本心理需要以及心理学需要与主观幸福感的关系。

### 知识链接 5-1

#### 如何提升自决能力

德国哲学家费希特曾说:"教育必须培养人的自我决定能力,不是首先要去传授知识和技能,而要有'唤醒'学生的力量。"大量的研究表明,动机对个体的认知(如注意力、记忆等),情感(如兴趣、满意度、积极情绪等),以及行为(如行为选择、行为倾向、行为的坚持性、工作绩效等)都有重要影响。总体而言,内在动机能促使个体增强对活动的注意力,提高活动兴趣和满意度,产生积极情绪,增强行为的坚持性,提高学习效率,而外在动机则相反。

自我决定论指出,自主、胜任和关系是三种基本的内部心理需要,这三种需要的满足有利于个体在活动中产生内部动机,外在要求、价值观、规则内化程度的高低主要取决于个体在活动中所体验到的心理需要的满足程度。从这个角度出发,要增强学生的学习动机,学校和教师应该努力创造一定条件,教师在教育教学过程中应该满足学生的三种基本的内部心理需要。

（1）满足青少年的自主需要是最关键的，即给予他们适当的选择权利，让他们在活动中体会到自我决定感。学生的学习动机一般来自他们兴趣的需要、解决问题的需要、成功的需要等，当学生发现所学东西的个人意义时，其学习的积极性会更高，学习就更加主动。当教师理解了学生的需要、兴趣和情感后，教师应该给予学生较多的自我决定的机会。自我决定的机会包括让学生决定是否参与教育任务、什么时候做尤其是怎样解决他们产生的问题，给学生更多的学习和结果的个人责任感，以激发学生正确的内部动机，进行自主学习。

（2）在满足自主需要的基础上，满足青少年的胜任需要，给予他们力所能及的活动任务，使他们可以充满信心地发挥自己的能力，激发他们的潜能。这就要求教师在教学中做到，该由学生自己去探索的知识，就放手让他们自己去探索，该由学生获取的知识，就尽量让他们自己去获取。学生在探索过程中思维受阻时，教师只作适当的提示和暗示，让学生体会到所学会的知识是自己"发现"的，自己"创造"的，从而使其体会到自己的成功和进步。

（3）关系需要的满足是指在青少年所处的社会环境中支持他们所选择和致力的活动。这要求教师与学生间建立良好的师生关系，使他们不会处于矛盾的境地或感到环境中的压力，从而有利于其内部动机的发展。这要求教师做到和学生保持良好的沟通关系，尊重学生，鼓励学生提问及提建议，并且注意倾听。

（资料来源：阳志平，等.积极心理学——团体活动课操作指南[M].北京：机械工业出版社，2010.）

## （二）乐观在中学的研究状况

### 1. 乐观的团体辅导干预研究

国内外对于乐观的干预实证研究非常少，且都是从乐观的解释风格方面进行研究。

塞利格曼和贾伊克斯等人于20世纪90年代初在美国宾夕法尼亚州进行了一项针对在校中小学生、为期2年的名为"宾夕法尼亚预防项目"的干预实验研究。"宾夕法尼亚预防项目"的目的是通过有意识地培养学生的乐观解释风格来预防学生产生抑郁心理问题。该计划的内容主要包括在思想上帮助孩子树立积极信念和在实践中训练应对技巧。实验通过随机分组的方式把学生分为实验组和控制组，实验组参加"宾夕法尼亚预防项目"，对其进行心理干预，控制组的生活情景与往常一样。

从实验结果分析，"宾夕法尼亚预防项目"的效果非常显著。参加实验的孩子有忧郁心理问题的人数只占控制组的一半。随后对两组不具有忧郁心理问题的正常孩子进行检测发现，实验组正常孩子具有的忧郁症状明显少于控制组正常儿童。追踪研究发现，"宾夕法尼亚预防项目"的作用具有长期性。

国内的林乃磊以乐观解释风格为主要内容，自制辅导方案对初中生进行了班级辅导干预研究。实验的目的是通过乐观解释风格班级辅导的干预，显著提高实验班被试的乐观心理品质，进而提高其心理健康水平。实验通过预测结果在差异不显著的班级中随机选取两个班级作为研究的被试。一个为实验班,另一个为对照班。

实验数据的统计结果表明干预实验有效,实验班被试的解释风格发生了显著的变化,进行干预实验后变得更为乐观,心理健康水平也得到提高,心理健康水平各因子中,实验班和对照班的强迫、人际关系、抑郁、学习压力感、情绪不稳定因子和总分的差异达到了显著水平。而对照班前后测没有明显变化。

2. 中学生乐观与生命意义的研究

余祖伟等人的研究表明,中学生乐观对生命意义有显著的预测作用。这可能是因为乐观主义者常采用积极应对策略来处理问题,从而体验到更多的成功、喜悦和自信。他们的自我评价更积极并对未来充满了期望和信心,因而对生命意义有更强的体验。另外,乐观对自我概念也有显著的预测作用,即乐观的生活态度能够增强个体的自我概念。对于中学生来说,中学阶段是对社会和自我的认知形成的重要时期,乐观人格取向的学生能更好地面对成败,对未来也更有信心,因此良好的自我概念也得以逐渐形成和稳定。

3. 中学生乐观与心理健康的相关研究

张勇等人对情绪障碍中学生和正常中学生的乐观状况,以及乐观与个体的心理健康的关系做了探讨,发现患有抑郁症、焦虑症中学生的乐观程度明显低于正常中学生,抑郁及焦虑情绪的严重程度与乐观因子呈显著负相关。

4. 中学生乐观与学业成绩的研究

刘志军运用乐观人格和乐观解释风格两种理论,对初中生的乐观主义及其学习成绩进行研究。研究结果表明,初中生的乐观主义对其学业成绩有显著影响,不同水平的乐观主义会带来不同的影响,高乐观主义有利于学生的学业成绩。

5. 中学生乐观与自我认知特征的研究

夏冬丽对中学生的自我认知特征与乐观的关系做了研究。在核心自我评价上,初中生的核心自我评价与乐观之间存在显著正相关,核心自我评价是由自尊、一般自我效能感、心理控制源和神经质这四个概念发展而来的。在时间自我认知上,高乐观水平的初中生更多地以未来取向为主,低乐观水平的初中生更多的是以过去取向为主,而且以未来为取向的初中生与以过去为取向的初中生在乐观水平上存在着显著性差异。

在怎样看待过去、现在和未来的问题上,乐观水平越高越能够放下过去、展望未来,既能立足于现在,又能对未来报有积极的期望;相反,乐观水平越低越容易停滞于过去,并以过去为参照点,引申出现在不如过去、未来不如现在的悲观状态。表明乐观水平越高的初中生越容易以未来为取向,乐观水平越低的初中生越容易停滞在过去的生活中。

乐观水平越高者其过去自我、现在自我与未来自我之间的关系是连续的,而乐观水平越低者这三者之间的关系是分离的。即乐观程度可能影响到时间自我认知的心理结构的紧密程度,同一性程度越高,越是把过去、现在和未来看作是相互关联的,现在是过去的果,又是未来的因;相反,越是处在低乐观水平状态,越是把过去、现在和未来看作是互不相干的,其时间是分裂的。表现在时间自我认知心理结构的关联性特征上,高乐观者被试具有更多的时间整合特征,而低乐观者则具有更多的时间分裂特征。

## 二、乐观的培养

积极心理学认为,虽然个体的生理机制会对其行为产生影响,但这种生理机制对行为的影响不是直接的,也不是持久的,人的积极人格和品性不是完全由先天的遗传因素决定的,而主要是由后天的社会环境来决定的,是可以通过后天的学习来获得的。Seligman 的"习得无助"到"习得乐观"就是一个很好的例证。

### (一) 家庭教育

家庭是人活动时间最多的场所,人们的起居、学习甚至工作都可以在家庭中进行。

**1. 家庭环境**

Seligman 提出乐观是可以习得的,它可以通过模仿和观察获得。家庭中的父母既是孩子的第一任教师,也是孩子最重要、最早的模仿榜样。儿童的解释风格可以通过简单模仿受到父母的影响。因为他们最可能模仿那些他们认为有影响和有能力的人,而大多数的父母都符合这个描述。模仿的结果就是儿童自己适合父母解释世界的方式,因此,儿童可能倾向于用类似的方式解释他们自己所面临的环境。例如,如果孩子多次听到父母对消极事件做出内部的、稳定的和一般的解释,他们就很可能采纳这些悲观的解释。父母影响孩子解释风格的另一方面是其对孩子的评价或反馈信息。暗示悲观原因的批评对孩子有一个累积的效应。如果一个儿童说他找不到自己想玩的玩具,父母可能责备他懒惰或者粗心,这种看似微不足道的事情的消极评价其实会强化他们的悲观观念。批评有两个原则:一是以客观的态度和语词描述事件;二是只要现实允许,就应以乐观的解释风格去回应。

父母对孩子的影响除了解释风格本身以外,另一个会产生间接作用的就是父母能否为年幼儿童提供一个安全和一致的世界。在父母的鼓励和帮助下,儿童会减少对失败的恐惧,这样能够使他们冒必要的险去发现和追求他们真正的兴趣所在,去发展其才能。在这个追求的过程中,成功和自信就会出现,这又会引起个体对进一步成功的预期,而这一系列的自信建构有利于乐观主义的培养。如果父母鼓励孩子对世界的安全探索存在不一致,那将会产生消极的解释风格。

父母对孩子合理的期待也将有利于他们的良好发展。萧伯纳曾说:"要记住,我们的行为不是受经验的影响,而是受期待的影响。"良好的期待会在孩子需要力量时起到推动作用,会在孩子需要帮助时起到慰藉作用。家长的期待要成为孩子发展的重要推动力,就应当将旧有的空泛、单一的学历期望和职业期望转化为有利于他们全面发展的综合期望。应该着眼于培养自己的孩子成长为具有健康体魄、热爱生活的情感、良好的个性、与人合作的精神的人。

**2. 父母教养方式**

父母教养方式的类型目前主要是用鲍姆林特的理论观点来说明的。鲍姆林特根据父母行为的控制和温暖两个维度将父母教养方式分为权威型、专制型和放任型,后来的研究者又将放任型分为沉溺型和忽视型。权威型的父母对儿童有较多的温暖和感情,对他们有明确的要求,能表现出较为一致的反应,对他们也缺乏热情,常用比较绝对的标准来要求、控制和评价孩子,要求孩子对他们绝对或无条件服从,亲子之间缺乏一种理性的交流,对儿童从严控制,并带有强制性。这是一种带有争议的教养类型。研究者发现在东方文化背景下,它对儿童成长的不利影响要小于西方文化中的儿童,在东方文化中它甚至表现出了某些方面的优势。而后面的两种教养类型一般来说是消极的,父母对孩子要么过度地爱,要么不爱;对孩子的反应少,要求也少。研究者指出,权威型的教养方式能有效影响和预测儿童的乐观。有研究发现,父母的温暖与接受维度与初中生的乐观呈显著正相关,与悲观呈显著负相关。

原苏联心理学家维果茨基在他提出的"最近发展区"理论中认为,学生发展有两个水平:一是现有水平;二是最近发展水平,即在教师的引导下学生努力即能达到的水平,它介于学生潜在发展水平与现有水平之间。教师教学应为学生创造最近发展区以促进学生的渐进发展。将这一理论借用到家庭教育中,便是告诉家长应该力求使自己的期望水平处于适合子女的最近发展区水平上,切合学生的实际需要和个性特征,以此确保孩子能不断达到一个个期望目标,在渐进的提高中完善自我。

3. 亲子依恋

亲子依恋主要是父母与孩子之间的一种持续的情感联系。亲子之间的依恋可以分为安全型和不安全型。在安全型依恋中,亲子之间表现相互舒适、和谐的关系,孩子能以此为基础探索周围的世界,把它当作温暖的港湾。如果孩子的依恋一直是安全型的,那他对周围的世界和人就会充满信任,对将来事物的发展充满希望;而不安全型依恋的人际关系则倾向于冷淡、疏远,孩子在探索外界时畏首畏尾、怀疑、犹豫,但同时他们也不寻求父母的支持。在不安全型关系中成长的孩子会形成一种内部工作模式,以与父母之间的关系为基础来推知周围的世界和以后的世界,他们对人、对物不抱有希望,对自己的能力缺乏信心,在与同伴交往中也难以适应同伴的生活,会拥有不良的同伴关系。有研究者提出,早期依恋的性质对儿童后来乃至一生的发展都有重要影响,它会影响儿童以后表现的社会行为,安全型的儿童具有良好的社会适应和调整能力,善于与人交往,在学校有好的学业表现。

## (二)学校教育

学校是继家庭之后的另一个重要场所和活动中心。学校是让学生系统接受如何与世界打交道的知识的场所,特别是科学知识的掌握,可使儿童在面对外部环境时更加充满信心,同时学校还在塑造儿童的人格特征上扮演着重要角色。

1. 教师

当教师对儿童的操作表现予以反馈时,他们的评价可能影响儿童对自己在班级中的成功和失败的归因。教师在教育环境中也应注意积极评价和消极评价的使用。第一,评价要具有针对性,即表扬的内容要与被表扬的事情或特征有实实在在的联系。如果这两者之间没有一点联系的话,这种奖励将会损害学生的原有动机和兴趣。第二,奖励不能只给予高水平的操作表现。如果奖励只给予高水平的操作表现,这些操作实际上经常会导致失败和一些不切实际的目标,则儿童的动机水平会受到损害。

2. 班级环境

班级环境包括物理环境和心理环境。物理环境包括光照、通风、温度等,心理环境包括班级氛围、师生关系、生生关系等。心理环境对班级中的每个成员都有约束力和影响力,班级氛围的好坏影响教学的成败、师生间的交流、教师对学生的评价以及学生的自我发展等。班级氛围的营造主要依赖于师生之间及生生之间的交流。

## （三）积极心理品质的促进

乐观之所以能使人在学校、卫生和体育等领域中取得优势，其原因之一是拥有积极的应对策略。班杜拉提出了自我效能这一概念。自我效能是指个人对自己能否顺利地进行某种行为产生一定结果的自信。班杜拉和他的同事对自我效能进行了大量的研究，发现有三种信息源对个体自我效能产生影响。第一，个体亲身经历的行为信息，该信息对自我效能的影响最大和最可靠。成功的经历使人对自己的能力充满信心，反之，则易使人对自己丧失信心。第二，观察到的间接性信息。观察是人的一种主要学习形式，个体通过观察可获得关于自我可能性的知识，会借助和以往榜样的类似比较，以及在新场合中从示范者获得的信息来评估自己的能力。当观察到与自己类似水平的示范者取得成功时，个体会增强对自己的信心；反之，如果示范者失败了，那他也不会对自己的能力有太高的评价，也不愿投入太多的努力。第三，言语说服。它是通过说服性的建议、劝告来改变人的自我效能的方法。在他人言语劝说下，个体可以做以前不曾或不敢做的事情。

## 三、案例分享

**案例1：事实VS臆想——乐观看生活（设计者：于跃）**

1. 设计理念

乐观解释风格源自认知论概念。Seligman根据习得性无助发展出了习得性乐观，从归因的三个维度入手，来解释习得性乐观的形成。从这个方面入手，可以重塑学生的归因模式，建立积极、正面的归因。但是在进行归因之前，消极的想法与情绪也许首先来源于错误的认知，即歪曲事实的真相，只凭自己主观经验去臆想与猜测。因此，本部分的课程设计以还原事实真相为出发点，促进学生在对事物解释以前，停下自己思索的头脑，先去感知事物的真相。

2. 教学目标

认知目标：了解事实与臆想的区别，很多时候我们容易被我们以为的困难吓倒而变得悲观。

情感目标：积极看待生活中的事件，走出自己为自己设置的消极情感障碍。

技能目标：学会辨别实际看到的（事实）和"以为是真实的（臆想）事物"之间的区别。在把握事实的基础上决定处理事情的方式。改变消极、糟糕、阻止积极精神力量发挥的信念，建立新的积极信念，学会区别事实真相和扭曲认知，联系事实真相去看待问题。

3. 教学时间

一课时。

4. 教学对象

初二学生。

5. 教学重点

辨别实际看到的(事实)和"以为是真实的(臆想)事物"之间的区别,建立积极信念,联系事实真相去看待问题。

6. 教学难点

建立积极信念,学会联系事实真相去看待问题。

7. 教学过程

第一环节:图片(见图5-3)引入

问题1:同学们从这张图中看到了什么?请描述一下。

问题2:为什么大家描述同一幅图片会有差别?

引导:即使面对同一个物体,我们也会看到不同的东西,所以,我们的头脑总是在影响着我们对外界的感知。

图 5-3　课程组图

第二环节:一个有趣的心理学实验

心理学家曾经做过这样一个实验:用一块透明挡板把一个大水箱隔开,两边分别放入一条饥饿的鳄鱼和一群鲜活的小鱼。

鳄鱼立即向小鱼猛冲过去,结果未能如愿。它不甘心,重新发动攻击,仍然撞在挡板上,反复攻击后,鳄鱼撞得头破血流,彻底绝望,于是不再白费力气,躺在水中一动不动。

问题:这时,心理学家将挡板撤掉,大家认为会发生什么样的事情呢?

(小鱼在鳄鱼眼前游来游去,可鳄鱼麻木、迟钝到极点,对此无动于衷,最后被活活饿死。)

讨论:

(1) 鳄鱼在多次尝试捕捉小鱼不成之后,会是什么样的感受呢?

(2) 为什么拆掉挡板后,鳄鱼不去尝试抓小鱼,反而最终被饿死呢?

引出本节课的主题:鳄鱼用原来旧的经验去解释新的情景,所以,它获得的是悲观的世界。乐观的第一步,其实是去探索真相,也许新的希望就在我们眼前。

第三环节:故事阅读

智子疑邻

有个人家里的斧子不见了,主人想,一定是被邻居偷了。于是他仔细观察,发现邻居表现不正常,从神态到一举一动,怎么看邻居都像是偷斧子的。后来他在自己家里找到了斧子,再看邻居时,怎么看邻居都不像是偷斧子的了。

提问:

(1) 这个情景中的事实是什么?
(2) 这个情景中的臆想是什么?
(3) 事实和臆想之间的区别是什么?
(4) 事实和臆想会给你带来什么结果?

第四环节:情景练习

要分辨事实和结果有时不困难,因为会有线索词提示。但你要注意听,才能将臆想从事实中分辨出来。请把下面的陈述句改成事实陈述。

(1) 我的爸爸(妈妈)不喜欢我,即使我用尽全力,都不能使他(她)满意。

事实陈述:_____。

(2) 我的老师很聪明,又很有名气,她从不让我忘记这一点,她老让我觉得自己很傻,也许,我真的很傻……

事实陈述:_____。

(3) 小时候我和姥姥住在一起,周围都是老人家,因为从不和年轻人来往,她根本不能理解我。

事实陈述:_____。

第五环节:回顾

也许在生活中你也会遇到类似的情景,或许你会被消极的想法困扰。试着运用一下这个方法,仔细想想,哪些是事实,哪些是臆想,把它改成现实陈述的表达方式,这个时候所做的决定,相信会恰当得多。

**案例2:魅力四射(设计者:于跃)**

1. 设计理念

自我效能乐观也是对自身行为结果的期望,只是这种期望与个体的先前行为经验无关,它是个体在面对没有经历过的任务时依然相信自己能够完成的一种积极体验。我们对乐观的定义为:个体相信自己有能力完成未知的某件(些)事的一种积极心态。自我效能乐观也可以归属于气质性乐观,表示个体对于未来有着积极的期望。

2. 教学目标

认知目标:了解自我效能乐观是一种指向未来的积极心态,个体相信自己能够完成某一任务。

情感目标:体会到自身潜在的优势对自己具有重要的价值,在对自身性格优势的挖掘中激发和提升自我效能。

技能目标:加强学生对自我的接纳,学会欣赏自己,对自己的生理和心理上的"负面"特质赋予积极意义,转化成积极的自我效能。

3. 教学时间

一课时。

4. 教学对象

初一学生。

5. 教学重点

了解自我效能乐观,并通过对自身优势的发掘与运用提升自我效能乐观。

6. 教学难点

欣赏自己,看到自身的优势,并通过这些优势提升自我效能。

7. 教学流程

第一环节:课程导入——小游戏

【一分钟可以鼓掌多少次】

游戏分前后两次测验。

每位同学拿出一张空白纸和一支笔放在桌面,老师先让所有同学估计自己一分钟鼓掌的次数,写在纸上,老师提问1~2位同学,分享他们的估算结果。

然后,进行现场测试,老师要准备计时,1分钟后停止,再问几位学生的实际鼓掌次数,并请学生谈谈感受。请鼓掌次数多的同学分享经验。

再次,全班分组比赛。请每个小组推选一名鼓掌次数多的同学作为代表,重新为自己设定一个目标,然后写在纸上,并再次进行现场测试比拼,用时1分钟。

请小组代表谈谈自己的活动感受。

老师在游戏之前要向学生说清楚游戏的流程和规则。

引导学生思考,一个人的潜力是很大的,我们可能经常会自我设限,在面对一些未知的任务时,低估自己的能力,甚至对困难持有一种悲观的态度,但是,如果我们相信自己可以做到,通往问题解决的道路自然就会宽阔很多。

引出本节课的主题:积极暗示——自我效能乐观心态的培养。

第二环节:一个有趣的实验

一位医学家对某种类型的病人做了一项实验。所有病人被分为两组,一组病人使用目标药物,另一组病人使用对身体无害也对疾病没有疗效的维生素C。然后,告诉两组被试,都是用的目标药物。

问题:大家推测一下,两组病人会出现什么样的结果?

(结果发现,使用维生素C组的病人病情也有好转。)

思考:

(1)为什么使用维生素C组的病人的病情也能得到好转?

小组讨论分享观点。

(2)积极暗示对我们的生活有什么意义?

小组讨论并分享。

第三环节:找到你的优势

一位老人在湖边垂钓,旁边坐着一个愁眉不展的男青年。

老人问:"为何总是这样垂头丧气?"

"唉,我是个穷光蛋,一无所有,哪里开心得起来?"青年人非常郁闷地答道。

"那这样吧,我出20万元买走你的自信心。"老人想了想说道。

"没有那点自信心我什么也做不了,不卖!"青年头摇得像拨浪鼓。

"再出20万元买走你的智慧,你可愿意?"老人继续出价。

"一个空空的头脑什么也做不了。"男青年想都没想一口拒绝。

"我再出30万元买走你的外貌。"老人望着年轻人的面容说道。

"没有了外貌活着还有什么意思,不卖。"青年人回答道。

"这样吧,最后再出30万元买走你的勇气,如何?"老人笑嘻嘻地询问道。

"我可不想成为一个一蹶不振的人。"青年人愤愤地欲转身离去。

老人忙挽留并缓缓说道:"慢,你看,我分别用20万元买你的自信心,20万元买你的智慧,30万元买你的外貌,30万元买你的勇气,这些一共是100万元,你都没有同意卖。年轻人,你拥有100万元,你还能说自己是穷光蛋吗?"

男青年瞬间恍然大悟,他明白了,自己并不是一无所有,只是没有看到自己的优势,成天就知道埋怨自己的命运,以致懒于奋斗。

思考:从这个故事当中,你觉得年轻人领悟到了什么。

教师总结:其实我们都有自己独特的优势,我们有着很大的潜力去发挥自己的优势。找到自己的优势,并不断去运用和扩大,你会感到自己无比富有与强大。

第四环节:优势大转盘

向同学们介绍24种性格优势(见表5-1),并且其中有些不容易理解的词语需向学生做简单介绍。

表 5-1　核心美德与性格优势

| 核心美德 | 性格优势 | 核心美德 | 性格优势 |
| --- | --- | --- | --- |
| 智慧与知识优势 | 创造力 | 正义优势 | 公平 |
| | 好奇心 | | 领导力 |
| | 热爱学习 | | 团结合作 |
| | 开放头脑 | 节制优势 | 宽恕/怜悯 |
| | 洞察力 | | 谦虚/谦卑 |
| | | | 审慎 |
| 勇气优势 | 真实性 | | 自我调适 |
| | 勇敢 | 超越优势 | 美的鉴赏力 |
| | 恒心 | | 感激 |
| | 热忱 | | 希望 |
| 人道优势 | 友善 | | 幽默 |
| | 爱 | | 宗教性/灵性 |
| | 社会智力 | | |

在教师讲解完24种性格优势之后,每位同学填写自己的优势卡片。之后,4~5位同学一小组,进行优势大转盘。每位同学将自己的优势卡片交给身边的下一位同学,进行补充填写,这样轮转,直到卡片转回自己手中。

我的优势卡片

我认为我最大的优势是　　　　　　　　　　我们认为你还有的优势是
　1._____　　　　　　　　　　　　1._____
　2._____　　　　　　　　　　　　2._____
　3._____　　　　　　　　　　　　3._____

活动结束后,请小组成员发表自己在活动中的感受。

教师总结:在大转盘过程中,我们都重新看到自己以前发现和没有发现的优势,这些是我们宝贵的财富,大家要珍惜,去运用它们。你们将会充满力量。

**案例3：让未来充满阳光（设计者：邱文龙）**

【教学理念】

有许多学者对"乐观"下过定义，本课程设计采纳心理学家迈克尔·希尔和查尔斯·卡弗在《健康心理学》中对乐观的定义："相信好事而不是坏事将会发生的稳定倾向。"尽管大部分学者对乐观的定义不尽相同，但我们可以从中发现乐观至少具有两个主要特征：①乐观是一种主观心境或态度；②乐观是指向未来的。本课程将着重针对乐观的第二个主要特征——指向未来进行设计，通过一系列环环相扣的活动让学生认识设定目标的益处，学会设定自我和谐的目标并知道为目标奋斗的意义，最终养成乐观心态。

【教学目标】

1. 认知目标

(1) 了解"乐观"的定义及其主要特征——指向未来；

(2) 知道为未来设定目标的益处；

(3) 知道为未来而奋斗的意义。

2. 情感目标

明白乐观心态不是自欺欺人，期待光明的未来并非不现实，我们能够看见未来、把控未来、为未来而奋斗，并养成乐观的心态。

3. 能力目标

在了解设定目标的基础上，能在日常学习、生活中主动设定目标，并能够分清不同的目标对自身的意义，发现内心真正的需要，优化自己的目标，让自己能愿意并有动力为之而奋斗。

【教学重难点】

1. 教学重点

清楚认识设定目标的益处并愿意为自己设定合理的目标；明白为未来而奋斗、追求目标对自己的意义。

2. 教学难点

为自己设定目标，并能够多维度分析自己的目标，在分析后为自己筛选目标或修改目标，让自己能为该目标而奋斗。

【教学对象】

初三学生。

【教学时间】

一课时。

【教学过程】

一、课程导入——初探"乐观"

1. 互动一（3～6分钟）

将全班分为两个大组，两个大组分别选出两名代表进行手气大挑战，即分别抽取四张扑克牌中的一张，然后比哪一组的点数最大。在该过程中，有一组的代表知道该游戏的秘密——四张扑克牌的点数一样。

在活动过程中，通过对不同同学的采访，对比已经预见未来和对未来感到模糊不清的心态和心境的不同，然后引出乐观的定义及其特征。

2. 乐观新定义

展示该课程采纳的"乐观"定义：相信好事而不是坏事将会发生。

"乐观"的主要特征之一：乐观不是针对现在或过去，它一般指向未来。

然后引出本课课题"乐观心态养成——让未来充满阳光"。

二、课程展开(31~34 分钟)

展示问题，让学生思考"乐观的心态是自欺欺人吗？期待光明的未来是不现实的吗？"（衔接并为总结升华）

1. 触摸未来——设定目标的益处

1) 衔接、引言

讲述乐观是可以培养的，展示心理学家索尼娅·柳博米尔斯基的名言："成为一个乐观主义者需要的仅仅是拥有明确的目标，然后为之奋斗。"以此引出设定目标的主题。

2) 互动二(4 分钟)

小组讨论"有目标"和"无目标"的差异以及"设立目标的意义是什么"这两个问题。小组分享答案。

3) 老师展示设定目标的益处

2. 把控未来——设定自我和谐的目标

1) 互动三

请认真思考对你来说最重要的 5~8 个目标，从 3 个月到 30 年的目标都可以，这些应该是一些有挑战性的，能够让你发挥潜能的目标。写在事先准备的答题纸上。教师可通过举例让学生多列举。个别分享。

2) 互动四

讲授知识点：内在目标与外在目标。

进行互动：勾出答题纸中的内在目标。

3) 互动五

讲授知识点：真实目标与非真实目标。

进行互动：勾出答题纸中的真实目标。

4) 互动六

讲授知识点：趋近目标与回避目标。

进行互动：为剩下的目标寻求趋近理由或把回避目标修改为趋近目标，删去无法修改的目标。

5) 互动七

该环节根据时间决定是否使用，互动四、互动五、互动六可根据课堂实际情况增加时间。

讲授知识点：各个目标是否和谐一致。

进行互动：协调有冲突的目标。

6) 发现内心真正的需要

衔接：询问大家经过前面几个环节的互动后还剩几个目标。目标不多的同学可以在课下采用各种方法找到更多自己内心真正需要的目标。

环节结束语：设立目标的时候，先了解自己多一点，问问自己想做什么，什么能带给自己快乐和意义。只有那些对你有意义、让你快乐而且是被你需要的目标,才更容易让你坚持下来,才能点亮你的未来。

3. 为未来而奋斗——坚持追求目标,目标不是结局

1) 衔接及引言

2) 互动八

小组讨论:为目标奋斗仅仅是为了实现目标吗?在为目标而奋斗的过程中,我们还会收获什么?小组分享。

3) 讲述"为目标奋斗的六大好处"

三、课程总结

拉出课程主线并总结,再次回归问题:"乐观的心态是自欺欺人吗?期待光明的未来是不现实的吗?"然后结合乐观心态养成进行升华。

课程素材:

"设定自我和谐的目标"答题纸

目标①:我希望自己在30年之后能赚到很多钱,让自己衣食无忧。

(1) 内在/外在:√(赚到很多钱之后我能自由地写小说)。

(2) 真实/非真实:_____。

(3) 趋近/回避:_____。

(4) 和谐/冲突:_____。

目标②:我将来要成为一名医生。

(1) 内在/外在:×。

(2) 真实/非真实:×(这是我父母要求的)。

(3) 趋近/回避:_____。

(4) 和谐/冲突:_____。

目标③:我要坚持每天跑步半个小时。

(1) 内在/外在:_____。

(2) 真实/非真实:_____。

(3) 趋近/回避:两个月之后能减到100斤,让自己身体健康、学习有精力,争取在校运会上取得好成绩。

(4) 和谐/冲突:_____。

目标④:_____
_____。

(1) 内在/外在:_____。

(2) 真实/非真实:_____。

(3) 趋近/回避:_____。

(4) 和谐/冲突:_____。

目标⑤:_____
_____。

(1) 内在/外在:_____。

(2) 真实/非真实：_____。
(3) 趋近/回避：_____。
(4) 和谐/冲突：_____。
目标⑥：_____
_____。
(1) 内在/外在：_____。
(2) 真实/非真实：_____。
(3) 趋近/回避：_____。
(4) 和谐/冲突：_____。
目标⑦：_____
_____。
(1) 内在/外在：_____。
(2) 真实/非真实：_____。
(3) 趋近/回避：_____。
(4) 和谐/冲突：_____。
目标⑧：_____
_____。
(1) 内在/外在：_____。
(2) 真实/非真实：_____。
(3) 趋近/回避：_____。
(4) 和谐/冲突：_____。

## 课外拓展

### 学科前沿

乐观是伴随着积极心理学的兴起而出现的心理概念，虽然研究者对乐观的定义还存在争议，但大部分研究者都认为乐观是一种稳定的人格特质，是人们在相似的情景中发展起来的一种类化期望，即个人对未来事件怀有的积极期望，相信事件更有可能向好的一面发展，表现为一种积极的解释风格。乐观有助于个体采取更为有效的应对策略，更好地面对生活中的各种压力情景，也是个体心理健康和社会适应水平重要的预测变量。齐晓栋、张大均和邵景进等人元分析的结果表明乐观与个体的心理健康指标都呈显著正相关，且与抑郁呈显著负相关。研究也证实了乐观对抑郁具有显著的负向预测作用，以及乐观在抑郁的预防与康复中的作用。而心理韧性是指个体面对丧失、困难或逆境时的有效应对和适应，是一种重要的心理社会资源，是个体在逆境中自然展现的自我保护能力。心理韧性较高的个体具有良好的心理社会适应水平。此外，心理韧性还是抑郁的另一个积极保护性因素，心理韧性对抑郁也有着显著的负向预测作用。

在本研究中，青少年的抑郁发生率为14.5%，和以往的研究结果相一致，表明青少年群体的抑郁问题依然严峻,还需要研究者更多的关注。相关分析的结果表明,个体的乐观和心理韧性呈显著正相关,而与抑郁呈显著负相关。乐观对个体的心理健康和心理社会适应水平有积极的促进作用已得到大量研究证实,这是因为乐观的个体对未来持有积极的态度,能积极主动地投入努力以促进未来的事件朝积极方向发展,并往往具有较多的积极情绪体验,这就使个体具有较高的心理健康和社会适应水平。同时,心理韧性是一种重要的心理社会资源,能促进个体积极主动地应用自己的个体社会资源以应对生活中的挑战和困难,这就使得心理韧性与抑郁呈显著负相关。

进一步的中介效应检验的结果表明,乐观不仅能显著预测个体的抑郁水平,还能通过心理韧性的中介作用对抑郁产生影响。这表明作为一种积极的人格特质,乐观有助于提升个体包括心理韧性在内的心理社会资源水平。这一结果提示我们,首先要引导青少年建立一种信念:自身境遇最终能变好,自己的努力能够促使积极结果产生,培养青少年乐观的心理特质。另一方面还要培养、提升青少年的目标专注和情绪控制能力,并引导青少年和老师、同学建立亲密友好的关系,扩展其可以获得的心理社会资源的来源,提升其包括心理韧性在内的心理素质水平。

(资料来源:牛更枫,等.青少年乐观对抑郁的影响:心理韧性的中介作用[J].中国临床心理学杂志,2015,4(23).)

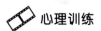

### 厂长的困惑

美国田纳西州有一座工厂,许多工人都是从附近农村招募的。这些工人由于不习惯在车间工作,总觉得车间里的氧气不足,因而顾虑重重,工作效率自然降低。厂长为此大伤脑筋。如果你是这家工厂的厂长,能否使用某种方法解除工人的"心病",提高他们的工作效率?

你的方法是:＿＿＿＿＿＿＿＿＿＿＿＿＿＿＿＿＿＿＿＿＿＿＿＿＿＿＿＿＿＿＿＿。

## 第二节 共 情

某教学节段中,设计者介绍了三种积极的身体语言,如图5-4所示。

上述身体语言分别代表着哪些心理学信息?在生活中,它们对于我们有何益处?让我们一起来了解一下。

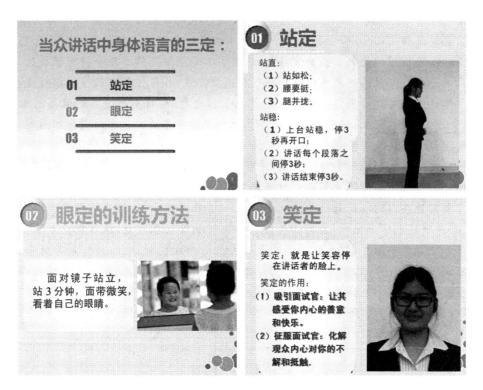

图 5-4 课程组图

### 学习导航

一、概述共情

（一）共情的定义

共情，又称同感、同理心、移情等。自从铁钦纳 1909 年创造"共情"一词以来，心理学领域对共情的研究历史已达百余年。

在研究早期，共情的定义主要基于哲学的思考和现象学的描述，大致可以分为以下三类。

(1) 共情是一种认知和情感状态。如 Hogan 认为共情是设身处地理解他人的想法，在智力上理解他人的一种情感状态，并据该定义编制了共情量表，用于测量共情状态下个体的认知状况。Hoffman 认为共情是从他人的立场出发对他人的内在状态进行认知，从而产生的一种对他人的情绪体验状态。

(2) 共情是一种情绪情感反应。如 Eisenberg 和 Strayer 认为，共情是源于对他人情感状态的理解并与他人当时体验到的或将会体验到的感受相似的情绪情感反应。

(3) 共情是一种能力。如 Feshback 认为，共情是认知能力和情感能力的结合体。认知能力指辨别、命名他人情感状态的能力及采择他人观点的能力,情感能力指个体的情感反应能力,两种能力交互作用,使个体产生共情。Ickes将共情定义为准确推断他人特定想法和感受的一种能力。

随着研究方法的发展和研究的深入,研究者转向通过对其结构或成分的探讨来定义共情。Davis认为共情包括个人和情景的因素、发生在共情者身上的过程和共情的情感性结果及非情感性结果三种必要成分,并据此编制了国外使用最普遍的共情量表,将共情分为四个部分,即观点采择、想象、个人悲伤和共情关心。国内学者彭秀芳运用结构方程模型对共情所包含的成分进行分析,结果验证了Davis关于共情结构的划分。

崔芳、南云和罗跃嘉从功能学的角度出发,认为共情包含情绪共情和认知共情,两者的有机结合可以有效发挥共情的作用。

随着事件相关电位(ERP)、功能性磁共振成像(fMRI)等脑成像技术的发展,认知神经科学家对共情的研究为共情的定义提供了新的视角。Decety、Philip和Jackson基于共情脑机制的研究成果,认为共情是在不混淆自己与他人的体验和情感的基础上体验并理解他人的感受和情感的一种能力,包括情绪共享、观点采择和情绪调节三种成分。

Singer认为共情产生过程的必要元素包括:①产生共情的人处于一种情绪状态;②这种情绪与另一个人的情绪是同形的;③这种情绪是通过观察或者模仿另一个人的情绪而产生的;④产生共情的人能意识到自己当前情绪产生的原因在于他人而非自身。

综上所述,共情作为一种人际互动的心理现象,不仅是一种状态或能力,更是一种具有动态性、方向性的社会心理过程。

### (二) 共情的相关理论

#### 1. Davis的共情组织模型

Davis提出了共情的组织模型,他将共情理解为与个体对他人体验反应有关的一系列结构。该结构可划分为四块:前因,指的是共情主体自身的特点、目标或情景;过程,指的是使得共情结果产生的特定机制;个体内心结果,是相对于人际结果而言的,指的是共情主体所产生的认知、情感反应,它不是外显的行为表现;人际结果,指的是外显的、直接指向目标的行为反应。

其中,前因代表的是特质共情或者说是共情中稳定的部分,即人格特质或能力;过程代表的是共情在人际互动时的认知与非认知过程;结果代表的则是状态共情,可以是内隐的也可以是外显的。

#### 2. 共情动态模型

刘聪慧等在回顾共情相关文献并结合最新的脑功能成像研究后提出了共情的动态模型,发展了共情中情绪和认知并重的传统,并将行为纳入其中,发展了共情的双加工思想,明确提出了共情是一种心理过程,发展并完善了共情的动态思想。他们将共情看成是一个多系统和时间性的动态模型,该模型由五个部分组成:认知、情绪和行为三个系统为三个部分,另外两个部分为共情的起因和共情发生,涉及共情的开始、发展和结束过程。首先是个体面对或想象他人处境(共情起因系统,共情开始过程),随后个体的认知与情绪系统被唤醒,产生情绪情感体验、评估他人实际处境、结合自身价值观等考察是否共情他人(共情的认知,情感和行为系统,共情发展过程),最后将自己的情绪情感和认知投向他人(共情发生系统,共情结束过程)。相关内容如图5-5所示。

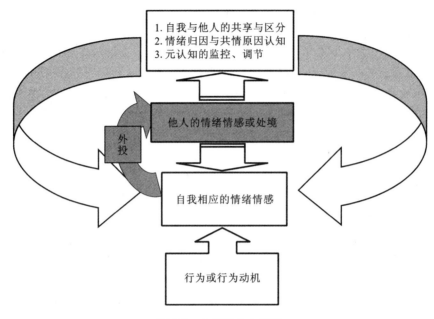

图 5-5　共情的动态模型

## 二、共情的培养

### (一) 培训方法

目前的共情培训多以团体形式进行,在教育领域中多以班级为单位实施。在团体辅导中一般会采取多种技术实施培训。

**1. 角色扮演**

角色扮演是团体辅导中经常采用的技术,它使被试亲身参与活动,积极体验,能有效地使被试的感受内化。共情培训中的角色扮演法通常会让被试听取情景故事,然后让被试把自己想象成情景故事中的人物进行思考、感受和行动并表演。

**2. 多感觉教授和练习**

一般会采用观看视频、听录音材料、阅读材料、情绪追忆等练习共情技巧。例如:Barone等人通过观看视频训练心理学专业学生的共情准确性;徐敏在培训中让被试观看卓别林的早期电影,提高被试的非语言信息沟通能力。在培训中多以家庭作业的形式让学生观看电影、电视剧,旨在提升情绪识别和非言语沟通能力。

**3. 情景讨论**

情景讨论在操作上一般是让被试就某个情景中的人物的某些想法、感受、行为等进行讨论,引导被试进行换位思考。例如,魏玉桂让学生听情景故事,然后问学生故事中两个人的做法谁更好,为什么,等等。

### (二) 培训内容

基于研究者对共情内涵理解的差异,在共情培训内容上会有不同。Marshall 等认为共情培训项目应该以认知技巧为主,例如读懂非语言信号、微妙的肢体语言以及面部表情,以解释他人的情感状态。Spivack 和 Shure 通过以游戏为基础的课程,聚焦于传授识别情感以及问题解决的技能。Greenberg 等设计了以培养换位思考策略为内容的共情培训课程,主要是提升常规课堂上和特殊教育课堂中学生运用自我控制、情感理解和人际问题解决方法的能力。

### (三) 培训模式

共情的培训模式有基础模式和精深模式之分。

基础模式指的是依据共情的内涵,从共情的不同维度设计培训内容,划分培训单元,如情感单元、认知单元和行为单元。各单元之间在培训内容上区分明显,但又统整在共情培训的内涵之下。另外,许多共情培训会加入与共情内涵并不直接相关的内容单元,如沟通技巧、问题解决策略等。该模式目的在于提升被试的基本共情能力。

区别于基础模式,精深模式不划分具体的培训单元,培训共情的基本能力如情绪识别、观点采择等。其前提是假设被培训者已具备共情基本能力,因此其目的在于提升被试共情能力的准确性、灵活性。精深模式往往联系被培训者的日常生活,使用反馈与练习、假设验证等手段进行培训。

---

**知识链接 5-2**

#### 共情培训的基础模式和精深模式

最具有代表性的基础模式是 Feshbach 于 1980 年编定的"学会关心:共情培训方案"。Feshbach 也是最早尝试共情干预的学者。该方案适用于小学 7~11 岁的儿童,其目的是通过共情培训来约束和减少儿童的攻击性行为,增进他们的亲社会行为,以及形成一整套供教师使用的课程。这套方案的基本单元如:帮助儿童认识和区别情感(使用有关信息来命名和区别情绪)、位置判断和角色承担(理解别人对某种情景可能产生的看法和解释)、情绪性反应(体验并意识到自己的情绪),希望儿童能够积极主动地形成教育期待的行为。

最具有代表性的精深模式是 Erera 设计研发的认知性共情培训方案。该方案针对的是助人职业者,使用的材料是被试自己与来访者的真实咨询材料。具体包括四个阶段:①被试记录求助者谈话;②假设求助者的心理状态;③被试假设自己的心理状态;④验证假设。该方案主要通过假设、推理来提升助人群体的认知共情能力。通过培训,发现实验组的共情分数有显著提高。

(资料来源:王赛东.初中生共情能力的培养[D].浙江师范大学,2012.)

## 三、案例分享

**案例1：情绪知多少？（设计者：黄莹映）**

1. 设计理念

共情主要是能够设身处地地理解别人，通俗地讲就是穿别人的鞋走别人的路，戴着别人的眼镜看世界。如何更好地理解别人？准确理解是前提，所以我们要提升自己对情绪的理解能力，更好地了解情绪。而了解情绪最好的方法就是自己去体验。笔者根据大卫·库伯的体验式教学理论设计了这一课。

2. 教学目标

认知目标：认识情绪，了解共情。

情感目标：体会到共情的必要性。

技能目标：掌握一些表达的方法，更好地共情。

3. 教学时间

一课时。

4. 教学对象

初一学生。

5. 教学重点

体会别人的情绪，了解共情的重要性。

6. 教学难点

掌握一些表达方法，提升共情能力。

7. 教学过程

第一环节：热身游戏

活动目的：通过这个活动让学生迅速进入状态，了解到这节课的主要内容是情绪，为接下来的学习做好铺垫。

活动程序：

（1）首先把全班分成四个小组，分别为喜、怒、哀、惧四组。

（2）接着说明规则：每个小组有2分钟准备时间，等下每组轮流发言，在30秒内说出相应的情绪词最多的小组获胜，可以加分。如："喜"组就要说出高兴、快乐等情绪词。

第二环节：听懂别人的故事

活动目的：通过猜歌让学生去听别人所诉说的故事，既能体会、觉察别人的情绪，同时也有助于学生发现原来日常生活中我们有那么多的机会去听别人的故事，养成良好的倾听习惯，有助于共情能力的培养。

准备材料：歌曲4段。

（1）不要离开，不要伤害，我看到爸爸妈妈就这么走远，留下我在这陌生的人世间，不知道未来还会有什么风险，我想要紧紧抓住他的手，妈妈告诉我希望还会有。——《天亮了》

（2）那一天知道你要走，我们一句话也没有说，当午夜的钟声敲痛离别的心门，却打不开我深深的沉默；那一天送你送到最后，我们一句话也没有留，当拥挤的月台挤痛送别的人

们,却挤不掉我深深的离愁。——《祝你一路顺风》

(3) 她有神奇的魔法,是开心大喇叭,让我的世界千变万化;她是旋转的木马,用彩色的烟花,把所有烦恼一点一点融化。跟着我一起出发,你就是superstar,明天的美好生活,要一起到达。快点把皮鞋擦擦,闪亮得不像话,好心情开满鲜花。——《快乐你懂的》

(4) 不要认为自己没有用,不要老是坐在那边看天空,如果你自己都不愿意动,还有谁可以帮助你成功。不要认为自己没有用,不要让自卑左右你向前冲,每个人的贡献都不同,也许你就是最好的那种。——《不要认为自己没有用》

活动程序:

(1) 首先告诉学生规则:认真倾听每一首歌,猜出它的歌名,并说出自己对唱歌者的感受,同时说明理由。(采取抢答的形式,答对可以加分。)

(2) 组织大家一起分享听到这4首歌自己的感受。对唱歌者、作曲者以及歌曲中的主人公有何感受?

(3) 总结倾听别人故事的一些方法。

第三环节:善于表达

活动目的:能够读懂别人的故事,我们还要学会告诉别人"我懂你"。通过这一环节掌握一些表达的技巧,能更好地解决问题。

准备材料:小剧本4个。

(1) 爸爸忙了一天回来,发现家里没有人做饭,只有自己的儿子在看电视……

(2) 同桌进了办公室,然后怒气冲冲地回来,撞翻了我的笔记本……

(3) 小妹妹不会做作业,一直在烦着我,弄坏了我的钢笔……

(4) 期中考试,班里成绩急速下降,满面愁容的老师进来了……

活动程序:

(1) 组织4个小组长上来抽取要表演的情景剧剧本。

(2) 说明规则:有3分钟的讨论时间,接着以小组为单位进行角色扮演,重现相应的情景,并表现出自己小组如何表达"我理解"。

(3) 组织大家分享如果是我们自己遇到这样的事情,我们要如何跟主人公说"我懂你"。

(4) 小结:更好地表达自己的一些小方法。

第四环节:学以致用

活动目的:让学生把课堂上所学的知识跟学习、生活相联系,巩固课堂内容,学以致用。

活动时间:5分钟。

活动程序:组织大家分享一件自己认为最能体现自己乐于倾听、善于表达,很好地理解别人的事。

**案例2:见微知著(设计者:黄莹映)**

1. 设计理念

非言语信息是日常生活中大家比较容易忽略的地方,但是同时它很真实地表达了一个人的想法,所以从非言语信息入手,既有助于锻炼学生的观察能力,同时也能很好地提升学生的共情能力。

2. 教学目标

认知目标:认识到非言语信息在共情中的作用。

情感目标:感受到非言语信息在共情中的重要性。

技能目标:掌握一些解读非言语信息的方法,提升共情能力。

3. 教学时间

一课时。

4. 教学对象

初一学生。

5. 教学重点

认识到非言语信息在共情中的重要性。

6. 教学难点

掌握一些解读非言语信息的方法,提升共情能力。

7. 教学过程

第一环节:课程导入

活动目的:通过播放视频吸引学生注意,并引导学生通过视频发现非言语信息对情绪、情感的表达和理解有着重要的作用,以此引出对非言语信息的学习。

准备材料:视频《铁齿铜牙纪晓岚》选段(1分25秒)。

活动程序:

让大家认真观察视频,并思考有关问题:①视频中和珅与纪晓岚的关系如何?是敌对还是合作?为什么?从哪里可以看出来?②我们可以感受到杜小月出现后,和珅和纪晓岚的情绪如何?

视频大意:和珅在公堂上审问纪晓岚和疑犯,要对纪晓岚用大刑之际,杜小月赶到了,但是和珅立马装作不认识杜小月,并跟纪晓岚挤眉弄眼,"眉目传情",而纪晓岚通过唇语让和珅把杜小月轰出去。和珅很为难,纪晓岚通过借一步说话跟和珅通气一定要把杜小月轰出去,以免破坏计划,并承诺一力承担后果。和珅得到保证后迅速把杜小月轰了出去。

视频相关截图如图5-6所示。

通过对视频中的一些画面进行解读,引导学生发现非言语信息的魅力。

第二环节:分享学习

活动目的:通过小组PK(对决)的形式让学生掌握一些非言语信息及其辨别方法,对非言语信息有一定的了解。

准备材料:面部表情、肢体动作的图片。

活动程序:

(1)组织同学分组,说明规则:看图猜表情,猜到的小组举手抢答,答对的得一分。注意:不举手不得分。

(2)一张一张地呈现面部表情的图片(见图5-7),让大家去猜是什么表情,并说明理由;接着呈现答案并讲解从哪里识别最为明显,并给相应的小组加分。

(3)总结这一轮的比分,并总结相应的识别方式,引出猜肢体动作,同样说明规则。举手抢答,不举手不得分。

图 5-6　视频截图组图

蔑视
① 只有一侧的嘴角收紧，并略微(或明显)上扬

（蔑视，只有一侧嘴角收紧，并略微或明显上扬）

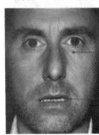 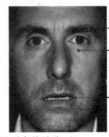

惊讶
大多数时间只停在一秒钟
① 眉毛上扬
② 睁大双眼
③ 嘴唇不自然地张开

（惊讶，眉毛上扬，睁大双眼，嘴唇不自然地张开）

愤怒
① 眉毛下垂，并向内侧收紧
② 眼睛怒视(瞪眼)
③ 收紧双唇(紧紧闭合)

（愤怒，眉毛下垂，并向内侧收敛，眼睛怒视，收紧双唇）

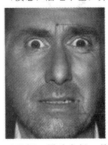 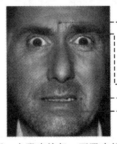

恐惧
① 眉毛上扬，并且向内挤压
② 上眼皮抬起
③ 下眼皮拉紧
④ 嘴唇朝双耳的方向略微横向拉长

（恐惧，眉毛上扬，并且向内挤压，上眼皮抬起，下眼皮拉紧，嘴唇朝双耳的方向略微横向拉长）

 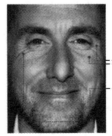

幸福
① 眼角出现明显的鱼尾皱纹
② 提起脸颊肌肉
③ 脸部肌肉围绕双眼作环形运动

（幸福，眼角出现明显的鱼尾纹，提起脸颊肌肉，脸部肌肉围绕双眼作环形运动）

图 5-7　课程组图

(4) 一张一张地呈现肢体动作(见图5-8),让大家去猜其表达的意思,然后公布答案,并加以解释。

图 5-8　课程组图

(5) 总结相应的面部表情和肢体动作的知识。

第三环节:默剧表演

活动目的:通过默剧表演加深大家对非言语信息的印象,同时学以致用,把刚才所学知识综合运用起来,尝试通过面部表情、肢体动作去理解别人以及表达自己,以更好地达到共情。

活动材料:默剧4段。

(1) 小明很喜欢打篮球,这次"新生杯"篮球赛他很想参加,但是这段时间碰巧他要去考钢琴十级,父母不希望他出去。他觉得父母独裁专制,不理解他,回到房间打电话给同学诉苦。在同学的开导下,他恍然大悟,父母不想他出去是怕他受伤影响钢琴考试,准备开门向父母道歉。此时,父母也想通了,过来跟小明说……

(2) 小宏腿脚不方便,一个同学因为喊他"瘸子"被他打了一顿,老师马上要求见家长。回到家,小宏看到妈妈坐在沙发上,怒气冲冲。他慢慢蹭过去,想要安慰妈妈,妈妈看到孩子回来了,一把抱住孩子……

(3) 小A被老师喊到办公室,回来后满脸不爽。同桌小B因为刚看到一段笑话想跟小A分享,小A没理他,他便拍小A的肩膀,小A一怒之下拍了小B一掌,两个好朋友就此吵架了……

(4) 小凯调皮捣蛋,经常骚扰同班同学,甚至在上课的时候不停打断老师上课,班主任为此感到很烦恼,小凯屡教不改,越说他越起劲。后来发现学生虽然捣蛋,但只要有人理他就会消停一下。老师再次找小凯谈话,原来小凯因为父母外出打工,想要得到大家的关注……

活动程序:

(1) 让四个小组的组长上来抽选自己小组要表演的默剧,给大家3分钟时间讨论人员安排和表演情况。

(2) 各小组轮流上台表演,其他小组根据提示语对表演内容进行猜测,举手抢答,猜对的小组可以加分。注意:不举手不得分。

提示语:

(1) 家里,"新生杯"篮球赛,钢琴考试。

(2) 家里,闯祸见家长。

(3) 教室,同桌,笑话。

(4) 学校,捣蛋鬼,师生。

第四环节:副语言

活动目的:通过副语言,让学生再次认识到除了内容外,肢体语言、说话时的语调、语气,甚至情景,都不能忽视。正所谓"说者无心,听者有意",一句话也大有学问。

活动材料:两段录音,一些用以练习的句子。

录音内容:女生约男朋友见面,说道:"如果你到了,我还没到,你就等着吧(平缓一点的语气);如果我到了,你还没到,你就等着吧(不开心,有威胁的味道)。"

今天天气很好,你去哪了?(疑问,关心同学)今天迟到了,你去哪了?(音调偏高,对学生的迟到感到不满)

练习内容:①你怎么了。②小明过来。③你很好。

活动程序:

(1) 先听两段录音,让大家比较两段录音有什么不一样,并说明理由。

(2) 结合学生的分享,指出说一句话或听一句话还有很多要注意的地方,从语气、语调、情景等入手更容易体会或表达情感。

(3) 让学生练习一下,给出一些句子,让学生分享不同语境、不同语气的效果,以此加深印象。

第五环节:联系现实,学以致用

活动目的:联系现实生活,真正把课堂所学知识运用到实际生活中,真正做到学以致用。

活动程序:

(1) 总结本节课所学知识,并举出实际生活中通过这些非言语信息体会别人情绪情感的例子。(看到同桌满脸怒火,急需出气筒,那么我们就不要过去调侃或挑衅了,应乖乖躲到一边,等他冷静了再回来,免得碰撞起来一发不可收拾)

(2) 让学生分享日常生活中通过非言语信息更好地表达自己或理解他人的例子。

**案例3:将心比心(设计者:黄莹映)**

1. 设计理念

共情归根到底是要相互理解,做到设身处地地理解别人,所以进行换位思考的训练显得非常必要。笔者根据大卫·库伯的体验式教学理论,始于体验,进而发表看法,引起反思,设计了这节体验课。

2. 教学目标

认知目标:认识到换位思考在共情中的重要性。

情感目标:体会日常生活中的换位思考,提升共情能力。

技能目标:在日常生活中能够换位思考,更好地理解别人。

3. 教学时间

一课时。

4. 教学对象

初一学生。

5. 教学重点

让学生体会到日常生活中换位思考的重要性。

6. 教学难点

学以致用,让学生在日常生活中能够换位思考,提升共情能力。

7. 教学过程

第一环节:暖场活动

活动目的:通过小活动让学生切身感受到站在不同的位置的确会看到不一样的东西,引出这节课的主题:换位思考,从而更好地理解他人。

准备材料:两个烂橘子。

活动程序:

(1) 邀请同学小A帮忙,让他走上讲台。

(2) 摆出两个烂橘子,标明①、②,其中①号橘子烂的一面对着讲台下面的同学,②号橘子烂的一面对着讲台上的小A,然后让大家想一想小A会选择那个橘子?(不能发出声音)

(3) 小A在黑板上写下自己想要的橘子。

(4) 首先让小A说明理由,然后再让大家发表意见。

(5) 展示两个橘子烂掉的一面,让大家切身感受到站在不同的位置会看到不一样的东西。

第二环节:一路有你

活动目的:通过轮流当"明眼人"和"瞎子",切身体会到扮演不同的角色对同一件事会有不同的想法,以此点出需要共情,暂时抛弃自己的想法,将心比心,用心去体会别人的感受。

准备材料:眼罩若干(每人一个)。

活动程序:

(1) 把同学分成几个组,每组6人左右。

(2) 每组的同学排成一列,戴上眼罩,手搭在前面同学的肩膀上。第一个同学先出来,摘掉眼罩,充当明眼人,带领自己小组一起去"探险",整个过程中不允许说话。

(3) 一定时间(3分钟,视情况而定)后,带领者排到自己队伍的最后面,此时站在第一位的同学摘下眼罩,继续"探险"。

(4) 等到所有的同学都当过一遍"明眼人",我们的活动就结束了,大家坐下来分享在

"探险"过程中的一些感受、想法。

注意:活动过程注意安全,起点跟终点一样,老师要提前熟悉探险地区并做好准备,而且最好有一些简单的障碍物。

第三环节:联系实际

活动目的:结合大家的现实生活,提供一些贴近学生生活的案例,让他们思考,把换位思考跟日常生活相联系。知识源于生活,归于生活。

准备材料:案例2则。

案例一:宿舍熄灯后,舍友拿出手电筒,做他自己的事情,暂且不说会被宿管抓到,单单那光,就让我睡不着觉,这让我很烦躁,我多次叫他把手电筒关上,他都不听。于是我很恼火地从床上爬起来,一脚把他的手电筒踹飞。

案例二:上学期的班际篮球联赛,在前几场比赛中,为了赢得比赛,主力队员几乎打了全场。我的上场时间非常少,作为球队的一员,我认为大家都应该有上场表现自己的时间,所以我对此有很大意见。我找队长商量,队长说:"谁的状态好,就给他多点时间发挥。"但我还是很不开心!

活动程序:

呈现两个案例,让大家思考如果我们是案例中的主人公,我们会怎么做?

第四环节:学以致用

活动目的:结合上一环节的思考、分享,通过学生自己讲述案例,真正做到学以致用,巩固课堂知识。

活动程序:让大家分享一件觉得自己真正做到换位思考的事情。

## 共情的性别差异

共情在学前阶段没有性别差异。进入中小学阶段以后,共情出现了性别差异。一方面,共情的性别差异与个体自身的生理成熟有关。随着年龄增长,两性逐渐趋向生理成熟,荷尔蒙分泌增加并出现差异,两性的共情水平也因此有了显著差异。另一方面,共情的性别差异与社会性别角色倾向有关。女性的性别角色以关注他人为导向,与共情直接相关。男性的性别角色以关注公平、公正为导向,与共情没有直接相关性。当两性习得各自的性别角色以后,他们的共情表现就出现了差异,这一差异在情绪共情方面较为突出。有关共情性别差异的研究虽然取得了丰富的成果,但仍然有进一步深入挖掘的空间,未来的研究需要在视角上注重从年龄、性别和文化交互作用的角度进行考察,在理论上考虑从能力和倾向性的维度区分共情,在内容上丰富对影响性别差异的各项因素的研究。

(陈武英,卢家楣,刘连启,林文毅.共情的性别差异[J].心理科学进展,2014,22(9).)

### 心理训练

试一试：尽可能多地写出形容感受与态度的常用词。

1. 正面的词汇：_____
_____
_____
_____
_____。

2. 负面的词汇：_____
_____
_____
_____
_____。

## 第三节 抗 逆 力

### 案例分享

某教学节段中，以一项心理小实验引入，如图 5-9 所示。

各位同学，这里的小石头、沙子和水都能够放进这个玻璃瓶中吗？请说说你的办法。

- 石块——目标
- 沙子——引发挫折的事件
- 水——由挫折事件引发的不良情绪
- 按照上面各个物品所代表的含义，同学们觉得要想控制住"挫折君"，我们的第一个小秘诀是什么？
- 秘诀：牢记你的目标。

图 5-9 课程组图

如何面对生活中所经历的挫折事件？如何引导学生直面挫折？这是初中心理健康教育的重点话题，也是难点问题。关于挫折的前沿研究中，当前的热点探究是学生"抗逆力"的提升。本章将以此为平台，分享当下的研究成果，并分享相应的教学案例。

一、概述抗逆力

（一）定义

抗逆力最初是物理学术语，20世纪七八十年代由西方学者将其延伸至心理学、社会学及教育学的研究中。诺曼·加梅齐是这一领域的最早研究者，他通过研究发现许多孩子不会因为同患精神分裂症的父母一起生活而患有精神疾病。因此，他认为，抗逆力的某些特性在心理健康方面所起的作用比人们以前想象的要大。更有影响的是 Anthony 在20世纪70年代中期的研究发现：某些来自父母精神异常家庭的儿童，虽然长期生活在严重的社会心理逆境中，但是他们拥有健康的心理调节能力与社会适应能力，于是他把这些儿童称为"适应良好的儿童"。后续的研究者认为，有某些变量调节了高危环境与预期的适应不良之间的对应关系，并致力于寻找那些成功应对的个体身上存在的保护因子或抗压力。心理学界后来将这些变量、保护因子和抗压力统称为抗逆力。

抗逆力所对应的英文单词为 resilience，起初多用于强调个体经历创伤或应激情景后的自我恢复能力。Ungar 将抗逆力定义为：在遭受诸如精神层面、外界环境，抑或二者皆有的重大逆境或挫折的情景下，个人具备获得维持个人健康发展的资源的能力，这些资源包括健康发展体验的机会，个人的家庭境况，社区与文化提供的健康资源以及具有深远意义的文化的体验。曾有台湾地区学者将 resilience 翻译为"复原力"，用于强调个体在遭遇创伤或应激情景后的心理自我恢复能力，即在受到创伤后，个体能通过自身的调节而恢复到创伤前的生活状态的能力。大陆及香港地区学者则将 resilience 翻译为"心理弹力"、"心理韧性"、"心理弹性"或者"抗阻力"，从而突出个体在困难中乘风破浪、奋勇前进的精神。也有一部分大陆学者认为"抗逆力"一词有着更丰富的心理学意义，它不仅意味着个体在经历创伤和应激事件后能恢复到最初的生活状态，在困难压力面前不屈不挠，而且更注重个体在经历创伤及挫折后的良性发展。

尽管对于抗逆力的含义，不同的学者有着不同的侧重点，但它们有着一个共同点：都强调抗逆力是指个体在经历创伤或应激事件时积极应对，同时善于进行自我心理调剂的能力。在与困难、挫折做斗争的过程中，抗逆力能使个体恢复到最初的生活状态，甚至能使个体在心理健康方面获得良性发展，使得个体心理变得更强大，从而在今后的生活中能更好地应对困难、挫折。

笔者认为，抗逆力是个体直面困难挫折的勇气，解决问题的能力，回到初始状态的复原力，以及经历挫折后的良性发展的统一。

抗逆力不仅仅指个体的自我恢复能力，也包括面对困难的勇气、解决问题的过程及结果。

抗逆力是一种勇气,它使得个体在困难、挫折面前不退缩不逃避,敢于面对自身的不利处境。这是个体自我恢复及后续良性发展的前提。

抗逆力是一种能力,也可以认为它是一种经验的积累。它使得个体在身处逆境时懂得如何解决问题及如何走出困境。Garmezy等人认为,抗逆力的核心在于个体的复原力,即个体重新回到应激事件之前所具有的适应的、胜任的行为模式的能力。

抗逆力是一种过程,是个体与环境的相互作用的过程。抗逆力是由环境中的困难逆境所激发产生的。正如Rutter所说,拥有抗逆力仅仅意味着个体具备抵抗逆境的条件,并不等于能够成功抵抗压力。个体若想成功克服困难,走出逆境,必须通过自身不断与环境互动,即个体必须采取相应的行动,付出一定代价,才能获得成功。

抗逆力是一种结果,它使个体克服困难、走出逆境,恢复至最初的平衡状态,同时它也预示着个体之后的良性发展,即预示着个体向更好、更积极的结果努力。

抗逆力有高低之分,有的人所拥有的抗逆力仅仅停留在有勇气面对困难逆境的层面,但无法找到有效解决问题的途径;而有的人既有勇气面对困难也能找到解决问题的方法,但未采取有效的行动。这二者被统称为低级抗逆力。当一个个体不仅有勇气、有能力面对逆境,而且采取了有效措施,最终恢复到最初的平衡状态,我们称之为中级抗逆力。而当一个个体在经历困难逆境之后不仅能恢复到最初的平衡状态,而且自身得到了良性发展,向着更好、更积极的结果努力时,我们称之为高级抗逆力。

### (二)抗逆力的表现形式

通常将抗逆力的表现形式分为常规途径和非常规途径。

常规途径简称"4C",包括胜任力(competent)、同情心(caring)、贡献(contribution)和乐群(community)。当个体通过常规途径表现抗逆力时,个体倾向于采用亲社会的行为方式,遵从道德规范,认同当前的主流文化,也因此得到社会的认可及接纳。

非常规途径简称"4D",包括危险的(dangerous)、反抗的(delinquent)、失常的(deviant)和失调的(disordered)的行为。与常规途径相反,通过非常规途径表现抗逆力的个体,倾向于采取反社会行为来对抗权威、挑战传统与道德规范,也因此常常受到成人的指责、同辈伙伴的排挤及来自公众的压力。

尽管两种表现形式呈现出对立的形式,但是它们犹如一张纸的正反面,都是抗逆力的表现形式,同样体现了个体的生命力与韧性。由于常规形式采用亲社会的行为方式,易于得到社会的认可与支持,在个体与环境互动的过程中容易发挥作用;而非常规表现形式由于采用反社会行为向权威、道德规范提出挑战,所以在抗逆力与环境作用的过程中很难发挥作用。然而,为什么有的青少年要采用抵抗学校文化、反抗权威及主流的非常规方式来表现能力、获得关注,这值得我们思考。

### (三)抗逆力理论

在此,笔者将阐述五个抗逆力模型,包括Garmezy的行为目标模型、Hunter的抗逆力层次模型、Rutter的策略模型、Kumpfer的环境—个体互动模型及Richardson的身心灵动态平衡模型。

**1. Garmezy 的行为目标模型**

Garmezy 通过研究逆境中个体的保护性因子及危险因子的互动关系,在资料分析及文献综合的基础上,他认为个体在面对逆境时会采取三种类型的行为:补偿型行为、预防型行为、免疫型行为(见表 5-2)。

(1) 补偿型行为:行为目标在于对危害性结果做出补偿。个体采取补偿型行为意味着保护因子的缺乏。当个体行为的预测性结果为不利方面时,为了达到补偿的目的,个体选择发展自身的能力和资源来做出补救与防御。

(2) 挑战型行为:风险和挑战激发个体潜能,激活了自我保护因子。个体采取挑战型行为意味着,逆境对个体所带来的压力并没有超出其所能承受的范围。

(3) 免疫型行为:个体具有强大的保护因子,对逆境形成屏障和阻击,使得个体免受或减少逆境的伤害。

表 5-2 抗逆力行为目标模型

| 名称 | 内容要点 | 特点 |
| --- | --- | --- |
| 补偿型行为 | 预测性影响:行为结果的好坏对个体选择行为的方式具有预测性影响。<br>补偿性选择:当缺乏保护性因素时,个体行为的预测性结果为不好的方面,为了达到补偿目的,个体选择发展本身的能力和资源 | 个体资源与能力的补偿作用 |
| 挑战型行为 | 作用条件:危机、风险对个体带来的压力程度没有超出其所能承受的相对程度。<br>挑战型行为的积极作用:风险和挑战带来的压力对个体能力的发挥具有加强作用 | 风险性因素的积极作用 |
| 免疫型行为 | 个体能力的免疫性:风险压力和个体能力的互动关系决定了抗逆力是否具有对危机的免疫性。<br>保护性因素的影响:保护性因素的有效发挥,对个体在不同环境中的适应性有积极作用 | 保护性因素本身的免疫调节作用 |

Garmezy 认为上述三种行为类型并不是孤立存在的,彼此之间是相互联系、相互融合的过程。在面临逆境时,个体所采取的行为方式可能是其中两者的结合或者是三者的结合。

**2. Hunter 的抗逆力层次模型**

Hunter 的研究表明每个人都具有抗逆力,抗逆力只有高低之分,无优劣之别。他在所提出的模型中,将抗逆力从低到高分为生存层次、防御层次、健康层次。Hunter 认为,抗逆力不仅包括传统意义上的亲社会行为,如同情心、乐群等,同时也包括反社会行为,如拒绝、侵犯、孤立等。生存层次的个体通过暴力侵犯或情感压抑进行自我保护。防御层次的青少年通过孤立自己、拒绝与人交往、远离外界危险来保护自己。健康层次的青少年具有良性发展的倾向,他们通过积极的心理调适,灵活地处理各种压力,来获得更多的社会支持。

(1) Hunter 认为压力事件是激发抗逆力的先决条件。Hunter 将压力事件分为创伤经历、生命事件及挑战事件。创伤经历是指对个体身心造成重大影响的生活经历。创伤经历尤其是儿童时期的生活经历对个体抗逆力的发展具有重要作用。生命事件包括升学、工作、家庭变迁等。挑战事件因人而异,比如有些人认为考试失利对自己构成挑战,而另一些人却认为不构成挑战。抗逆力修饰因子是指影响抗逆力的发挥因素,而 Hunter 并未对此做出细致的划分,只是采用"修饰因子"来概括抗逆力过程中的影响因素。他特别强调,应根据青少年不同发展的阶段特点来进行分析研究。

(2) 抗逆力行为方式的层次划分。Hunter 使用"生活史记录"、"自由写作练习"、"焦点小组"等方法来研究青少年在面对逆境时的应对策略。并将青少年的抗逆力水平从低到高做出了划分。

(3) 抗逆力层次的基本特点。笔者认为抗逆力是一个连续运作的动态过程,可以分为多个层次(见图5-10),但其中生存层次、防御层次及健康层次最具有代表性。从生存层次到保护层次再到健康层次,体现出青少年的抗逆力水处在不同的状态,生存层次个体通过暴力侵犯或情感压抑进行自我保护,所以其抗逆力处在不佳状态。防御层次的青少年由于不信任他人而通过孤立自己、拒绝与人交往、远离外界危险来保护自己,但未对他人造成伤害,所以其抗逆力处在中间层次。健康层次的青少年具有良性发展的倾向,他们具有较强的自我效能感及信任他人的能力,通过积极的心理调适,灵活地处理各种压力来获得更多的社会支持。

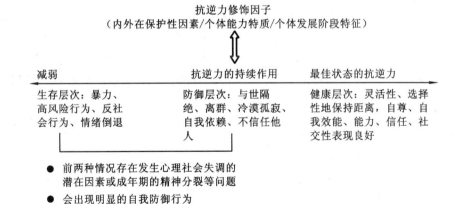

图 5-10 青少年抗逆力层次模型

### 3. Rutter 的策略模型

Rutter 从环境与个体两个角度提出四种个体应对逆境的策略,呈现出抗逆力运行的关系框架(见图5-11)。

(1) 降低风险的影响:改变对风险因素的评价和避免或减少与风险因素的接触。换而言之,在教学过程中一是引导学生从新的角度重新评价风险因素,对于已经有创伤经历的个体,可以通过建立一种补偿性的环境来降低这种影响。比如某同学由于丧亲产生创伤,教师

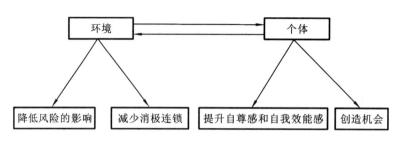

图 5-11 抗逆力运行的关系框架

可以通过引导其好朋友为该同学建构起一种新的关爱关系来消减丧亲经历所带来的悲痛。而对于还未受到不良环境影响或者正在受其影响的个体,避免或减少与不良环境的接触是一种降低影响的有效途径。比如说,父母通过禁止青少年赌博从而降低了青少年赌博成瘾的概率。

(2) 减少消极连锁。对于风险因素已经造成的恶性循环需要立即采取补偿性措施,尽量避免这种消极影响的扩大化。比如身体的缺陷容易使个体产生自卑、过于敏感、与世隔绝的心理。相反,重要他人的良好照顾和无条件的积极关注,能有效地减轻这种消极连锁反应带来的影响。

(3) 提升自尊感和自我效能感。从个体角度出发,教师、家庭及社会可以通过提供安全、和谐的关系及教授应对挫折的技能,使青少年有勇气面对困难逆境,在逆境面前不逃避不退缩,并且能有效地解决问题。

(4) 创造机会:给个体创造表现的机会。比如教师可以通过难度适中的测试题或者让青少年去完成一些力所能及的任务来提升青少年的自我效能感。

完全避免与风险因素的接触恐怕是难以做到,况且"温室里的花朵"与抗逆力的培养目标相违背。俗话说"没有压力就没有动力",完全避免风险不利于青少年抗逆力的培养,无法提升其承受挫折、抵抗逆境的能力,不利于其未来发展。适用于学校的建设性方式是,在保护个体尽量少受伤害的同时激励其不断提升个人的能力水平,并能主动应对,克服逆境,获得成长。需要注意的是针对不同的个体,应该有不同的侧重点,对于缺乏外在保护因子的个体应重点激活其所处环境中的有利资源。比如对于留守儿童,应该以促进其建立良好的家庭关系为重点,而对于自我效能感较低的个体应重点提升个体潜能。

**4. Kumpfer 的环境—个体互动模型**

同样从环境与个体两个角度出发,Kumpfer 就抗逆力产生的起点、作用过程及结果进行了完整的探讨,并对抗逆力运作机制做出详细分析。

1) 抗逆力的起点

压力事件是抗逆力的起点,这与 Hunter 的观点如出一辙,两者都将压力事件或外界刺激当成个体抗逆力的先决条件。同时 Kumpfer 还提出由于压力事件引起个体内部平衡状态的失衡,个体为了适应新环境、恢复平衡状态,便引发抗逆力的发挥。对于青少年来讲,社会文化、居住社区、学校、家庭、同龄群体对个体应对压力或挑战具有重要影响,同时,根据发展心理学中的生态系统可知,其中家庭、学校及同龄群体对其影响最大。

2) 抗逆力的运作过程

在应对压力事件的过程中,个体与环境直接发生作用。它包括精神方面、认知方面、社交方面、情感方面和身体方面。精神方面主要指个体的认知能力或信念系统,比如人生理想、生活目标、生存意义、乐观品质等。认知方面主要指帮助个体完成人生理想的能力,主要包括智力、情商、阅读能力、洞察力、创造能力等。社交方面的能力主要包括社交技巧、应变能力、交往能力、亲密能力等。情感方面的能力主要包括幸福感、情绪管理技巧、自我修复能力、幽默感等。身体方面的能力主要包括:良好体质、保持健康的能力、运动能力的发展等。

在个体与环境互动的过程中,一些个体有意识或无意识地通过与环境的相互作用来帮助自己将高风险环境改造成更具保护性的环境,其中包括:①选择性知觉;②认知再构造;③计划和梦想;④对亲社会群体的识别与交往;⑤主动改善环境;⑥主动应对。比如,当发觉自己处在风气不良的学校时,有的青少年会主动提出转学;对于没有机会离开现有生存环境的少年,他们只能通过选择性的交往及寻找环境中的积极因素来减少风险因素的影响。比如,与亲社会的家庭成员及朋友接触、加入一些青少年俱乐部等等。有爱心的成人或教师也可以通过积极关注和照顾来帮助青少年有效地适应生活,包括:①角色示范;②教导;③给予建议;④情感上具有回应性的照顾;⑤创造有意义活动的机会;⑥有效监督和训练;⑦合理的发展期望;⑧其他形式的社会心理促进和支持。

个体与环境间互动关系的性质,决定了抗逆力结果的好坏,好的互动关系会导致正向的抗逆力结果,消极的互动关系会导致负向的抗逆力结果。

3) 抗逆力结果

Kumpfer 认为抗逆力过程有三种可能的结果:第一,抗逆力性重构,标志着个体达到一种更高的抗逆力水平,从而使个体得到良性发展变得更强大;第二,适应,指回到压力事件发生之前的初始状态,虽没有达到一种更高的抗逆水平,但个体内部状态能恢复到平衡水平,可以保持原先的生活状态;第三,适应不良性重构,指个体的抗逆力水平退回一个较低的状态。

**5. Richardson 的身心灵动态平衡模型**

Richardson 侧重于抗逆力结果的研究,他认为,当个体内部平衡状态被打破时,个体通过与环境的相互作用,重构新的平衡状态。

1) 抗逆力的标志——身心灵平衡状态

与 Hunter 及 Kumpfer 的观点不同,Richardson 对抗逆力的描述始于一个人能适应现有的生活情景的状态。"身心灵平衡状态"指的是个体心理、生理和精神上对外界环境的一种适应状态,不管这种环境是好的还是不好的。如图 5-12 所示。

2) 平衡状态的瓦解

平衡状态的瓦解是重构的前提。这与 Hunter 及 Kumpfer 的观点相同,认为是压力事件或突发事件打破了个体原有的平衡状态。平衡状态的瓦解意味着个体原有生活模式的改变,新难题进入人们的生活。然而值得注意的是并非所有的压力事件或突发事件都能瓦解平衡状态,平衡状态是否被瓦解,取决于个体对这些事件的认识和个体生活经验。如果个体的保护因子和抗逆力可以帮他处理好当前的各种突发生活事件,那么这些事件就不会导致破坏,平衡状态不会瓦解。如果个体无法在生活中发展出抗逆特质或没能在以前的压力中

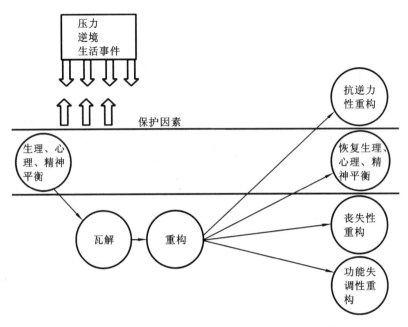

图 5-12　身心灵动态平衡模型

获得成长,长期的压力源或新的生命事件就会导致平衡状态的瓦解。

需要强调的是,Richardson 所说的突发生活事件不一定指消极事件,在他看来,所有侵入原生活的新事物都是突发事件,因为它会打破个体原有的生活状态,使之发生改变。即便是积极的变化,也可能带来平衡状态的瓦解。比如,有的青少年考进了重点中学,因为难以适应新的学习环境,出现情绪障碍;一个新的工作机会或者突然收到浪漫的求婚都可能引起瓦解性反应,从而给个体的生活带来消极影响。

3) 重构:抗逆力的结果

平衡的瓦解并不意味着毁灭,相反,它是新生活的开始,是抗逆力重构过程的开端。抗逆力重构有四种可能的结果。第一,抗逆性重构,这与 Kumpfer 的抗逆力性重构相同,同指能促进成长、获得知识、达到自我理解和提高的具有抗逆力的表现,是在识别、获得和培养抗逆力特质上的一种内省体验过程,促进个体抗逆力特质的增强,也是最理想的结果。第二,恢复到生理、心理、精神的平衡状态,即恢复到原来的状态。但在有些情况下,比如说爱人的死亡、永久性的机能丧失等,这种平衡状态的恢复是一种面对现实的表现。第三,丧失性重构,即个体以放弃一些动机、信念或动力为代价而达成一种新的平衡状态,比如得过且过、消极应付等。第四,功能失调性重构,即通过药物滥用、破坏行为等非常规方式来应对突发生活事件。这是一种对自己、他人、社会产生不良影响的方式,虽然能达到重构的目的,但结果可能会导致新的瓦解。功能失调性重构的个体大部分在内省技巧上是有盲点的,需要通过治疗来弥补。

最后,Richardson 从生命活动的角度对四种结果进行了总结:生命前进是重复的抗逆性重构的功能表现;生命停滞是仅仅恢复到生理、心理、精神的平衡状态的功能表现;而生命脱轨是慢性的丧失性重构。

## 二、抗逆力的培养

### (一) UAP 的建议

在"成长的天空"(Understanding the Adolescent Project, UAP)项目中,青少年的抗逆力被解释为由三大要素组成,包括效能感(sense of competence)、归属感(sense of belongingness)、乐观感(sense of optimism),简称CBO。

**1. C——效能感**

效能感是指个体认为自己有能力解决所遇到的压力事件的能力。包括问题解决、人际技巧、情绪管理及目标制定等。问题解决是指懂得如何运用自身的资源或如何寻求外界帮助解决问题的能力;人际技巧是指适应不同环境的能力;情绪管理是指能合理地认识和管理自己的喜怒哀乐,并能产生良好的情绪效果;目标制定是指能根据自身的条件制定目标,有效地避免"天花板效应"及"习得性无助"。

**2. B——归属感**

归属感是指个体对某样事物或者组织的从属感。有研究者认为,个体若能积极参与到被照顾、被支持的环境里,并对其抱有期待,个体的归属感便会油然而生。而青少年至少要有一名关心及照顾自己的家庭成员,培养他们积极的人生态度、同情心,并理解、支持、帮助他们。而除了家庭成员之外,教师是对青少年最有影响力的人。

**3. O——乐观感**

乐观感是指个体相信未来充满希望的主观体验。乐观感是可以培养的,主要取决于我们如何看待当前所遇到的逆境。教师可以通过指导青少年正确认识生活中的逆境来培养他们的乐观感。

### (二) IRRP 的建议

国际著名的抗逆力研究项目(IRRP)通过对抗逆力的要素进行分类、整合,提出了可为实务操作提供直观指导的"3I"分类方式,包括:I have,I am,I can。

I have是指个体的外在保护因素。它包括积极关怀的连接关系、无条件的积极关注、合理的期望、参与机会等。积极关怀的连接关系是指个体在生活环境中拥有良好的人际关系,比如值得信赖的重要他人、周围人的支持与鼓励。这对青少年而言是至关重要的,青少年可以通过一种真诚的方式重新改造自己的身份。无条件的积极关注是指在个体的生活环境中至少有一位值得信懒的他人给予其无条件的关爱及接纳,使个体体验到被爱的幸福。合理的期望是指在个体的生活中有人对其给予期望,相信其有成功的可能,并且给予相应的支持。参与机会是指个体具有参与社会活动、集体活动的机会,并在其中体现出自己的价值。

I am是指个体的内在保护因素。它包括个体对自己的接纳及乐观感。根据埃里克森的发展理论,青春期的青少年正处于自我同一性时期,积极美好的自我形象对于这一时期的青少年尤为重要。当个体获得积极美好的自我形象时,个体对自我表现出高度的认同感和接纳,同时具有高自尊及高度自我价值。乐观感是指个体对自己未来的生活充满希望,相信明天会更好。正如 Seligman 所说,乐观感是可以培养的,主要取决于我们如何看待当前的逆境。我们若将当前的逆境看作是暂时的、外在的及个别的,那么我们就能比较乐观、正面地看待逆境,否则将无法面对逆境。

I can 是指个体的效能感,对生活的积极认知。它包括个体适应生活、解决问题的能力,以及情绪管理能力。

笔者认为两种分类虽然提法不同,但是其内涵是一致的。具体表现为:"I am"及"乐观感"都用来表示个体的内在保护因素,乐观感让个体对生活充满希望、对自己满怀信心;"I have"及"归属感"都用来表示外在保护因素,即个体所拥有的外在支持与外界的关爱;"I can"及"效能感"均用来表示个体解决问题的能力。

初中生身处于受保护的象牙塔中,在传统的教育理念里,为了保护青少年的身心健康,家庭、学校及社会竭尽所能将青少年放在"温室里",避开一切可能的危险。然而,随着社会经济的不断发展,青少年与社会接触的机会越来越多、范围越来越广,由于他们随时可能面对不可预知的逆境,且"挫折教育"容易导致学生的习得性无助,所以传统中的"挫折教育"已经不再适用,而要避开困难、压力已变得不可能。青少年要抵抗逆境,茁壮成长。如今,我们更应该培养青少年的抗逆力,使其不仅能战胜困难,而且能获得新生。

## 三、案例分享

**案例1:××学校欢迎你(设计者:黄海芳)**

1. 设计理念

通过学习相关的抗逆力知识,我们了解到影响抗逆力的组成因素包括效能感、乐观感及归属感。抗逆力的培养并不是一蹴而就的。初一新生刚踏进中学校园,来到新的学校认识新的同学,同学之间关系需要重新组合,导致归属感较低;同时由于自身角色的转换,有的同学原本在小学是极其优秀的,被老师重视,被同学们钦佩,而在新的集体可能显得默默无闻、普普通通,也有的同学升入初中后对新的环境感到自信心不足。所以,本案例以团体心理训练活动为主要组织形式,尝试提升学生的归属感。

2. 教学目标

从认知上让学生认同自己是新集体的一分子,从而增强学生的归属感,从情感上让学生相信不管遇到什么事,新伙伴会给他支持与帮助,在技能上让学生初步学会如何主动融入新的集体。

3. 教学时间

一课时。

4. 教学对象

初一学生。

5. 教学重点

提升学生的归属感。

6. 教学难点

让学生主动融入新的集体。

7. 教学过程

第一环节:建立团体契约

目的:让学生能以认真的态度对待此次的团体培训,并能从此次活动中受益。

步骤:组织宣誓,构成团队。

> 培训师宣誓:我×××(姓名)在此庄严宣誓,作为本次活动中的培训师,我严格遵守培训规则,对队员负责,确保队员人身安全,确保培训顺利进行,确保培训准时结束。
>
> 队员宣誓:(指导者指引)我×××(姓名),在此庄严宣誓,作为本次活动中的一员,我严格遵守团队规则,主动投入、认真倾听、真实表达,与队友互相协作、互相尊重、共同守密。

第二环节:团队热身

1) 水果大抢购

游戏操作:游戏过程中每个人代表5角钱,开始时大家打乱在场地内,主培说"大家快来买××(某种水果的名字)",大家便问"一斤××多少钱"。主培说出水果的价格,大家按照水果的价格,找齐足够买一斤水果的钱,队员手牵手围成一个圈。例如主培说"一斤苹果五块钱",则10人一组凑成5元钱的小组,手牵手围成一个圈。如此重复3~5轮,游戏过程中会有无法组成队伍的参与者,对他们进行小惩罚。

创新提示:首先让游戏过程中曾无法组成队伍的参与者,想一个"ABB"词语,比如绿油油、金灿灿等等。

设计目的:水果大抢购有很好的热场作用,作为第一个活动,能很好地带动气氛。且游戏规则简单易行,游戏过程中大家有肢体接触,可以拉近彼此关系,但又不过分亲密,不会使游戏产生尴尬。

2) 大树和松鼠

游戏目的:锻炼团队成员的反应能力,活跃现场气氛。

游戏规则:游戏中,学员扮演不同的角色,担任不同任务,每个人都要争取不要使自己落单。

游戏程序:(1)事先分组,一二三报数,二为松鼠,其他为大树。三人一组:二人扮大树,面对对方,伸出双手搭成一个圆圈;一人扮松鼠,并站在圆圈中间;培训师或其他没成对的学员担任临时人员。

(2)猎人来了。扮演"松鼠"的人就必须离开原来的大树,重新选择其他的大树;培训师或临时人员就临时扮演松鼠并插到大树当中,落单的人应表演节目。

(3)着火了,扮演"大树"的人就必须离开原先的同伴重新组合成一对大树,并圈住松鼠,培训师或临时人员就应临时扮演大树,落单的人应表演节目。

(4)喊"地震",扮演大树和松鼠的人全部打散并重新组合,扮演大树的人也可扮演松鼠,松鼠也可扮演大树,培训师或其他没成对的人亦插入队伍当中,落单的人表演节目。

设计目的:大树与松鼠是一个较好的团体游戏,学员通过扮演不同的角色,赋予不同角色所对应的行为反应;通过外在环境的不断变化,致使"大树"和"松鼠"都面临着脱离"群体"的危机,所以它们都要想尽一切办法,归属团体。在这一游戏的过程中,学员"归属"的需要得到放大体现,促进了人与人之间的交流和合作;"团队精神"的重要性得到极大的体现,并使每个成员产生深刻体验。

创新提示:"大树与松鼠"游戏在落单部分的惩罚是表演节目,如果表演的节目再具体化,或者采取其他方式的惩罚,那么成员的其他能力也可以在游戏中得到体现,如表演能力(唱歌、跳舞等),语言表达能力(讲故事、讲笑话等)。

第三环节:团队建设

目的:让队员互相熟悉,建立团队意识。

道具:A3纸4张,笔4支,场地要配备黑板或白板。

步骤:进行报数分组,分为4组。队员以滚雪球的形式进行自我介绍,互相认识,并选出队长。每队发纸笔,将队名和口号写在纸上。队名统一采用"×班××队"的形式。

1) 蜈蚣跑

游戏操作:每个小组成员站成一竖列蹲下,每个同学用手扣住前面同学的脚踝,然后大家一起前进,向着前方二十米的目的地前进。此过程中每个同学的手不能松开,若是松开了,就算违规,然后回到原点继续重来。看哪个组用时最短。若场地不够,可以考虑在场地内设置障碍物。注意培训师一定要严格执行游戏规则,看到松手的队伍一定要及时要求他们回到起点重跑。

分享:在游戏后,让大家对于这个游戏进行小组内分享,让队员表达自己在游戏中、游戏后的想法和感受,或根据自己组的游戏情况进行评价和反思。

设计目的:蜈蚣跑的游戏相对消耗体力,若是重复,则给每个队员带来的负担都大幅增加,无形中构成了一种压力。而在游戏过程中,每个人所承担的责任是一样的,任何一个人的放手都会让团队的努力前功尽弃,这样的设计加强了每个参与者的责任意识,有助于培养参与者的责任感。而在游戏中如何顺利前进,需要每个人的配合,对参与者的协调能力有一定的要求,有些协调能力或协调意愿较差的参与者,也会因为团队压力而努力积极配合,对提升参与者的协调能力有所帮助。且蜈蚣跑这个游戏具有较多分享点,分享的目的:一是鼓励队员勇于表达自己;二是通过交流增强团队凝聚力,让参与者感受团队的魅力;三是伺机加深和升华活动带来的影响。

2) 小鸡变凤凰

游戏规则和程序:①让所有人都蹲下,扮演鸡蛋。②相互找同伴猜拳,或者其他一切可以决出胜负的游戏,由成员自己决定,获胜者进化为小鸡,可以站起来。③然后小鸡和小鸡猜拳,获胜者进化为凤凰,输者退化为鸡蛋,鸡蛋和鸡蛋猜拳,获胜者才能再进化为小鸡。凤凰可以不再找人PK,但是当有凤凰来挑战时不能拒绝,赢了依旧是风光无限的凤凰,输了要变成小鸡,若其在与小鸡对战中输了则变成鸡蛋,周而复始。④继续游戏,看看谁是最后的凤凰。

分享:在游戏后让大家对于这个游戏进行小组内分享,让队员回忆自己在游戏中曾有的身份,表达自己游戏后的想法和感受,或根据自己组的游戏情况进行评价和反思。

设计目的:生活中鸡蛋不会永远是鸡蛋,凤凰也不会永远风光无限。也许无意识中你就变成了某一区域的凤凰,而在这之后你是带着凤凰的姿态去面对生活,还是带着要变成凤凰的意志去生活,是我们所需要思索的问题。

第四环节:总结和分享

邀请队员围成一个大圆圈,播放轻音乐,回顾今天的团体培训。回顾结束后请大家发言说说自己的感悟,如果没有人发言,则培训师主动发言。

**案例 2:迎风飞翔,让梦起航(设计者:黄海芳)**

1. 设计理念

以两个有关抗逆力的案例为开场,引入本节课的主要内容。教师可通过引导学生将两个案例中的主人公进行比较来引发学生的思考,从而带动课堂的气氛。之后教师从案例出发讲授抗逆力的含义、组成因素及影响因素,通过举例与学生们互动,在提升学生对抗逆力的认识的同时,提升学生遇到问题时的情绪控制能力及解决问题的技巧。最后,通过学以致用板块鼓励学生将本节课所学到的知识应用到实际生活中去。

2. 教学目标

从认知上让学生了解什么是抗逆力及抗逆力的组成要素。从抗逆力的组成要素分析,让学生认识周围可能存在保护因素和危险因素,从而使得学生在情感上对抗逆力有更深层次的认识。以"梦想"为切入点,激发学生努力向上的动机,以追梦过程中可能存在的困难为指导,教授学生解决困难的技巧及原则,从而提升学生的乐观感、归属感、效能感,最终使得学生在认知、情感及技能上都得到一定的提升。

3. 教学时间

一课时。

4. 教学对象

初中学生。

5. 教学重点

抗逆力的理解及应用。

6. 教学难点

提升学生应对生活逆境的技能,做到学以致用。

7. 教学过程

第一环节:身边的他们(见图 5-13)

图 5-13 身边的他们

第二环节:了解抗逆力(见图 5-14 和图 5-15)

图 5-14 课程组图

图 5-15 课程组图

第三环节:提升抗逆力(见图 5-16 和图 5-17)

第四环节:学以致用

**案例 3:逆境中寻找希望(设计者:吴炎婷、黄海芳、李会芳等)**

1. 设计理念

Snyder 希望特质理论认为,希望是由目标、路径思维和动力思维组成的。目标是希望的核心部分,它是希望的方向;路径思维是个体对自己找到有效路径来达成目标的能力的信念和认知;动力思维是启动个体行动,推动个体朝着某一既定的目标,并沿着已预设的路径前进时的动机和信念系统。本课拟把 Snyder 的希望特质理论引入抗逆力的提升中,尝试引领学生在逆境中寻找希望。

2. 教学目标

(1) 认知目标:理解"希望"的三个核心。

(2) 情感目标:感悟逆境中能找到"希望"的重要性。

(3) 技能目标:尝试使用不同的路径在生活中找到或感受到希望。

3. 教学时间

一课时。

4. 教学对象

初二或初三学生。

### 如何提升抗逆力？

说说你是谁？
- 我是谁？（乐观感）
- 我拥有什么？（归属感）
- 我能做什么？（效能感）

抗逆力的推动力。
- 我的梦想是什么？

### 当你遇到这样的事情时……

- 当老师上课提问你多次举手，老师却没有叫你起来回答问题时……
- 当课间你正在位置上思考数学题时，同学猛推了你一下……
- 当放学回家，你正想休息一会儿时，却发现还有好多脏衣服要洗……

### 情绪的ABC理论

有一堆衣服要洗烫，因为那表示我有衣服穿。

### 做自己的小太阳

- 遇到问题可以尝试改变自己的角度/观念看问题。
- 运用魔法词改变自己的心态：还好、不一定、还有机会、我可以……

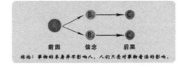

### 何处是我家？

房子让我有归属感

### 何处是我家？

图 5-16　课程组图

### 处处是我家
- 悦纳自己：我就是我，不一样的烟火。
- 接纳他人：世界上没有两片完全相同的树叶。
- 积极融入、相亲相爱：积极参与集体活动，与同学、家人及朋友之间相互理解，相互关爱。

### 你是否也曾有过类似的想法？
- 为何每一个开始你都豪言壮志，但结果却总不尽人意，从而让你失去了前进的勇气？
- 你懂得很多为人处事的道理，为何依然会因小事与朋友冷战？
- ……

### 我是小能手
制定目标的原则：
- 挑战性、可实现性：跳一跳，够得着。
- 有时限。
- 可量化。
- 明确性。

### 我是小能手
处理冲突的原则：
- 红灯：停一停，听听对方的意见。
- 黄灯：等一等，心情稍微平静之后再处理。
- 绿灯：与对方共同商议解决问题的办法。
- 交通警察：寻找调解人，协助解决问题。

### 我是小能手
动怒的处理原则：
- 人人都会生气，但是我可以选择怒气的表达方式。
- 不伤害自己也不损人利己。
- 不能用指责、咒骂他人等不道德的方式表达怒气。

### 我是小能手
- 如果失败了怎么办？
1. 拒绝错误信念：过分概括化、绝对化要求、糟糕至极……
2. 做自己的小太阳！

续图 5-16

## 学以致用

- 当你正热火朝天地打游戏时，突然停电了……
- 你好心帮同学捡起地上的钢笔，他却说是你弄坏了他的钢笔……
- 当你听到你的好朋友在背后议论你，说你坏话时……
- 卷子发下来，你发现自己又考砸了……

图 5-17　课程组图

5．教学重点

理解"希望"的三个核心。

6．教学难点

尝试使用不同的路径在生活中找到或感受到希望。

7．教学过程

第一环节：情景分析

播放影片《疯狂动物城》的预告片（相关截图见图 5-18），让学生在影片中直观地感受希望这一积极情绪。组织同学们在轻松欢乐的氛围中畅谈剧中人物遇到挫折时的反应以及他们的应对方式，并由此引出本课的主题——希望。

**剧情介绍**

**想一想**

- 在影片中，在遇到挫折之后，兔子是怎么做的？狐狸又是怎么做的呢？
- 请尝试分析其中的原因。

图 5-18　课程组图

第二环节：解读"希望"（见图 5-19）

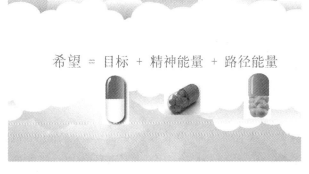

希望 = 目标 + 精神能量 + 路径能量

图 5-19　课程组图

第三环节：挑战任务

在挑战任务(见图5-20)中寻找"希望"。

图5-20 课程组图

第四环节：学有所获(见图5-21)

图5-21 课程组图

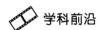

## 香港"成长的天空计划"

抗逆力辅导工作，是指增强个体或群体的抗逆力的一系列辅导工作。在香港，对学生的抗逆力辅导工作主要集中在小学和中学，推出了"成长的天空计划"（Understanding Adolescent Program，UAP）。

（一）理念

UAP认为，抗逆力的三大元素分别为效能感（sense of competence）、归属感（sense of belongingness）、乐观感（sense of optimism），简称CBO。其中，效能感包括人际技巧、解决问题能力、情绪管理及目标制定等；归属感指人若在被照顾及被支持的关系里，对这段关系存有期望并积极参与其中;乐观感相信未来是光明和充满希望的。小学UAP理念架构,基于发掘抗逆力的外在资源及内在资源,以帮助学生更能面对及克服成长的挑战。同时,要成功提升学生的抗逆力,学生所在的学校必须营造一种"抗逆文化"。只有具有支持性的环境,才能让学生在UAP中的获益得到延续和深化。

(二)内容

UAP包括了识别机制和综合课程两大部分。识别机制包括一套在学校适用的"香港学生数据表格",以便识别出有较大成长需要的学生,从而提供合适的辅导。这一系列表格作为识别工具,并非一种诊断的方法,只是被识别出来的学生,有可能在未来的成长过程中出现偏差行为。综合课程包括发展性及预防性的课题及活动,共分为两个范畴:一个是以辅导课形式推行的"发展课程",另一个是以小组形式推行的"辅助课程"。

"发展课程"是一个以抗逆理念为基础的辅导课程,设计以发展性、循序渐进为主。例如,小学四年级至小学六年级,每年级9节课的教材,逐年深化,希望学生能将课堂的"经验"和"知识","转化"到日常生活中加以应用。整个课程透过课堂形式,教授情绪管理、社交、问题解决及目标制定等生活技能,以提升学生的效能感、归属感及乐观感。"发展课程"由小学四年级至小学六年级班主任及教师负责教授,这不但能增强教师与学生的联系,更能让教师了解学生的需要。参与的教师可一起进行备课、观课或课后检讨,以便了解课程理念、内容、特色及掌握教授该课程的技巧。

(资料来源:钟宇慧.香港抗逆力辅导工作及其启示——以"成长的天空"计划为例[J].广东青年职业学院学报,2009,23(3).)

### 心理训练

请写出你给自己的"暗示语":_____。

温馨提示:

(1)暗示语要简洁有力;

(2)暗示语要用褒义词;

(3)暗示语要不断重复。

PR训练法如图5-22所示。

### 小 结

本章概述了乐观、共情、抗逆力的基本内涵,详细介绍了开拓乐观理念的视角与方法、共情技术的提升策略、抗逆力的应对等,并以上述理论为依托,分享了围绕这些主题在初中阶段开展的具体教学案例。

图 5-22　PR 训练法

**1. 练习题**

(1) 乐观是否可以在后天环境中习得？

(2) 如何理解共情？

**2. 思考题**

"有人说,提升抗逆力的关键在于让个体在逆境中仍然能看到希望"。请谈谈你对该观点的看法。

## 积极面对,收获真正的快乐

一、案例背景

本案例选自广东省首届中小学心理教师专业能力大赛教学节段展示模块的一等奖作品（初中组）。

课程设计中的相关组图如图 5-23 所示。

二、案例讨论

1. 请对上述课程组图进行排序,以展示你的设计思路。

2. 请分享你的设计理念。

（设计者：赖舒旋）

序号1

- 每幅拼图有12块拼片，分散装在各个信封里。
- 请小组拼好并贴到黑板上进行展示。
- 然后小组长来领取小信封，
- 接受并完成小信封里的任务。
- 速度最快者为胜！

序号2

积极面对，收获真正的快乐！

教学对象：七年级

序号3

**小信封里的任务**

任务
拼图过程中你的心情是怎样起伏变化的？请画一画心情曲线图。

序号4

在我学单车的时候，我觉得很困难，很想放弃，可我又很想学。这时爸爸出现了，开始指点我，我马上就学会骑单车了，我非常激动。

一次做作业时，遇到一道数学题不会做，后来我努力回忆老师讲的内容，专心研究，终于做出来了。我心里非常地激动、高兴。

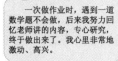 

序号5

**小信封里的任务**

任务
联系现实生活，你有过因积极面对问题而收获快乐的经历吗？请分享。

序号6

遇到问题不逃避，积极面对去解决。
只有通过自身的努力，
才可以有效地解除紧张状态，
收获发自内心的真正快乐！

序号7

**向快乐出发！**

- 向快乐出发世界那么大，任风吹雨打梦总会到达
- 向快乐出发别害怕，幸福就像春天灿烂的晚霞，一起来
- 第一缕曙光照在我脸庞，世界那么晴朗
- 在梦里中要展翅飞翔，向着心的方向
- 就算会受伤有我在你身旁
- 快乐是打败挫折那份力量
- 用指尖画下最美丽的期望，我喜欢看到你的微笑模样
- 向快乐出发世界那么大，盛开的繁花甜蜜的解答
- 向快乐出发别害怕，不用言语表达同样的想法，一起来吧
- 在我小小的胸膛，快乐不停地酝酿
- 希望悄悄在生长，我们不会再迷惘
- 曾经还稚嫩的肩膀，变得那么的坚强
- 相信快乐是心底的阳光

序号8

图 5-23 课程组图

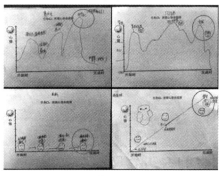

序号9　　　　　　　　　　　　　　序号10

序号11　　　　　　　　　　　　　　序号12

续图 5-23

### 本章推荐阅读书目

[1] 任俊. 积极心理学[M]. 上海：上海教育出版社，2011.

[2] Alan Carr. 积极心理学：关于人类幸福和力量的科学[M]. 郑雪等，译. 北京：中国轻工业出版社，2008.

# Chapter Six
## 第六章
## 心理健康教育课程案例分享之高中篇

本章结构

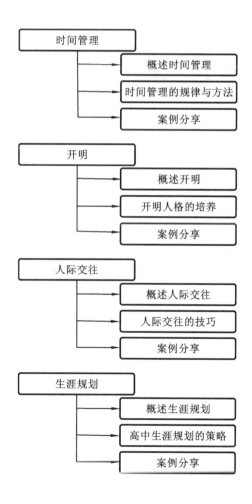

## 第一节 时间管理

> 案例分享

某高中课程指向了学习与生活中的一种常见现象：拖延症。其导入环节设计组图如图6-1所示。

任务堆积，直到根本就没有完成的希望和勇气

拖延症的危害：自我感觉很糟糕，从愤怒、后悔到强烈的自我谴责和对自己深感失望乃至绝望……

压力山大！始终处于不安和焦虑中……

拖延症的危害：拖延症导致我们与周围的人关系紧张，同时对个人形象损害非常严重……

图6-1 课程组图

也许我们都有过类似的经历：明天就要考试了，可是书还没有背完；又或许是上学的时间马上就要到了，可是早餐还没有吃……人们总是说，时间是公平的，你我的一天都是24小时，你我的每个小时也都只有60分钟，但是为什么有些人整日生活在"时间不够用"的焦虑惶恐之中，而有些人却能生活得游刃有余且总能按时完成任务？本章将以此为契机，探讨时间管理及其在高中课程教学中的应用。

> 学习导航

时间管理一直是EMBA（高级管理人员工商管理硕士）、MBA（工商管理硕士）等主流商业管理教育的主要教学内容。时间管理不仅对于成年人很重要，对于尚未成年和刚刚成年的高中生更为重要。提前学会规划和管理自己的时间,将会使高中生在学习、生活中更有效率,既有助于提升他们的学习成绩,更能让他们的生活更为充实。本节将先介绍心理学中有关时间知觉的内容,再简单地概述时间管理的相关知识,然后介绍在学生群体中被大家经常提及的拖延症,最后将与大家分享一些高中时间管理的课程设计。

## 一、概述时间管理

### (一)时间知觉

传统的科学心理学对时间的关注点主要集中于人们的时间知觉。时间知觉是人对客观事物或事件的连续性和顺序性的反映。时间知觉具有四种形式:①对时间的分辨,即能按照时间顺序区分各种活动,如早晨起床后,读了半小时外语,然后吃早饭,然后又上了两节课;②对时间的确认,即知道今天是几月几日,去年是何年;③对连续时间的估计,如电影播放了2个小时,暑假过了5天;④对时间的预测,如再过一个月就要期末考试了,离论文答辩只有3天了。

从时间知觉的定义和形式中我们不难看出,良好的时间知觉是人们进行时间管理的基础,如果一个人不能很好地进行时间知觉的话,他将很难进行时间管理。时间知觉与人的许多脑区有关。脑损伤研究表明,海马体受损的病人,将丧失前一两年的记忆;颞叶内侧发生广泛损伤的病人,将出现10~20年的逆行性遗忘,他们的时间估计也将出现严重困难。额叶在时间知觉中也有重要作用,额叶大面积受损的患者很少关心过去和未来,他们也难以完成包含时间顺序的任务,不能记住事件发生的顺序,也不能估计近来或遥远事件的次序。

时间知觉不是某个特定感觉通道的功能。人们借助视觉、听觉、皮肤觉和触觉都能知觉到时间。时间知觉的参照物有以下几种。①自然界中的周期现象。如一天的时间以太阳升落为标准,日出为晨,日落为暮;月亮的一个盈亏变化周期代表一个月的时间;四季的一次循环代表一年的时间。②机体的生理节律。有机体身体的节律性活动也叫生物钟,如人在正常情况下的心跳每分钟为60~100次,从进食到饥饿经过4~6小时等,它们给人们提供了时间信息。研究表明,动物和人都具有很高的测量时间的能力,能够准确地与外界的周期性过程如潮汐涨落、昼夜交替、四季变换保持同步。曾有一位科学家在地洞中生活了205天,地洞深40米,没有昼夜之分,也没有任何计时工具,但他的活动仍能基本保持24小时的周期。③周期性的社会活动。如"工薪族"每天上班约8小时;基督徒每星期去教堂做一次礼拜;中国人每年正月初一欢度春节。④计时工具。人们在很久以前就开始设计计时工具来知觉时间。在古代,人们用"漏",所以宋代词人柳永有"更漏咽,滴破忧心,万感并生"的词句,这种用漏壶滴水计时的办法一直延续到我国明代。后来,人们发明了钟表。随着科学技术的发展,人们通过精密的计时工具不仅可以计量年、月、日、时这样较长的时间,还可以计量分、秒等较短的时间,甚至可以计量毫秒、微秒等极短的时间。

时间知觉是人对客观世界的主观反映,它必然会受到许多主客观因素影响而产生误差。研究表明,时间知觉的准确性受下述因素影响。①感觉通道的性质。在判断时间的精确性方面,听觉最好,当两个声音相隔1/100秒时,人耳就能分辨出来;触觉次之,触觉能分辨两个刺激物间的最小时间间隔为1/40秒;视觉较差,视觉能分辨两个刺激物间的最小时间间隔为1/20秒。②一定时间内事件发生的数量和性质。在一定时间内,事件发生的数量越多,性质越复杂,人越倾向把时间估计得较短;而事件的数量少,性质简单,人倾向于把时间估计得较长。例如,一节课或一个报告,如果内容丰富,引人入胜,听课人会觉得时间过得很快;相反,报告的内容贫乏、枯燥,听众就会把时间估计得较长。在回忆往事时,情况相反,同样一段时间,经历越丰富,就觉得时间长;经历越简单,就觉得时间短。③人的兴趣和情绪。人们对自己感兴趣的东西,就会觉得时间过得很快,出现对时间的估计不足;相反,对厌恶的、无所谓的事情,会觉得时间过得慢,出现时间的高估。在期待某种事物时,会觉得时间过得很慢;相反,对不愿出现的事物,会觉得时间过得快。

**知识链接 6-1**

**海克斯的时间知觉实验**

海克斯把被试分成两组:实验组与控制组。要求被试对某段时间间隔做出估计。在这段时间内,实验组按以下要求将扑克牌进行分类:①把所有扑克牌堆成一堆;②根据颜色将扑克牌分成两堆;③根据颜色和同花将扑克牌分成四堆。活动结束后,让被试估计分牌所花的时间。控制组没有伴随活动,只对某段时间做出估计。结果,控制组判断的持续时间长于实验组。这是因为在实验组中,伴随活动较复杂,所以对时间的估计就较短。

(资料来源:彭聃龄.普通心理学[M].北京:北京师范大学出版社,2013.)

时间知觉在人类生活和学习、工作中具有重要的意义。近年来,一些心理学家认为,人的时间管理倾向是重要的人格特征。中国古代就有"惜时"教育,有"一寸光阴一寸金,寸金难买寸光阴"的说法。准确的时间知觉无论对学生学习和教师教学都有重要意义。科学地安排教学时间,是教学成功的关键;而合理地管理自己的学习时间,是学生学习成功的诀窍。

(二) 时间管理

有关时间管理的研究已有相当长的历史,相关的理论可以分为四代。①第一代理论着重利用便条与备忘录,在忙碌中调配时间和精力。②第二代强调行事历与日程表,反映出时间管理已注意到规划未来的重要。③第三代是目前正流行、讲求优先顺序的观念,也就是依据轻重缓急设定短、中、长期目标,逐日设定实现目标的计划,将有限的时间、精力加以分配,争取最高的效率。这种做法有它可取的地方,但也有人发现,过分强调效率,把时间管得死死的,反而会产生反效果,使人失去增进感情、满足个人需要以及享受意外之喜的机会。于是许多人放弃这种过于死板的时间管理法,恢复到前两代的做法,以维护生活的品质。④第四代的理论与以往的截然不同之处在于,它根本否定"时间管理"这个名词,主张关键不在于时间管理,而在于个人管理,与其着重于时间与事务的安排,不如把中心放在维持产出与产能的平衡上。

优秀时间管理者的表现为:他们能够安排自己的生活和工作,能够迅速适应工作上的任何重大变革,并重新确定工作的优先次序;他们可能把个人的安排看作他们时间管理工具包中的首要工具,他们较容易觉察正在进行的工作的波动以及变革最后期限的需求,并且可能重新组织工作以达到最好的效果。时间管理不足者的表现为:他们很少或不花时间在系统地组织他们的工作任务上,而倾向于处理邻近的但缺乏规划和远见的任务,他们通常会着手接踵而来的工作或者看起来最紧急的工作。

(三) 拖延症

说到"时间管理"或者"珍惜时间"的话题,很多人都会立刻想到"拖延症"这个词。在学生群体中,这更是大家常常用于嘲讽自己不懂得时间管理、拖拉、无法按时完成任务或作业的一个词。无疑,拖延症是时间管理的头号敌人,因为无论你时间安排得多么好,计划做得多么周详,但如果你有拖延症,一直不着手开始的话,那么一切都会付诸东流。因此,如果能治好拖延症,就意味着时间管理已经成功了一大半。那么究竟什么是拖延症呢?我们是怎么患上拖延症的?我们应该如何才能摆脱拖延症呢?

**1. 重新认识拖延症**

必须首先澄清的是,"拖延症"这个词中虽然有一个"症"字,但它并不是一种病,严格来说,拖延症甚至算不上一种"症"。无论从国际通用的精神疾病诊断与统计手册还是中国的精神疾病诊断手册中,你都不会找到拖延症的名字。这既是因为大部分拖延都没严重到"病"的程度,也因为同样的拖延行为,反映的却可能是不同的心理问题,因此它应该是很多种"病"而不是一种"病"。因此将"拖延症"换成"拖延行为"或"拖拉行为"似乎更为合理,也更有利于激发人们改变的欲望。

日常生活中,大家都有过拖延或拖拉的行为,那么什么是拖延或拖拉呢?不同的书籍和学者对拖延或拖拉有不同的定义,笔者认为较为全面的一个定义为:拖拉或拖延,是一种处理由启动或完成任何任务、决策所引起的焦虑的机制。许多人都会将有拖延症的人视为对自己要求不严格或是懒惰的人,而从拖延或拖拉的定义中我们可以推断出,最容易拖拉的人是那些最害怕困难、批评、失败以及担心专注于一个项目而失去其他机会的人。

**2. 拖延的征兆**

以下六个征兆可以帮助你快速地确定自己在实现目标和提高效率上是否存在明显的困难。

1) 你是不是觉得生活就像一连串不可能尽到的义务

比如:你是否经常保留一个很长的"待处理"的清单?是否经常用"不得不"和"应该做"与自己进行对话?是否会感到无力,缺乏如何进行选择的判断力?是否感到压抑并且害怕在拖延的时候被人识破?是否遭受失眠的痛苦,在晚上、周末或假期里难以放松?

2) 你的时间观念是不是不现实

比如:你是否用诸如"下周某个时候"、"今年暑假的时候"等模糊的语句谈论计划或任务的启动?是否记不起时间是如何被浪费掉的?是否觉得设定的时间表很空洞,没有明确的决心、方案、次级目标和最后的期限?是否参加活动时经常迟到?做计划时是否没有把路途中会耗费的时间计算在内?

3) 你是不是对自己的目标和价值摇摆不定

比如：你是否在忠于一个人或坚持一个项目时感到困难？是否对自己真正需要什么很模糊，对自己应该需要什么却很清楚？是否会轻易地被另一个看起来没有问题和障碍的方案转移注意力？是否对于如何安排合适的时间去做最重要的事情缺乏准确的区分能力？

4) 你是不是总感到不满足、泄气或抑郁

比如：你是否在生活中有一些目标从来没有实现，甚至从来没有尝试过？是否害怕一直做一个拖延症患者？是否觉得你从未被已完成的事情满足过？是否在工作和休息时都会感到失落？是否会不断地想"我为什么要做这件事"或"我是怎么了"？

5) 你是不是会优柔寡断，害怕因为出错而受到批评

比如：你是否因为想尽力让结果看起来十全十美而延长了项目的完成日期？是否因为需要负责而害怕做出某些决定？是否在一些不太重要的事情上也要求尽善尽美？是否总是担心出了问题后该怎么办？

6) 你是不是缺乏自尊和自信从而阻止你变得高效

比如：你是否在失败的时候抱怨外在因素而不愿意承认自己的任何不足？是否在掌握自己的生活时感到无效？是否害怕受到批评而被别人发现自己不够资格？

如果你能和上述这些征兆中的大部分联系起来，那么很可能你已经知道自己确实存在拖延、时间管理不当的问题。如果你曾陷入拖拉循环，你就会知道在生活中你所付出的个人代价：完成作业或任务时总是会错过最后的期限；考试前总会觉得还有很多内容没有复习到；由于不断迟到和取消计划致使人际关系破裂……即使你避免了这些极端情况的出现，能负责地尽到自己的义务并在最后期限前完成任务，但你仍然因为拖延行为而饱受其苦。事实上，大多数认为自己有拖延症的人都能在最后期限赶完任务，并且没有受到严重的惩罚。但是我们不得不承认，对于可怕或不愉快的任务，我们都会感到非常忙乱、压抑和不快乐，我们真正的痛苦来自拖延时产生的持续的焦虑，来自在最后时刻所完成项目质量之低劣而产生的负罪感，还来自因失去人生中许多机会而产生的深深的悔恨。

### 3. 积极看待拖延症

关于"为什么拖延"这个问题，很多人的回答是"因为懒"。但是即便情况最严重的拖延者在生活中的某些方面也都是有动力和精力的，如打篮球、照顾他人、听音乐、跳舞、投资、上网。所谓的拖延症患者，在每个领域和年龄层中都存在，他们在自己选择投入的领域中成就颇多，但在其他领域成绩寥寥。积极心理学家们并不认为懒惰、缺乏条理或其他什么性格缺点是造成拖延的原因，他们同样不接受"常人生来即懒惰，需要有压力去激励他们"的观点，对于人类精神之中的拖延问题，他们鼓励我们要采取更积极的态度。

有学者将拖延行为定义为"防备行为的一种过敏形式"，这种形式旨在保护一个人的自我价值感。也就是说拖延发生在我们担心自己的价值感与独立感受到威胁的时候。只有在自然驱动力和富有成效的活动受到威胁或压迫的时候，我们才会表现出懒惰。没有人会为了感觉糟糕而懒惰，懒惰只是为了暂时缓解深层次的内心恐惧。

那么，是什么样的深层次的内心恐惧促使我们寻求如此没有成效的缓解方式呢？是害怕失败、害怕有缺憾（完美主义）以及害怕无法实现的预期（茫然）阻止了我们继续为实现可以达到的目标而采取行动。害怕失败，意味着你相信即使是最为微不足道的错误也能证明

你是一个一钱不值、无可救药的人;害怕有缺憾,意味着你很难接受自己的不完美,所以你会把别人做出的任何批评、反对和评判都理解为你对把握完美状态的一种威胁;害怕无法实现的预期,亦即害怕即便已经付出了艰辛的劳动或实现了为你而设的目标,你唯一的回报也只是越来越高、越来越难的目标,没有停留、没有时间去回味你的成就。了解这些恐惧,意味着我们要明白,拖延不是一种性格缺憾,它是一种尝试,尽管并不让人满意,但它可以用于应对当自我价值置于别人评价之下时常会产生的让人无能的恐惧。害怕别人评价是当一个人对工作、学习、生活中的自己是谁、对自己作为一个人的价值发生身份认知时所产生的关键性的恐惧。随着这种恐惧而来的,是追求完美的反效率的驱动力、严厉的自我评价以及你必须要剥夺自己的闲暇时间以迎合某些看不见的评判的一种恐惧心理。

4. 拖延的好处

许多人拖延都有着一个共同的原因,那就是,拖延可以带给人们暂时的释放压力的快感。行为主义心理学的原理告诉我们,我们养成任何一种习惯的主要原因,是因为它马上能够带来一些好处(行为带来积极反馈),即使是像拖延这种反效率的习惯。拖延使我们远离某些我们觉得会让自己痛苦、具有威胁性的事物,从而缓解紧张的情绪。工作或学习任务越是让你痛苦,你越是要通过逃避或从事更愉快的其他活动的方式去寻求放松。越是感到永无休止的工作和学习剥夺了你闲暇中的快乐,你越是要逃避它。

从某种意义上讲,许多人已经依赖于运用拖拉的办法来暂时减轻由某些工作、任务而引发的焦虑。一些拖延行为会使人们获得好处并且被人们当成一种解决问题的方式。例如:某些时候,一件被推迟的乏味任务被别人完成了;买某件衣服时因为延长了决定时间,最终到了促销或者换季时以低价买到;因为没有准备好考试而极度紧张,但听到因暴风雨学校停课,紧张感得以消失并感到庆幸;如果等候进一步的消息或者白白地放弃机会,艰难的决定会自行消解。

通常来讲,我们知道拖延本身就是问题所在,而不是另外一些问题的征兆。当我们把自己的价值与工作等同起来时,出于保护性的防卫心理,我们当然不愿意直面挑战并担当风险。如果你相信对你工作的评价即是对你本人的评判,那么求全责备和拖延就成了自我保护的一种必要形式。上司、老师或家人看到你在启动或进行某个项目时有所疑惑,他们就会出于好意地给你鼓励、压力或威胁,为的是让你振作起来。随着内心对失败和缺憾的害怕与来自别人的外部要求之间冲突的加剧,你就会通过拖延的办法使之得到缓和,这样可能会导致一种恶性循环:

吹毛求疵的要求→对失败的恐惧→拖延→自我批评→焦虑并抑郁→失去信心→对失败的更大恐惧→更加拖延。

从恶性循环的模型中我们可以发现,拖延并不是开端,在拖延的前面,是吹毛求疵的或无法满足的要求以及一种害怕微小错误也会招致嘲讽和失败的心理。

## 二、时间管理的规律与方法

### (一)提升时间管理能力的方法

有学者认为,时间管理能力不足的人可以从以下方面着手来提升时间管理能力:①迫使你自己至少每天花几分钟写出一天或一星期中要完成的重要任务;②确信你每天或每星期计划内和计划外的活动总是被列入时间日程,并且有必要的话,重新进行时间安排;③建立一个体系确保你能够容易地找出你需要做的事情,仔细考虑计划的目标和最后期限;④在你已经确认总工作量并且计算出在多大程度上可以重新组织之前,不要轻易做出承诺;⑤要认识到自己的能力有限,你可能需要其他人来达到目标或完成任务。

帕累托原则是一个时间管理中常用的原则,这一原则要求我们对要做的事情分清轻重缓急,其排序如下。①重要且紧急。必须立刻做的事情。②紧急但不重要。只有在优先考虑了重要的事情后,再来考虑这类事情,比如有人因为打麻将"三缺一"而紧急约你或有人突然约你看电影。人们常犯的毛病是把"紧急"当成优先原则,其实,许多看似很紧急的事,拖一拖甚至不办,也无关大局。③重要但不紧急。比如学习、计划完成的工作或任务,此类事件没有"紧急但不重要"事件的压力,但应该当成紧急的事去做,而不是拖延。④既不紧急也不重要。比如娱乐、消遣等事情,这类事情应该最后再考虑。

"6点优先工作制"也是人们常用于提升管理时间能力的方法,它是效率大师艾维利在向美国一家钢铁公司提供咨询时提出的。它使这家钢铁公司用了5年的时间,从一家濒临破产的企业一跃成为当时全美最大的私营钢铁企业。此种方法较为灵活,要求把每天所要做的事情按重要性排序,分别从"1"到"6"标出6件最重要的事情。每一天开始,先全力以赴做好标号为"1"的事情,直到它被完成或被完全准备好。然后再全力以赴地做标号为"2"的事,依此类推……艾维利认为,如果一个人每天能尽全力完成6件最重要的大事,那么他一定是一位高效率人士。

### (二)时间管理的十一条金律

**1. 要和你的价值观吻合**

你一定要确立个人的价值观,假如价值观不明确,你就很难知道什么对你最重要;当你价值观不明确,时间管理一定做不好。时间管理的重点不在于管理时间,而在于如何分配时间。你永远没有时间做每一件事,但你永远有时间做对你来说最重要的事。

**2. 设立明确的目标**

成功等于目标达成,时间管理的目的是让你在最短时间内实现更多你想要实现的目标。你必须写下4到10个目标,找出一个核心目标并依次排列它们的重要性,然后依照你的目标设定一些详细的计划,你的关键任务就是依照计划进行。

**3. 改变你的思想**

美国心理学家威廉·詹姆士经过对时间行为学的研究,发现这样两种对待时间的态度:①这件工作必须完成,它实在讨厌,所以我能拖便尽量拖;②这不是件令人愉快的工作,但它必须完成,所以我得马上动手,好让自己能早些摆脱它。当你有了动机,迅速踏出第一步是很重要的,不要想立刻推翻自己的整个习惯,只需要强迫自己现在就去做你所拖延的某件事,所以每天你都应该从你的日程表中选出最不想做的事情优先做。

**4. 遵循20:80定律**

将要做的事情根据优先程度分先后顺序。80%的事情只需要20%的努力,而只有20%

的事情是最值得做的,它们应当享有优先权。因此,我们要善于区分这20%的有价值的事情,然后根据价值大小分配时间。生活中肯定会有一些突发和迫切需要解决的问题,如果你发现自己天天都在处理这些事情,那表示你的时间管理并不理想。成功者花最多的时间在做最重要的20%的事,而不是最紧急的事,然而一般人都是做紧急但不重要的80%的事。

5. 安排"不被干扰"的时间

每天至少要有半个小时到一个小时的"不被干扰"的时间。假如你能有一个小时完全不受任何人干扰,把自己关在房间里面里思考、学习或工作,这一个小时可以抵过你一天的工作效率,甚至有时候一小时比你三天的效率还要高。

6. 严格规定完成期限

帕金森曾在著作中写道:"你有多少时间完成工作,工作就会自动变成需要那么多时间。"如果你有一整天的时间可以做某项工作,你就会花一整天的时间去做它;而如果你只有一个小时完成这项工作,你就会更迅速有效地在一个小时内完成它。

7. 做好时间日志

你花了多少时间在做哪些事情,把它详细地记录下来。例如午餐花了多少时间,自习花了多少时间,逛超市花了多少时间,等等。把你在每件事上花的时间一一记录下来,你会清晰地发现浪费了哪些时间。这和记账是一个道理,只有当你找到浪费时间的根源,你才有办法改变。

8. 理解时间大于金钱

用你的金钱去换取别人的成功经验,一定要抓住一切机会向顶尖人士学习。仔细选择你接触的对象,因为这会节省很多走向成功过程中的时间。

9. 学会列清单

把自己要做的每一件事情都写下来,这样做首先能让你随时明确自己手上的任务。不要轻信自己可以用脑子把每件事情都记住,而当你看到自己长长的清单时,也会因为产生紧迫感而抓紧时间和管理时间的。

10. 同一类的事情最好一次把它做完

当你重复做一类事情时,你会熟能生巧,效率也会有所提高。

11. 每分每秒做最有效率的事情

你必须思考要做好一份工作,到底哪几件事情是对你最有效率的,将其列下来,分配时间把它们高效地完成。

时间管理是一个概念,更是一种方法,每一个人都需要对自己进行时间管理。对于学生群体,尤其是高中生们,时间管理对于他们更为重要,因为他们不仅学习压力大,学习内容多,而且自己能安排的学习时间非常有限,如果能将这珍贵的自我安排的学习时间利用好,那么一定能让学习事半功倍。但是时间管理是一个虚拟的概念,很多人对时间管理没有很明确的定义,并且时间管理不仅仅是个人安排一下自己的时间这么简单。因此,学校有必要给学生学习时间管理相关内容的机会,而不是一味地对学生进行"珍惜时间"这种较为无力的说教,学生需要的是科学系统的时间管理手段和方法。

### (三) 拖延行为的干预

**1. 了解拖延行为的产生**

知道自己是怎样拖延的与知道自己为什么拖延一样重要。知道拖延行为是如何进行的,是战胜拖延行为的第一步。大家可以通过对消极模式的观察来将自己的能量重新导向积极的方面。认清自己平时的拖延行为对于改变至关重要,一旦认清了拖延,你就可以在实践中主动地改变。

1) 弄清楚自己是如何利用时间的

首先,拿出一个星期的时间,尽量按照平常有拖延行为的状态进行学习、工作、生活。客观地观察自己并进行记录,不要批判自己,也不要分析自己的行为,暂时只需要觉察自己目前的行为模式就可以了。观察自己的时间都花在什么地方了:当你效率很高的时候,你是在做什么?这与你忙而无果的时候有什么不同?如果难以规定完成某一项目或准时参加会议所需要的时间,通常就是一种拖延的表现。

切实可行的时间管理和一种专注于所承担义务的精密安排是从拖延转变到高效的必要工具。如果你发现自己长期迟到,琐事层出不穷而难于应付,在手足无措时才猛然惊醒,如果一个又一个项目都是拖拖拉拉,而且没有时间用于休闲和维护人际关系,那么你在时间管理上就存在问题了。

目前,对于人们为什么难以进行时间管理存在很多种理论。但对于我们大多数人来说,不管这些理论怎么样,困难始终是不折不扣存在的。我们需要有一种精密的时间安排,使自己留意到时间的消耗和我们利用时间的方式。对3天中的每一种活动做一个记录,是掌握时间流向的方法之一。注意花在每一种具体活动上的总体时间,然后通过将这个总数除以3,你就可以得到每一种活动所花费的日均时间。在若干天内保留自己的记录,将会让你对自己如何花费时间有一个很好的估计。在总结某个典型星期里的活动时,你可以把花费在打电话、读邮件、吃饭、交往、工作等方面的时间汇总出来,这将会揭示出一些你希望改变的模式和另外一些你希望取得进步并在一天当中较早进行的模式。

你可能会吃惊地发现,生命中逝去的很大一部分时间都与最重要的工作、学习没有直接的联系。不要期望每天都能有8小时的高质量工作时间,一生中很大一部分的合理活动与生产效率都没有直接的关系。或许你也会发现,像其他很多人一样,在真正开始投入之前,你要花上一个多小时的时间去"进入状态"。如果一大早你就开始从事最重要的项目,而不是优先读邮件或打电话的话,你的效率水平会受到什么样的影响呢?要有所改变,你就得摆脱"自动驾驶"的习惯,根据你的记录,找出拖延或重要工作之前的那些活动。知道是哪些活动诱发了自己的消极习惯,这样就能够帮助你转换到更加有效率的活动中去。

测量出如何花费时间之后,你对一天中鼓励拖延的那些弱点就有了一个清晰的认识。你或许还能发现,记下花费在重要项目上的时间,能使你对时间的分配有一个更好的把握,让你更容易无忧无虑地享受闲暇时间,并鼓励你高质量、专心致志地进行工作。

2) 拖延日志

记下花费时间的方式,将会使你注意到许多低效的领域和浪费掉的时间段。但它不会提供实际环境中的补救方式。在实际的工作和学习中,如果你要避免退回到旧有模式中去的话,需要有一个注意力的转移。为此你要做一份拖延日志,这份日志将拖拉的活动与对工作、学习任务的思想感情,运用拖延的办法,拖延的借口,以及最后的思想感情联系起来。

对你目前的行为和思想有了一些记录之后,你会知道要在哪些地方进行纠正。要知道没有记录的话,从过去的错误中汲取教训基本上是不可能的。回想过去的一周,你知道你做了哪些事情吗?多少时间是被浪费掉的?对于那些导致你拖延的事情你又有过什么样的感受?你恐怕都已经不记得了。所以你应该对自己的活动和想法做一些记录,这样能为你提供一套更利于你把握自己的时间与行为模式的机制。

拖延日志将让你注意到你的自我对话以及它们是如何帮助或阻碍目标实现的。意识到你的自我对话以及它与你的拖延模式有着什么样的联系,将使你能够获得最大化的收益。

**2. 通过自我对话改变拖延行为**

自我对话对改变拖延很重要,不是因为仅仅改变语言就能改变拖延的习惯,而是因为你与自己对话的方式决定了你的感受与行为的态度和所坚持的信念。拖延者的自我对话常常无意识地暗示并强化了受害感、疲惫感和对权威的抵触感。以这样的语言建立起来的图景和情绪,所带来的结果常常是以拖延作为一种显示自信与反抗的行动。通过学会挑战并替代消极的自我对话,我们将能从那些不适合自己目前年龄、智力和能力的态度中解放出来。

1)反效率信息

当我们以权威式的声音跟自己对话时,那就表明我们觉得去做某件事情有一定的压力,而且当我们自身的一部分在接受这种压力的时候,另一部分却不希望做这件事情。用"我不得不做"、"我应该做"之类的话来激励自己,的确是一种惯常的做法,但这样的话向自己的大脑大声地传达着这样的意思:"我不想做,但我必须逼迫自己去做。"内在的自我异化和这种对话中的潜意识信息导致内部冲突和拖延行为。

通过反效率信息,我们企图用威胁的办法来激励自己,而这种威胁的办法暗含着的意思是,摆在我们面前的任务是不愉快的,是我们都想逃避的。所以这些信息暗示我们,工作是我们不能自由选择从事的事情,从而激起我们的焦虑和对工作的消极情绪。这样的信息不仅是反效率的,而且还不能指向你所希望、决定、选择从事的事情。

为了弥合自我异化和权威式声音与反叛行为之间的内部冲突,你需要学会一种语言,它将使你不必再与自己、与那些你觉得控制着你的人之间发生冲突。改变与自己对话的方式,是消解踟蹰不前与优柔寡断的拖延模式的有效工具。通过一种选择与承诺的语言,你将学会把自己的能量导向某个目标,并且充满力量感而不是受害感。

2)拖延者区别于高效者的五种自我陈述

(1)用"我选择做"取代"我不得不做"。高效者的语言、态度和行为可以通过特定的练习来获得。"我不得不做"产生的犹豫感和受害感会让拖延行为变得合理化。而"我选择做"会让你用一种自我增强能力的态度去挑战任务和工作。拖延的时候马上选择工作或者选择承担自己推迟的责任,运用对消极想法或态度的认识,反过来让自己拥有高效者的选择式、力量式的态度。

(2)用"我什么时候开始?"取代"我必须完成"。"我什么时候开始?"是高效者的一条警句。它表现出对任务完成情况的焦虑和对现在能处理事务的明确专注。这句话起着一个反馈器的作用,它能把任何摇摆不定的注意力推回到任务和工作的起始处。而当你不能从现在开始的时候,"我下一次能从什么时候开始?"这样的问法能让你向好像可见的未来径直而轻松地出发,让你清楚地看到,你将在什么时候、什么地点、以什么事情作为开始。

(3)用"我可以走出一小步"取代"这个任务大且重要"。每当你开始在一个大型的任务面前感到无所适从的时候,试着提醒自己:"我可以走出一小步。一小步可以是一份简单又粗糙的草稿、一个不完美的框架。现在我所需要做的仅仅就是这些。"你不可能一下子就建起一座大厦,你现在能够做的所有的事情只是给地基浇筑混凝土、钉钉子、筑墙——一次一小步。一个简单而微小的步骤使你知道你能在现在完成的全部事情。与巨大的事业相比较,这个可操作的步骤会给你留下时间,在一系列小步骤的间隙中,学习、休息、休整。每一个步骤中,你都有时间来欣赏自己的成就,对你前进的方向获得新的认识,并再次在你的长远目标上下定决心。

(4)用"我完全是一个凡人"取代"我必须做到十全十美"。以接受但不是顺从的态度接受自己的人性极限,取代对完美结果的要求。接受所谓的缺憾其实是正常学习过程中的一个重要部分。在日常的学习、生活、工作中,不可避免地会面临风险,这个时候你需要用一种自我同情而不是自我批评的态度去支持自己勇敢地努力。当你认识到作为一个新手,你必须踏出笨拙的第一步才能保证成为一位大师时,你会希望对自己特别地温柔。当你学会期待和接受项目中早期步骤出现的缺憾时,你会让高效的坚持成为自身的一部分,也会为从困境中得以恢复而做出更好的准备,因为你有一张用同情织成的安全网。

(5)用"我必须花时间玩"取代"我没时间玩"。对于锻炼、与朋友进餐、一天中频繁的休息以及一年中频繁的休假,如果能保证花在上面的时间固定,那么就会增强你的自我价值感和自尊心,而这也正是消解拖延需要的核心内容所在。知道自己在可见的未来有个期盼,对休闲、与朋友一起玩的坚定承诺会让你减轻对困难工作的畏惧。

运用以上五种积极的自我陈述,会减轻与任务联系在一起的痛苦,同时会让你有更多的机会发现你要做的工作或任务本身就可以是有益的。另外,你的工作质量也会提高自己无忧休闲的快乐,因为那是你问心无愧地赢得的。而不断地对微小步骤施以回报,也会增加持续进步的可能性。

唯有更多地了解拖延症及其背后的心理,我们才有可能更好地运用时间管理的各种技巧和方法。当你的内心明白你为什么要改变以及你要改变什么时,时间管理的各种技巧和方法才能真正起到作用。

## 三、案例分享

**案例1:认识拖延症(设计者:邱文龙)**

1. 设计理念

说到"时间管理"或者"珍惜时间"的话题,很多人都会立刻想到"拖延症"这个词。在学生群体中,这更是大家常常用于嘲讽自己不懂得时间管理、拖拉、无法按时完成任务或作业的一个词。无疑,拖延症是时间管理的头号敌人,因为无论你时间安排得多么好,计划做得多么周详,但如果你有拖延症,一直不着手开始的话,那么一切都会付诸东流。唯有更多地了解拖延症及其背后的心理,我们才有可能更好地运用时间管理的各种技巧和方法。当你的内心明白你为什么要改变以及你要改变什么时,时间管理的各种技巧和方法才能真正起到作用。

2. 教学目标

(1) 认知目标:重新认识拖延症。

(2) 情感目标:了解自己的拖延行为以及拖延背后的机制和内心的想法,通过改变自我对话从而产生改变拖延的动机。

(3) 技能目标:学会观察自己的拖延行为并能分析自己拖延背后的原因。

3. 教学时间

一课时。

4. 教学对象

高二学生。

5. 教学重点

了解自己拖延行为背后的心理机制。

6. 教学难点

改变对拖延症的看法,认识到我们之所以拖延,并不是因为我们"懒"或者其他的人格缺陷,而是一种内心的自我防备。

7. 教学过程

1) 课程导入

通过一段描述日常生活中的一些拖延导致的滑稽故事,导入主题——拖延,然后引发同学们回忆自己平时的拖延行为或经历并与大家分享。

2) 课程展开

分组讨论1

与同学们进行分享(见图6-2)和讨论,看看自己是否也有拖延症,听一听同学们都喜欢在什么事情上拖延,是怎么拖延的。

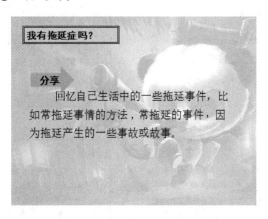

图6-2 "认识拖延症"课程组图

分组讨论2

(1) 拖延给我带来了哪些坏处?

(2)拖延给我带来了哪些好处?

通过分组讨论这两个问题,让同学们不仅仅停留在进行自我批评上,还能引发同学们慢慢思考"我为什么拖延"这个问题。在同学们讨论完之后让同学们分享答案并给同学们展示老师准备的答案(见图6-3)。

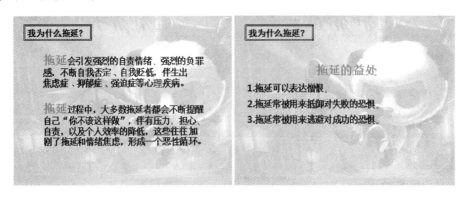

图6-3 "认识拖延症"课程组图

情景互动

通过上一环节"拖延给我带来了哪些好处?"的讨论,引发同学们深度思考:我为什么拖延?同学们进行思考和分享之后再进入后一个环节,由老师引导同学们认识拖延产生的心理机制。

展示图6-4中所示的4个情景,通过与同学们互动,引导同学们找到拖延的真正原因以及拖延的恶性循环。

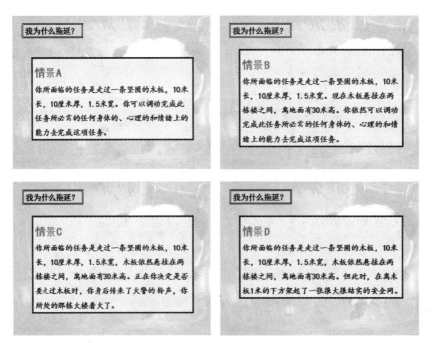

图6-4 "认识拖延症"课程组图

吹毛求疵的要求→对失败的恐惧→拖延→自我批评→焦虑并抑郁→失去信心→对失败的更大恐惧→更加拖延。

通过教会同学们记录时间和记录拖延日志,让同学们了解自己是如何进行拖延的,以及拖延时背后的自我对话。

3) 课程总结

总结本课内容,让同学们真正了解拖延症及其背后的原因,唯有了解自己拖延的真正心理原因,才能更好地改变拖延行为。

**案例 2:时间都去哪儿了(设计者:邱文龙)**

1. 设计理念

通过本课程能够让学生在学习时间管理之前更清楚地了解时间,通过老师的引导和讲解学会记录时间,客观、清楚地知道自己的"时间都去哪儿了",并能够反思那些逝去的时间中哪些是被浪费的,从而为接下来时间管理的其他课时做准备。

2. 教学目标

(1) 认知目标:了解时间的基本特性。

(2) 情感目标:通过体验深刻认识时间的不可恢复性,从而产生珍惜时间的心向。

(3) 技能目标:学会记录时间,并能分析出自己在时间使用上出现的问题。

3. 教学时间

一课时。

4. 教学对象

高二学生。

5. 教学重点

让学生学会记录时间并能分析自己的时间记录。

6. 教学难点

让学生产生珍惜时间的心向。

7. 教学过程

1) 课程导入

使用与时间有关的故事、谜语等引出"时间"的主题(见图 6-5),让学生通过较生动的素材对该主题感兴趣。

图 6-5 "时间都去哪儿了"课程组图

2）课程展开

（1）讲授并体验时间的特性。

老师讲授时间的三个特性——公平性、评价性、不可恢复性（见图6-6）。其中时间的不可恢复性是让学生学会管理时间的根本原因，通过体验活动让学生清楚时间的不可恢复性，从而产生愿意珍惜时间和管理时间的心向。

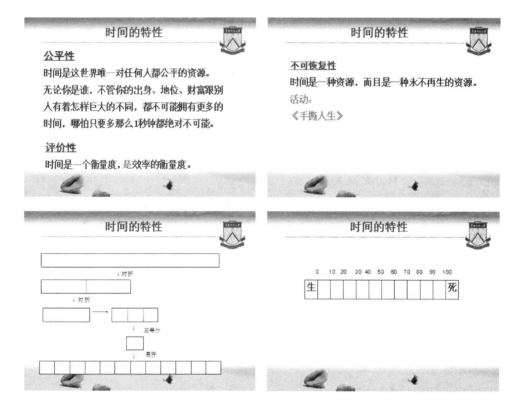

图6-6 "时间都去哪儿了"课程组图

（2）了解自己的时间分配。

在歌曲《时间都去哪儿了》中回忆自己过去的24小时，并记录下来过去的一天时间是怎么花费的，清楚地了解自己的时间都去了哪儿（见图6-7）。

（3）反思那些"被荒废的时间"。

通过上一个环节的记录，同学们已经了解了自己的时间是如何花费的。接下来让学生反思哪一些时间是不应该浪费的，哪一些事情花费了太多的时间（见图6-8）。

通过以上四个环节，让学生产生要管理时间的欲望，为后续的其他时间管理专题的课程做准备和铺垫。

3）课程总结

让同学们谈谈，通过本课的学习，对时间是否有了一些新的认识？是否愿意在以后的日子里更加珍惜时间，学会时间管理。

图 6-7 "时间都去哪儿了"课程组图

图 6-8 "时间都去哪儿了"课程组图

**案例 3：时间管理的七条金律（设计者：邱文龙）**

1. 设计理念

本课程为时间管理的第三课时，在学生对拖延背后的原因和心理有所了解并产生了想要改变拖延行为的欲望后，向学生介绍时间管理的一些理论和小技巧会更有助于学生的改变，也有利于学生对这部分内容的吸收。本课程以"时间管理的七条金律"为主线，在向学生介绍一些时间管理的理论的同时穿插介绍一些时间管理常用的方法和小技巧。

2. 教学目标

（1）认知目标：理解时间管理的七条金律。

(2)情感目标:愿意尝试时间管理的七条金律,愿意根据时间管理的七条金律做出改变。
(3)技能目标:学会时间管理的方法和技巧。

3. 教学时间

一课时。

4. 教学对象

高二学生。

5. 教学重点

通过教师的讲授让学生理解并能在生活和学习中运用时间管理的七条金律。

6. 教学难点

让学生能掌握并运用时间管理的方法和技巧。

7. 教学过程

1)课程导入

通过动画《秒》(视频截图见图6-9),吸引学生的注意力,并能引发学生思考每分每秒的重要性。

图6-9 "时间管理的七条金律"课程组图

2)课程展开

逐一介绍时间管理的七条金律,同时穿插介绍相关的时间管理方法(见图6-10)。

图6-10 "时间管理的七条金律"课程组图

(1)设立和你的价值观相吻合且明确的目标。

该条金律使用讲授法进行讲解,如果有需要,可以给学生增设"设立目标"相关内容的课程。

（2）改变你的思想。

在简单地讲解该条金律后，教会并引导学生一种时间管理方法——"高效者的五种自我陈述"。

①用"我选择做"取代"我不得不做"。高效者的语言、态度和行为可以通过特定的练习来获得。"我不得不做"产生的犹豫感和受害感会让拖延行为变得合理化。而"我选择做"会让你用一种自我增强能力的态度去挑战任务和工作。拖延的时候马上选择工作或者选择承担自己推迟的责任，运用对消极想法或态度的认识，反过来让自己拥有高效者的选择式、力量式的态度。

②用"我什么时候开始"取代"我必须完成"。"我什么时候开始？"是高效者的一条警句。它表现出对任务完成情况的焦虑和对现在能处理事务的明确专注。这句话起着一个反馈器的作用，它能把任何摇摆不定的注意力推回到任务和工作的起始处。而当你不能从现在开始的时候，"我下一次能从什么时候开始？"这样的问法能让你向好像可见的未来径直而轻松地出发，让你清楚地看到，你将在什么时候、什么地点、以什么事情作为开始。

③用"我可以走出一小步"取代"这个任务大且重要"。每当你开始在一个大型的任务面前感到无所适从的时候，试着提醒自己："我可以走出一小步。一小步可以是一份简单又粗糙的草稿，一个不完美的框架。现在我所需要做的仅仅就是这些。"你不可能一下子就建起一座大厦，你现在能够做的所有事情只是给地基浇筑混凝土、钉钉子、筑墙——一次一小步。一个简单而微小的步骤使你所知道的你能在现在完成的全部事情。与巨大的事业相比较，这个可操作的步骤会给你留下时间，在一系列小步骤的间隙中，学习、休息、休整。每一个步骤中，你都有时间来欣赏自己的成就，对你前进的方向获得新的认识，并再次在你的长远目标上下定决心。

④用"我完全是一个凡人"取代"我必须做到十全十美"。以接受但不是顺从的态度接受自己的人性极限，取代对完美结果的要求。接受所谓的缺憾其实是正常学习过程中的一个重要部分。在日常的学习、生活、工作中，不可避免地会面临风险，这个时候你需要用一种自我同情而不是自我批评的态度去支持自己勇敢地努力。当你认识到作为一个新手，你必须踏出笨拙的第一步才能保证成为一位大师时，你会希望对自己特别地温柔。当你学会期待和接受项目中早期步骤出现的缺憾时，你会让高效者的坚持成为自身的一部分，也会为从困境中得以恢复而做出更好的准备，因为你有一张用同情织成的安全网。

⑤用"我必须花时间玩"取代"我没时间玩"。对于锻炼、与朋友进餐、一天中频繁的休息以及一年中频繁的休假，如果能保证花在上面的时间固定，那么就会增强你的自我价值感和自尊心，而这也正是消解拖延需要的核心内容所在。知道自己在可见的未来有个期盼，对休闲、与朋友一起玩的坚定承诺会让你减轻对困难工作的畏惧。

（3）遵循20：80定律。

该条金律使用讲授法进行简单讲解即可。

（4）不要轻视每分每秒。

首先通过互联网找到可以说明每分每秒都很重要的视频进行导入（例如《一分钟的生命》），引发同学们对一分钟的重要性的思考。然后介绍并引导学生使用一种时间管理的方法——时间碎片法(见图6-11)。之后进行小组互动活动——"寻找你身边的时间碎片",比一比哪个组能找到更多的时间碎片。

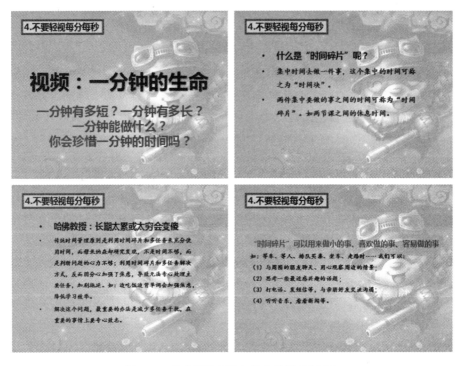

图 6-11 "时间管理的七条金律"课程组图

(5) 安排不被干扰的时间。

首先对该条金律进行讲授,然后介绍并引导学生使用一种时间管理方法——番茄工作法(见图6-12)。

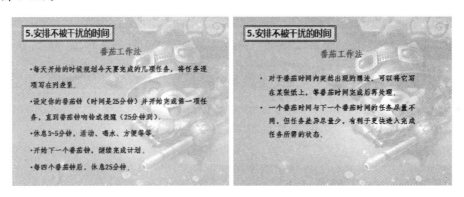

图 6-12 "时间管理的七条金律"课程组图

(6) 严格规定完成期限。

该条金律使用讲授法进行简单讲解即可。

(7) 做好时间日志。

首先对该条金律进行讲授,然后介绍并引导学生使用一种时间管理方法——34金币管理法。相关组图如图6-13所示。

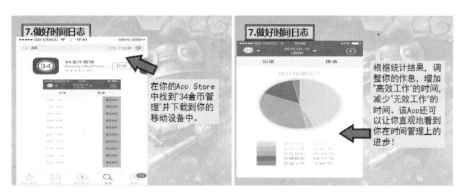

图6-13 "时间管理的七条金律"课程组图

3）课程总结

总结本课内容，并鼓励同学们尝试使用本课程介绍的时间管理的金律和方法，同时鼓励同学们找到或创设符合自己特性的时间管理方法。

## "不得不"与"应该"

1."不得不"——压力信息

拖延中模棱两可的自我对话——"我不得不做"传递出的是受害、抵触、紧张和困惑等消极情绪，"不得不"话语强化了那种别人逼着我们违背意志做事的观念。这样所造成的结果是构筑起一种想象：我们被生活中的一些小任务打败，疲惫不堪，努力工作却没有快乐。"不得不"会让你形成一种强烈的感受：在外部压力之下，自己变成了一个无助的受害者，这时以拖延作为防备的条件成熟了，你有保护自己的正常需求，那么对于那些以"不得不"开始的任务，就不可避免地存在矛盾、憎恨和抵触情绪。

受"不得不"信息的困扰，你踟蹰不前——包括精神、身体和情绪。想通过纪律约束、骇人的灾难来施加压力，从而解决停滞不前的问题，这只会把事情弄得更加糟糕。这些都只会加深那种工作任务可怕且痛苦的印象——如果能够自由选择，你不会从事这种任务。你在孩童时期，那些控制着你的食物、住所的人告诉你说，你必须要去做某些你不愿意做的事情；现在的感觉就和那个时候的感觉很类似。所有人都了解矛盾、压力和威胁以及伴随着他们的憎恨和抵制的情绪。然而我们在跟自己对话的时候，仍然是一部分像个小孩子，必须向以严父式口吻说话的另一部分做出交代。

2."应该"——抑郁信息

整天重复"应该"会给大脑中灌输一种消极的潜意识信息："我很糟糕，我的处境很糟糕，我的学习能力很糟糕，我的生活水平很糟糕……没有任何一种状态是我所应该存在的状态。"就像"不得不"会引发压力一样，"应该"会引发抑郁。数数10分钟之内，你的大脑当中有多少"应该"和"不应该",你就能够对自己的抑郁程度有一个很好的估计。反复进行"应该"的自我对话会让你有一种负重感、受害感和失败感。

(资料来源:Neil Fiore.战胜拖拉[M].张心琴,译.北京:东方出版社,2013.)

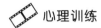心理训练

### 番茄工作法

番茄工作法是一种简单易行的时间管理方法。使用番茄工作法,选择一个待完成的任务,将番茄时间设为25分钟,专心工作,中途不允许做任何与该任务无关的事,直到番茄时钟响起,然后在纸上画一个"×",短暂休息一下(5分钟就行),每4个番茄时段多休息一会儿。

番茄工作法的原则:①一个番茄时间(25分钟)不可分割,不存在半个或一个半番茄时间;②一个番茄时间内如果做与任务无关的事情,则该番茄时间作废;③永远不要在非工作时间内使用"番茄工作法";④不要拿自己的番茄数据与他人的番茄数据比较;⑤番茄数据不可能决定任务最终的成败;⑥必须有一份适合自己的作息时间表。

番茄工作法的目的:减轻焦虑,提升集中力与注意力,减少中断,增强决策意识,唤醒持久的激励,巩固达成目标的决心,对工作和任务保质保量,改进工作、学习流程。

番茄工作法的具体做法:①每天开始的时候规划今天要完成的几项任务,将任务逐项写在列表里(或记在软件的清单里);②设定你的番茄钟(定时器、软件、闹钟等),时间是25分钟;③开始完成第一项任务,直到番茄钟响铃或提醒(25分钟到);④停止工作,休息3~5分钟,活动、喝水、方便等等;⑤开始下一个番茄钟,继续该任务,一直循环下去,直到完成该任务,并在列表里将该任务划掉;⑥每四个番茄钟后,休息25分钟。

需要注意的是:①非得马上做不可的话,停止这个番茄钟并宣告它作废(哪怕还剩5分钟就结束了),去完成这件事情,之后再重新开始同一个番茄钟;②不是必须马上去做的话,在列表里该项任务后面标记一个逗号(表示打扰),并将这件事记在另一个列表里(比如叫"计划外事件"),然后接着完成这个番茄钟。

(资料来源:http://baike.baidu.com/link? url=tbsaU2iG-EKEPJhyGgjuqwNClbrNSWQCCDlmQUiBK95e3ATy2MCdsjgqPODMOQNKdaCxG384NSVLmFUpJW_HPq.)

## 第二节 开 明

### 案例分享

某高一课程设计的导入环节设计如下。
1. 辩论经典话题"先有鸡还是先有蛋"(见图6-14)
2. 分享从不同角度看"鸡蛋之争"(见图6-15)

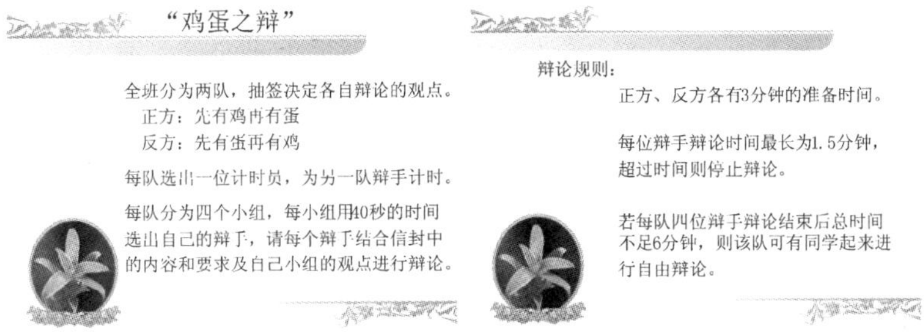

"鸡蛋之辩"

全班分为两队,抽签决定各自辩论的观点。
正方：先有鸡再有蛋
反方：先有蛋再有鸡
每队选出一位计时员,为另一队辩手计时。
每队分为四个小组,每小组用10秒的时间选出自己的辩手,请每个辩手结合信封中的内容和要求及自己小组的观点进行辩论。

辩论规则：
正方、反方各有3分钟的准备时间。
每位辩手辩论时间最长为1.5分钟,超过时间则停止辩论。
若每队四位辩手辩论结束后总时间不足6分钟,则该队可有同学起来进行自由辩论。

图 6-14　课程组图

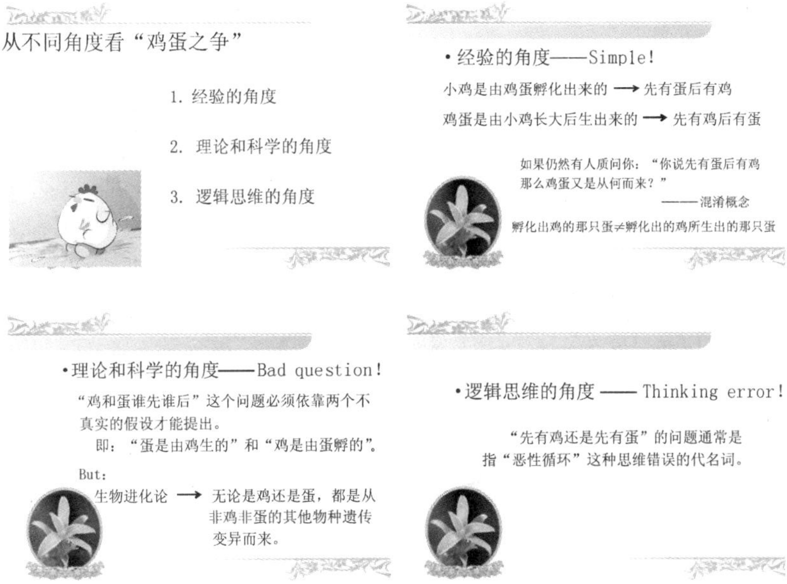

从不同角度看"鸡蛋之争"

1. 经验的角度
2. 理论和科学的角度
3. 逻辑思维的角度

• 经验的角度——Simple!
小鸡是由鸡蛋孵化出来的 → 先有蛋后有鸡
鸡蛋是由小鸡长大后生出来的 → 先有鸡后有蛋

如果仍然有人质问你："你说先有蛋后有鸡,那么鸡蛋又是从何而来？"
——混淆概念
孵化出鸡的那只蛋≠孵化出的鸡所生出的那只蛋

• 理论和科学的角度——Bad question!
"鸡和蛋谁先谁后"这个问题必须依靠两个不真实的假设才能提出。
即："蛋是由鸡生的"和"鸡是由蛋孵的"。
But:
生物进化论 → 无论是鸡还是蛋,都是从非鸡非蛋的其他物种遗传变异而来。

• 逻辑思维的角度——Thinking error!
"先有鸡还是先有蛋"的问题通常是指"恶性循环"这种思维错误的代名词。

图 6-15　课程组图

该设计为何要讨论"先有鸡还是先有蛋"这个经典问题？设计者的基本理念是什么？该课程设计中,从不同的角度看问题,对于高中生而言,意义何在？事实上,该设计的论证中,希望能借由"鸡蛋之争",引领学生感悟从不同视角看问题的价值,并由此引向"开明"这一话题。那么,什么是开明？可以从哪些角度进行设计？本章将带领大家展开新的尝试。

◆ 学习导航

一、概述开明

（一）不同视角下的开明

开明,字典中的解释为:原义是从野蛮进化到文明,后来指通达事理、思想不守旧。在我国古代,"开明"一词常伴随"开通"一词出现,解释为"通达、明智,清醒、明白"等。

"开明人"最早出现于开明书店成立20周年时叶圣陶先生写的一首诗中:"堂堂开明人,俯仰两无愧。"20世纪30年代,国内独具特色的一支散文作家队伍,有丰子恺、夏丏尊、叶圣陶等,他们大都是上海立达学园的同事,聚集在开明书店周围,被称为"开明派"。"开明派"是积极的人生派、热切的爱国者,讲究品格、气节和操守,他们的作品平淡如水,却能在平凡中发掘生活的哲理,追求高远的境界。在开明书店20周年纪念会的答谢词中,叶圣陶对"开明人格"做出了生动的注解:"讲到开明同人的作风,有四句话可作代表:是'有所爱',爱真理,即爱一切公认为正当的道理。反过来是'有所恨',因为无恨则爱不坚,恨的是反真理。再则是'有所为,有所不为',合乎真理的才做,反乎真理的就不做。"开明派眼中的开明人有志气、有追求、爱生活、爱国家,并不断发掘、追求真理。

开明的英文翻译为"open-minded",开明人格则翻译成"open-mindedness"。在西方,不同的人对开明有不同的理解。

美国洛约拉马利蒙特大学学者Jason Baehr认为开明与冲突、对立、挑战、争辩等情况有关,特别是与人的意见观点相冲突时的情形。比如,一个开明的人在面对与其观点对立的情况时,他会暂时放下他的个人观点,公平公正地对待对立面,去搜集证据和理由,而不是忽视、歪曲、讽刺与其不符的观点。开明不是思想封闭、武断或者存在偏见,当掌握了足够确切的证据时,也要充分地考虑对立面。Jason Baehr的观点表明开明的定义是理智、公平地看待与自己观点不一致的对立面,并搜集充分证据寻找真理。

美国泰勒大学James S. Spiegel总结出对开明解读的三种派别。

第一种派别,如Hare认为,开明就是对我们持有的观点保持怀疑态度,也就是不停地怀疑,不停地接受新的不同的观点。

第二种派别,对开明持不置可否的态度。如Peter Gardner认为,鼓励"开明",鼓励接受各种看法,在某种程度上意味着没有坚定的立场,意味着每一种观点都不值得被严肃对待。他认为开明应该只针对信仰,不应该针对真理。

第三种派别,如Jonathan Adler认为,开明只有在自我信仰的真理中才有可能存在。真理与信仰是分不开的。因此Adler认为"开明"是一种针对被信仰着的信仰的"元态度"。然而,人类的认知存在缺陷,这种描述事实上是在说明作为"元态度"的谦卑——以适当的低姿态看待自己,或者直面自身的认知条件。在此基础上,对于某些人而言,"元态度"的谦卑可以帮助人们在开明的前提之下更好地收获知识,因此,开明和谦卑都是理智的美德。同时由于理智的美德是道德生活的一方面,因此开明和谦卑也属于道德的范畴。

关于开明人格的解释,最著名的应该是积极心理学中的积极人格特质研究。Peterson和Seligman在对涉及性格优点和美德的大量文献——从精神病学、青少年发展到哲学、宗教、心理学——的回顾的基础上,发现了在各种文化(包括中国的儒家思想和道教文化,南亚的佛教和印度教文化,西方的犹太教、基督教文化等)中普遍存在并受到珍视的六种核心的美德:智慧、勇气、人性、正义、节制和超越。他们根据十项标准从众多的候选性格优点中选择了24种性格优点分别归类到这六大核心美德中。而这24种性格优点中的一种就是开明(批判性思维、判断力),这种性格优点属于六种美德之一:智慧和知识(获得和使用知识的认知优点)。开明在这里解释为"从各个维度去思考和审查事物,公平权衡所有的证据"。在这里,开明也就是批判性思维。

### (二) 批判性思维

Peterson 和 Seligman 认为,开明等同于批判性思维。而 Harvey Siegel 教授则提出批判性思维是学生形成头脑开明品质的基础。他认为头脑开明是指:一个人愿意去接受和考虑别人提出的不同于自己的观点,在此基础上愿意并且有能力对自己提出的观点进行反思,并做出判断与调整。这表明在 Harvey Siegel 教授看来,一个人拥有超强的理解和解决问题的能力并不代表其就具备了头脑开明的优势品质,具有思考问题反面情况的能力才是最重要的。一个头脑开明的人与他人辩论时,是用具有说服力的证据和材料来支撑自身的观点,而不是贸然地对批判性的争执感到不满。批判性思维是头脑开明的充分不必要条件。一个人变得头脑开明的过程就是批判性思维形成的过程。

1990 年美国哲学协会针对当时对批判性思维的定义的混乱局面,通过利用德尔菲法对批判性思维进行了科学的定义:"批判性思维是一种有目的性的,对产生知识的过程、理论、方法、背景、证据和评价知识的标准等正确与否做出自我调节性判断的思维过程。"该定义将批判性思维技能分为七个方面:阐明、分析、推论、评价、解析和自我调节。这个理论也得到了最为广泛的认同。

而我国学者刘儒德根据国外研究成果指出,批判性思维是由批判性思维技能和批判精神两个方面构成的。批判性思维必须以一般性思维能力(如比较、分类、分析、综合、抽象和概括等)为基础,同时还要具有一些特定的批判性思维技能。他综合国外专家的分析,认为这些技能可以被概括为以下八种:①抓住中心思想和议题;②判断证据的准确性和可靠性;③判断推理的质量和逻辑一致性;④察觉出那些已经明说或未加明说的偏见、立场、意图、假设以及观点;⑤从多种角度考察合理性;⑥在更大的背景中检验适用性;⑦评定事物的价值和意义;⑧预测可能的后果等。概括地说,进行批判性思维就像评论家和法官那样进行审、查、判、断。批判精神就是有意识地进行评判的心理准备状态、意愿和倾向。它可激活个体的批判性思维意识,促使个体朝某个方向去思考,并用审视的眼光来看待问题。具体来说,它包含下列六大要素:①独立自主;②充满自信;③乐于思考;④不迷信权威;⑤头脑开放;⑥尊重他人。刘儒德在与创造性思维的比较中揭示了批判性思维的本质特征,指出:"如果说创造性思维是所谓的多谋,那么,批判性思维就是所谓的善断。"

### (三) 发散性思维

发散性思维,又称求异思维、辐射思维或者扩散思维,是指"根据已有信息,从不同的角度和方向思考,从多方面寻求答案的思维方式"。其概念最早是由伍德沃斯于 1918 年提出来的,但起初只是作为思维的流畅性予以使用,并未对其内涵做出明确界定。1967 年,美国南加州大学的心理学家吉尔福特创立了著名的智力三维结构模型理论,认为对智力结构应该从操作、内容、产物三个方面去考虑,智力活动就是人在头脑中加工(即操作)客观对象,产生知识(即产物)的过程。智力的操作过程包括认知、记忆、发散思维、聚合思维、评价 5 个因素。"发散性加工"被定义为:"为了满足一定的需要,根据个人的记忆储存,以精确的或者修正了的形式,加工出许多备选的信息项目的操作。"吉尔福特认为发散性思维具有流畅性、变通性、独创性三个方面的特点,是可以测量的。发散性思维能够帮助人们摆脱思维定势的束缚,使人们在考虑问题时,不拘一格,像水龙头一样,从一点出发,向四面八方发散,从而产生更多更新的解决问题的方法。

对于发散性思维,在我国主要存在两种有代表性的观点:一是将发散性思维看成是一种思维形式,在对思维进行分类时,根据思维的指向性,可以分为发散性思维和集中思维;二是将发散性思维看作思维的品质,这种观点认为"思维的灵活性品质,也可以叫作发散思维"。

综合上述观点,笔者更倾向于把开明人格概括为:一个人愿意去接受和考虑别人提出的不同于自己的观点,在此基础上愿意并且有能力对自己提出的观点进行反思,并做出判断与调整;他可以从各个维度去思考和审查事物,并公平权衡所有的证据,不论那些证据是否支持他自身的观点。

## 二、开明人格的培养

国内外关于对中小学生开明人格的培养实践甚少,但关于学生批判性思维的实践则相对较多。

从 2000 年开始,积极心理学运动掀起了一股巨浪。心理学家与教育学家们联手开创了积极心理学的幸福课,幸福课最先出现在美国的大学课堂里,后来逐渐深入到中小学。开明人格培养主要出现在中小学幸福课中的发挥、运用个人优势专题中,很少学校专门开设开明人格培养课程。如,阿拉巴马州的高中开设"积极心理学七天入门课程",其中,第六课"美好生活:运用个人优势"就涉及开明人格教育。

从 20 世纪开始,外国教育改革始终围绕着怎么样培养学生的批判性思维而展开。20 世纪 30 年代,作为实用主义教育者的杜威认为,教学的目的不仅仅是装备人的知识,更重要的是培养人的反思性思维和探究意识,敢于挑战权威。这实际上就是一种批判精神。50 年代,为了激发学生的学习动机,美国心理学家布鲁纳认为应该在教学过程中为学生提供一些富有难度和挑战性的任务,采用发现教学法,使得学生在教师的指导下积极思考,主动探究,从而发现真理,形成概念。发现教学方法的提出使得美国的教育由原先的注重知识的传授变成了关注学生的独立思考能力和探究精神的培养。60 年代,在美国的小学到大学课程教学中都开设了批判性思维课程,旨在加强学生的批判性思维能力,从而形成了一场声势浩大的批判性思维运动。在这次运动过程中,不同的学者从各自的研究领域就批判性思维的培养进行了深入的探讨,虽然见解不一,但他们普遍的观点是:批判性思维教育的最终目的在于帮助学生解决生活中所遇到的各种各样的难题;教育的方法为杜威的从做中学,主张学生应该在实践活动的基础上运用批判性思维;在教育内容,批判性思维的教育不仅包括学生思维技能训练,更重要的是人格倾向的培养。80 年代,制度化和课程化已经成为发达国家批判性思维教育的趋势。培养学生的批判性思维能力变成学生全面发展的重要组成部分。归纳演绎、分析推理、问题解决等方面的技能成为其课程的基本组成要素。一些发展中国家也开始重视批判性思维的培养。例如,为了推广和发展批判性思维教育,南美洲的委内瑞拉,就曾在 80 年代规定各级学校都必须设置批判性思维课程。90 年代,社会逐渐改变了对批判性思维的看法,由原先的思维技能变成了现在的综合能力,它由思维技能和人格特质两大要素构成;综合思维能力和人文精神并存于其中,二者缺一不可。

在国内,我们重视的是在教育过程中培养学生的质疑精神,以理解人类积累的知识和经验。虽然这在某种意义上来说也是培养人的批判性思维能力,但按照批判性思维的真正含义来说,它实际上窄化了我们对批判性思维的认识和人的批判性思维力的发展。并且在我们国家的教育目标中并没有明确提出培养学生的批判性思维。目前唯一值得一提的是香港在2001年的课程改革短期目标,明确提出了要优先培养学生的共通能力(批判性思维和创造性思维),并且将这种能力的培养与具体科目的学习相互结合起来。

综上所述,国外基本上实现了批判性思维教育的制度化、课程化,然而其对何谓批判性思维,它到底由哪些要素构成等问题的看法却莫衷一是,难免造成认识上的混乱。综观国内,相关研究集中于哲学和心理学领域,可谓范围窄、水平低,批判性思维教育更无从谈起。

针对上述对开明的定义,结合高中生的思维特点,我们可以设计一系列教学案例,通过各个环节,启发学生看待问题不停留在表明,不片面,不以自我为中心,而是深入、全面、多方位考察问题并得出真理,培养学生的批判性思维和发散性思维。

## 三、案例分享

**案例1:与"思维定势"说再见(设计者:黄嘉琪)**

1. 设计理念

本课旨在让学生了解并体会思维定势的存在,提醒他们看待问题不应该只停留在表面,并训练学生们打破思维定势,从多个维度去思考和审查事物,培养开明人格。

2. 教学目标

(1) 认知目标:让学生了解思维定势,认识到思维定势有利有弊,并尝试解放思维,挑战权威。

(2) 情感目标:让学生体会到思维定势可能会不利于解决问题,在解决问题时有意识地想办法摆脱思维定势的影响。

(3) 技能目标:掌握看问题的不同角度。

3. 教学时间

一课时。

4. 教学对象

高中一年级学生。

5. 教学重点

让学生体会到思维定势可能会不利于解决问题,在解决问题时有意识地想办法摆脱思维定势的影响。

6. 教学难点

掌握看问题的不同角度。

7. 教学过程

由选水果和选犯罪凶手引出人们的刻板印象和思维定势这些概念,进而由两道题目启发同学们在解决一些问题时需要摆脱思维定势。最后以一道在数学上不成立的题目,引导学生的发散思维,挑战权威,摆脱思维定势,培养开明人格。

第一环节:选一选、猜一猜

(1)一天,你去水果店买橘子,看到一堆橘子里有黄皮的也有青皮的,你会选择哪一种呢?相关组图如图6-16(本图是黑白图,无法显示橘子皮的青、黄颜色,但可从颜色深浅做出识别)所示。

图6-16 "与'思维定势'说再见"课程组图

大多数人都会选择黄皮橘子,因为它们看起来已经成熟了,而且比较甜。

(2)一天晚上,小红被抢劫了,请大家用直觉猜一猜凶手会是以下两位(见图6-17)中的哪一位。

图6-17 "与'思维定势'说再见"课程组图

大多数人都会选择图6-17中左边穿着牛仔裤、较为强壮的男人,而不是右边穿着西装、文质彬彬的男人。

总结:以上两种现象都是刻板印象的例子。刻板印象主要是指人们对某个事物或物体形成的一种概括、固定的看法,并把这种观看法推而广之,认为这个事物或者整体都具有该特征,而忽视个体差异。青色的橘子通常被认为是还未成熟,不甜;而文质彬彬的人通常被认为不会干坏事。这都是看待事物停留在表面,不全面、不深刻的表现。

第二环节:体验思维定势

(1)给同学们一道题目(见图6-18),让同学们思考问题答案。

邀请同学们回答问题。如果同学们想着用数学的方法解决问题,则陷入了思维定势。问题的答案是:第一组数字的汉语发音为一声、第二组数字的汉语发音为四声、第三组数字的汉语发音为三声。

(2)给同学们一道题(见图6-19),让他们抢答。

想一想

❖ 你能猜出这3组数字间有何种关系吗?
❖ (1,3,7,8)
   (2,4,6)
   (5,9)
提示:每一组数字都有一个相同的条件。

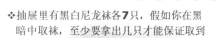

❖ 抽屉里有黑白尼龙袜各**7**只,假如你在黑暗中取袜,至少要拿出几只才能保证取到一双颜色相同的袜子?

图6-18 "与'思维定势'说再见"课程设计
　　　　教学过程组图

图6-19 "与'思维定势'说再见"
　　　　课程组图

邀请同学们抢答,尽量少给同学们思考时间。答案为3只。如果有不少同学回答8只,因为这个问题的关键为"相同"和"不同",取一双颜色相同的,答案是3只;取一双不同的,答案才是8只。回答8只的同学受到题目中"黑白尼龙袜"和"各7只"的影响,产生颜色"不同"的思维定势。

总结:生活中许多需要我们解决的问题都可能会使我们陷入思维定势。不可否认,有时候思维定势可以使我们快速地解决问题,节省很多时间和精力;但有时它也会导致我们想问题方法单一,束缚我们的思维,使我们只想到常规的方法,导致问题难以解决。因此,当我们用老方法解决不了问题的时候,我们应该摆脱思维定势,避免刻板印象。

第三环节:解放思维,挑战权威

怎样使"1+2≠3"合理?

1. 分别出示卡片"1"、"2"、"+"、"3"、"=",问学生是什么,怎么念这些卡片,还可以怎么念?让学生随意发挥,多角度思考。

2. 出示五张卡片,让学生随意组合并解释。在数学中,1+2=3是正确的,1+2≠3则是错误的,那么现在我们跳出数学界,冲破常规思维的框框,想办法把1+2≠3变得合理(见图6-20)。请同学们思考、讨论,并引导学生在尽量多的领域都想出对1+2≠3的解释,享受解脱思维束缚的快乐!

第四环节:总结

1+2=3,家喻户晓,这是我们必须掌握和牢记的科学论断。但我们这节课的讨论却使本来熟悉的答案变得面目全非,这是为什么呢?

这是因为我们摆脱了思维定势,并不断以新的角度观察、思考,就会得出许多特别、新奇的又有意义的答案!

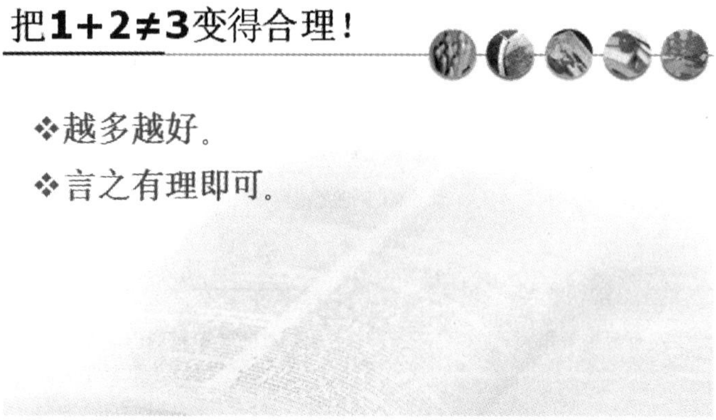

把1+2≠3变得合理!

❖ 越多越好。

❖ 言之有理即可。

图6-20 "与'思维定势'说再见"课程组图

**案例2**:Free Your Mind(设计者:戴业恒)

1. 设计理念

高中生自我意识不断高涨,想问题时难免偶尔会以自我为中心,或者陷于思维定势,使思维受到限制,不能多角度甚至全面地审视问题。因此,本节课主要以思维导图工具为媒介,引导学生感受思维发散,启发学生多角度看问题。

2. 教学目标

(1) 认知目标:让学生了解发散性思维和思维导图的内涵。

(2) 情感目标:感受思维导图的价值,领悟其与学习、生活的关系。

(3) 技能目标:学习和尝试运用思维导图,来培养发散性思维。

3. 教学时间

一课时。

4. 教学对象

高一学生。

5. 教学重点

了解思维导图的构成。

6. 教学难点

尝试运用思维导图。

7. 教学过程

第一环节:解读发散性思维

(1) 在黑板上画出图形,代表1~10中的一个数字,让学生通过猜数热身和引入。

(2) 小故事分析(见图6-21)。

第二环节:发散性思维的培养

(1) 游戏中体验(见图6-22)。

(2) 思维导图(见图6-23)。

(3) 学以致用(见图6-24和图6-25)。

图 6-21 "Free Your Mind"课程组图

图 6-22 "Free Your Mind"课程组图

图 6-23 "Free Your Mind"课程组图

图 6-24 "Free Your Mind"课程组图

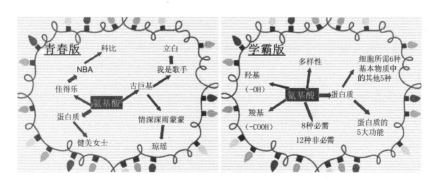

图 6-25 "Free Your Mind"课程组图

第三环节:小结(见图6-26)

**案例3**:Open Your Mind**(设计者:高宁荣)**

1. 设计理念

采用塞利格曼关于开明的解读,通过活动的展开引导学生领悟成为一个开明的人的重

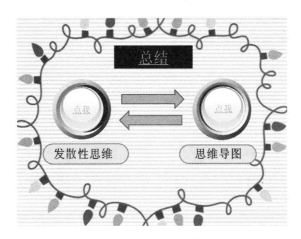

图 6-26 "Free Your Mind"课程组图

要性,初步体会开明人格培养的三条策略。

2. 教学目标

(1) 认知目标:理解开明的内涵。

(2) 情感目标:感悟培养开明人格的价值。

(3) 技能目标:掌握开明人格培养的三条策略。

3. 教学时间

一课时。

4. 教学对象

高一学生。

5. 教学重点

如何培养开明人格。

6. 教学难点

让学生们学会换位思考,多角度思考。

7. 教学过程

第一环节:热身活动

任务一:就是不一样(见图 6-27)。

第二环节:解读"开明"

经过简单讨论后,引导学生理解:开明即是积极去探求与自己最深信的观念,计划或者目标相反的证据,并且能够平等地对待这些证据;能全面地看待事物;并能与时俱进地予以调整。

第三环节:如何培养开明的人

1) 调整观点

任务二:以道德两难情景为题目,要求小组通过讨论,在道德两难困境中做出一个选择,并给出选择的理由,在卡纸上写明;讨论结束后各小组通过卡纸展示自己的选择和理由并陈述。相关组图如图 6-28 所示。

01 Before

说出你做过而别人很可能没有做过的一件事

越少人做过这件事 得分越高

每有一个小组的全部组员都没做过则加1分

04 How to do

任务二

废弃　使用中

图 6-27 "Open Your Mind"课程组图　　　图 6-28 "Open Your Mind"课程组图

知识点学习:简单介绍调整观点的方法(见图6-29)后回到任务二。

任务二:每个小组需要从与初次选择相反的立场上出发,给出理由,在卡纸的另一面写上理由并展示,每给出一个合理理由(见图6-30),小组加1分。

04 How to do

调整观点

1. 学会多角度去看待事物
2. 更多的"yes"
3. 未亲历前不妄断
4. 什么都像双刃剑

04 How to do

左  右

在卡纸的B面写出至少两个理由

能够支持A面相反的选择

图 6-29 "Open Your Mind"课程组图　　　图 6-30 "Open Your Mind"课程组图

2) 开阔视野

知识点学习:简易介绍开阔视野的方式、途径(见图6-31),引入任务三。

任务三:"最广见识"——通过多媒体平台展示多方面、多种形式的材料,要求学生对材料进行识别和辨认。

如:播放日语音频,提出问题——这是哪个国家的语言?小组每答对1题加1分。

3) 待人开明

知识点学习:如何待人开明(见图6-32)。

回顾引入游戏就是不一样,重复就是不一样活动。

第四环节:总结(见图6-33)

图 6-31 "Open Your Mind"课程组图　　图 6-32 "Open Your Mind"课程组图

图 6-33 "Open Your Mind"课程组图

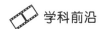

## 培养开明人格的策略之一：对人开明

1. 不要评论你不了解的人

许多人试图想要成为一个开明的人，但他们常常对不了解的人下结论。如果你喜欢在第一次见面的时候就对别人下判断，甚至在只是听说过别人或看到别人从你面前经过的情况下就对别人下判断，那么你就应该努力在认识一个新朋友时避免受到他的背景、外貌、口音所造成的偏见的影响。

如果你习惯于仅从别人的外貌或刚交往时所进行的谈话就形成对别人的印象，那么上面的做法可能对你来说相当困难。不妨看看镜子里的自己，你觉得别人能仅凭看了你几眼就了解你是个怎样的人吗？不一定吧。

下次你遇到一个新朋友时，试着了解关于他的更全面的信息后，再对他下判断。你可能是这样一个容易嫉妒的人,你讨厌那些与你朋友熟络的人,因为你的占有欲很强。但是,如果你这样想,如果你朋友喜欢这个人,那么这个人肯定有一些能够吸引他人的优点,试着去发现这些优点。

2. 多提问

如果你是守旧的人,那么你可能会觉得说别人没有什么东西是值得你学习的。如果是这样,下次你遇到一个新朋友或与老朋友交谈时,试着去问他许多关于他的问题,例如问他周末干了什么或者有没有看到比较好的书之类的,你将会为你能从你朋友那学到如此多的知识而感到惊奇。

如果有人刚旅游回来,你可以问他关于旅游的细节。如果你跟某个人很熟悉,你可以问他关于他的童年。你可能会听到一些有趣的细节,学到一些新奇的东西。

3. 结交各行各业的朋友

如果你想要变得更加开明,那么你就不能只是跟那几个在中学或者大学认识的同学交往,因为你们所能分享的信息都是相似的。你应该在工作中、在兴趣班上、在邻居聚会上结交各种朋友。试着去认识各个行业、有各种兴趣、来自各个背景的人们。结交来自各个背景的人们能给你不一样的观察世界的视角。

4. 让一个朋友向你介绍他的爱好

如果你的朋友非常喜欢画画、瑜伽等,你可以让她带你去上一节课,或者向你展示她的爱好。你将会从中学到许多专业知识,欣赏到你以前从没欣赏到的东西。试着去挑战自己,尝试你曾经被嘲笑过的东西,你将会发现挑战生活的乐趣。

观察你朋友对你完全不了解的东西的痴迷,能够让你对他人如何消遣自己的时光有一个更加开放的态度。

5. 接受邀请

这是一种培养开明人格的好方法。当然你无须每次都接受,但你应尽量去接受你从没想过要参加的派对、去你从没想过要去的地方。可能是你邻居邀请你吃一顿饭,或亲戚举行的一次烧烤。探索各种事件将能让你更加开明。

试着去接受来自各种事件的邀请,如果只是对派对说"YES"而对其他事件说"NO"的话,可能不会开阔你的视野。

6. 参加友好的辩论

如果你是守旧的人,你可能喜欢参加某个话题辩论,因为你确信你是完全正确的。如果下一次你发现你正处于一场辩论中,不妨采用一种更加友好、开放的态度。试着不要说别人是错的,而是问他为什么你应该相信他的观点。你无须改变自己的观点,但你无疑会接受一些新的想法。

谁都不愿意成为别人眼中的一个固执、顽固的人,试着让自己更加友好,不要太好斗,无论你对一个话题多么热爱也应该做到这一点。

7. 友好地对待你讨厌的人

你可能从来没想过和一个吸烟的人、一个喜欢玩游戏的人交朋友,甚至在你的生活圈里很少会出现这些人,但如果有,请友好地对待他们,这有利于你成为一个开明的人,甚至还能与他们成为朋友。

请记住其他人也可能是守旧的,或者对你有着负面的想法。你可以试着通过分享你的观点来帮助别人变得更加开明。

(资料整理者:高宁荣)

### 心理训练

激发发散性思维有以下几种训练方法。

(1) 请你写出所有能想到的带有"土"结构的字,写得越多越好。(一分钟)

(2) 把热水瓶的体积缩小,就成了保温杯,想一想还有什么东西是靠"缩一缩"而创造出来的呢?(袖珍词典、微电脑、微型胶卷、压缩饼干、儿童自行车等)

(3) 一位节俭的妇女,突然改变了节俭的习惯,变得挥金如土,请你解释发生这一转变的可能情况?

(4) 纸板按顺序排列着,请你把它们拼成最简单的图形。(道具略)

(5) 什么东西打破了以后才能用?

(6) 词语串联接龙比赛(含成语、歇后语、谐音亦可)。

(7) 自编一道激发发散性思维的题目⋯⋯

(资料来源:邓涵健.谱写思维定势的幸福曲[J].中小学心理健康教育,2006(4).)

## 第三节　人际交往

### 案例分享

某课堂教学的导入环节中,引入了以下组图(见图6-34)。

图 6-34　东北人和广东人眼中的中国地图

聪明的读者,请你猜一猜,该环节希望带出一个怎样的话题?如果是你,你会如何利用该素材?事实上,这是该导入环节中众多图片之一,而设计的目的,是希望引发学生感受生活中常见的人际交往效应——刻板印象。如果是你,你将如何延续该设计?进行高中生人际交往的主题设计需要储备哪些知识?设计的思路如何?

### 学习导航

人际交往是指人与人之间通过各种方式的接触,从而在心理上与行为上发生相互影响的过程。高中生人际交往能力的发展是心理发展的重要组成部分,直接影响到其所建立的人际关系的质量和性质,影响到与父母、教师和同伴间的交往互动,从而间接影响家庭教育、学校教育以及学生自我教育的实施效果。

### 一、概述人际交往

#### (一)同伴交往

**1. 解读定义**

同伴主要是指心理距离、社会地位和认知平等的,往来密切的伙伴。相对于高中生而言,同伴主要是指同学。同伴交往即同伴之间的交往,也就是指认知和社会地位平等的人之间进行的沟通交流,经常性的联系与往来的一种活动方式。这种相互往来的内容包括一起学习和娱乐,交流情感、观念与信息,分享思想、感觉,也包括交往过程中的冲突等活动。

高中阶段在人生发展过程中处于青春期,也叫青年初期,是"从儿童期(幼稚期)向青年期(成熟期)发展的一个过渡",是"一个逐步趋于成熟的时期,是独立地走向社会生活的准备时期"。这一阶段,他们与同龄人之间的交往越来越频繁;他们在心理方面最重要的发展是对友伴的亲密程度的增强,友伴交往的选择性和稳定性也同时有了飞跃性的增长,增加了对同伴关系的依赖,在交往的数量和质量上都产生了新的变化。

**2. 高中生同伴交往的特点**

(1) 在对人际关系的重视方面,高中生的自尊心逐渐成熟,开始重视自己在集体中的地位和形象。

(2) 小团体减少,个人活动能力增强,开始充分表现自己的独立能力。

(3) 在交友面上,由一般性的普遍交友演变为个别性的交友,出现了所谓的挚友。

(4) 在择友标准上,显示出明显的成人倾向。由受功利、恩惠和情感影响转变为开始有意识地强调思想认识和追求目标的一致性,强调志趣相投、坦诚相待,以个性、脾气、兴趣、爱好为相互接近的条件。如图 6-35 所示。

#### (二)异性交往

**1. 定义与类型**[①]

异性交往指具有不同社会性别的人之间为了交流有关认识性与情绪评价性的信息而相互作用的过程。中学生的异性交往类型可分为以下四种。

1) 友谊型

这是一种值得提倡的异性交往类型,这种异性交往对提高学生学业水平以及对身心健

---

① http://www.fjydyz.net/plus/view.php? aid=742.

图 6-35 同伴交往

康的发展都有积极的推动作用。这种正常的异性交往,因积极健康而使当事人不感到拘谨和压力,相反,他们光明磊落、大大方方,没有向恋爱方面发展的倾向。

2) 早恋型

由于生理、心理的迅速发育,社会环境的影响,以及新闻媒体的过分渲染,部分中学生不能控制自己的感情,产生了早恋倾向。中学生"早恋"型异性交往,既影响学习、浪费青春,不利于自身的健康成长,也影响了别人的正常学习与生活,所以应该采取慎重的态度。

3) 羞怯型

这种类型主要有以下几种表现形式。

一种是一方面从心里渴望与异性交往,另一方面又害怕别人议论,内心特别矛盾,不知如何是好。于是表面上尽量回避、疏远异性,极不自然。

另一种是从小受到封建思想的教育,"男女授受不亲"等观念深植在头脑中,认为男女在一起不会有好事,于是害怕与异性交往,这部分人中以女生居多。比如一位女生的妈妈对她管教特别严,不允许她跟男生交往,结果她连男老师都不敢接近。

还有一种是由于自卑心理作怪,生怕别人不喜欢自己、看不起自己,于是把自己封闭起来,不与异性交往。

除此之外,还有一部分同学性格内向,缺乏人际交往的技能技巧,不知道说什么好。因此在异性面前紧张、焦虑,怕遭到拒绝与冷漠,干脆也不和异性来往。

4) 模糊型

这种类型的男女学生好像永远不明白自己的性别,混淆男女界限。在一起打打闹闹,不分彼此,一律以"哥们儿"自居。

**2. 异性交往的心理学意义**

(1) 智力方面。男女生在智力类型上是有差异的。男女生经常在一起互相学习、互相影响,就可以取长补短,实现差异互补,提高自己的智力活动水平和学习效率。

(2) 情感方面。人际交往中的情感是丰富而微妙的,在异性交往中获得的情感交流和感受,往往是在同性朋友身上找不到的。这是因为两性在情感特点上有差异,女生的情感比较细腻温和,富于同情心,情感中富有使人宁静的力量。这样,男生的苦恼、挫折感可以在女生平和的心绪与同情的目光中找到安慰。而男生情感外露、粗犷、热烈而有力,可以消除女生的愁苦与疑惑。

(3) 个性方面。只在同性范围内交往,我们的心理发展往往会狭隘,远不如既与同性又与异性的多项交往更能丰富我们的个性。多项交往可以使差异较大的个性相互渗透,实现个性互补,使人性格更为豁达开朗,情感体验更为丰富,意志也更为坚强。保加利亚的一位心理学家说过:男人真正的力量是带一点女性温柔色彩的刚毅。

我们都有过这种体验:有异性参加的活动,较之只有同性参加的活动,我们一般会感到更愉快,活动的积极性会更高,往往玩得更起劲,干得更出色。这就是心理学上的"异性效应"。当有异性参加活动时,异性间心理接近的需要就得到了满足,于是,彼此间就获得了不同程度的愉悦感,激发起内在的积极性和创造力。尽管健康的两性交往对我们的成长有诸多好处,我们也要把握好两性交往的尺度,防止"过"与"不及"。

**知识链接 6-2**

### 对孩子青春期异性交往的七种误解

**误解一:学生的主要任务是读书,与异性交往是长大以后的事**

这种说法听起来颇有道理,事实上却自相矛盾。一方面,它把学生看作一种职业,认为这种职业的本职工作是读书,做其他事都有不务正业之嫌。这是以成人的标准来要求学生。另一方面,它又认为学生是小孩子,不能去做异性交往这类只有大人才能做的事。这两方面的看法显然矛盾,而且它们都不成立。首先,学生的主要任务是成长,而不只是读书。成长包括很多方面,如身体的发育、社会心理的发展、个性的形成、智力的进步、道德品质的培养等等。读书求知主要涉及智力发展,只是成长的一个方面。学生上学与工人上班有本质的不同:工人上班要制造产品,在特定的岗位完成特定的生产任务;学生上学的基本目的却是发展自己,不只是"学好数理化"那么简单。学校不仅仅是一个传授知识的场所,更应该是一个促进学生全面成长的天地。学会与人交往,包括与异性交往,是个人成长不可或缺的内容,因此,它也是学生学习的任务之一,是一门意义重大的功课。这门课不在升学考试的科目之列,却会考人一辈子。其次,心理学的研究表明,学会与异性交往,达成异质社交性,是"青春期"最重要的社会目标之一。按照人类心理社会发展的自然进程,一个正常人从初中开始就需要学习建立异性友谊。因此,与异性交往并不是"长大以后的事"。相反,如果真的等到离开学校走上社会以后才开始学习与异性交往,很可能会因为缺乏锻炼而成为这方面的"困难户"。

误解二：中学生还不成熟，不懂事，不具备与异性交往的条件

这一看法的潜台词是：与异性交往是一种很特别的任务，需要准备好特别的能力，而这种能力又不能通过与异性交往本身的锻炼来形成。这实际上是在将异性交往神秘化，把异性交往划为禁区。它可能成功地阻止了一些青少年的尝试行为，但是，它同时也加重了青少年在异性交往方面的心理负担，给青少年达成异质社交性增添了不必要的障碍。不错，青少年确实还不成熟，在与异性交往时肯定会遇到不少困难，出现一些问题。但是，人的心理成熟不可能靠坐等得到，与异性交往的技能也只能在实践中去摸索、去提高。事实上，一个没有学会与异性交往，没有达成异质社交性的人，很难说是一个成熟的人。在一定程度上，学习与异性交往是青少年走向成熟的一个重要途径。

误解三：与异性交往会分散精力，影响学习

这种说法是很多家长和教师反对学生与异性交往的主要理由之一。他们往往举出不少事例来说明此观点的正确性，诸如某某人因为"早恋"而没有考上大学之类。其实，如果仔细推敲，他们的论据并不能证明论点。许多因与异性交往而影响学习（主要是影响考试成绩）的人，真正的原因并不是分散了精力，而是承受不了巨大的精神压力，这种压力又往往来自教师或家长对于异性交往的过敏反应。精力不是一个静态的、固定的东西。一个人在某个时期的精力大小或多寡，有很大的伸缩性，而且受到情绪的强烈影响。心情不好时，人们往往无精打采；心情愉快时，人们就会浑身是劲。研究发现，一个与异性交往很成功的人，往往情绪饱满，精力充沛，学习和工作的效率都很高。因此，与异性交往本身并不会对学生造成负面影响，相反可能还有积极作用。当然，在与异性交往时，可能会发生一些矛盾，遇到某些挫折，影响人的情绪，但是，出现这种情况的时候并不多，只能算作特例，而非常态。根据特例去反对与异性交往是不可取的，正如不能因噎废食一样。在一些名牌大学里，有不少只会读书考试，不善与人交往，尤其是不会与异性交往的学生，他们出现心理问题的概率很高，一些人最终因为情感问题而痛苦不堪，前程尽毁。成功的教育应该兼顾智力提升和社会性发展，而不是将二者对立起来。

误解四：与异性交往很容易发展为"早恋"，使中学生犯错误

"早恋"可能是最容易让家长和老师神经过敏的字眼。可以说，在一些家长和老师身上存在"早恋恐慌症"：一看到两个男女学生单独在一起，就怀疑他们"早恋"了。一怀疑他们"早恋"，就如临大敌：一方面把他们打入"另册"，当作"问题学生"；另一方面千方百计控制其负面影响，害怕他们起了坏的带头作用，使"早恋"流行蔓延。在这种心态左右下，不知制造了多少冤假错案，妨碍了多少青少年的身心发展。心理学的研究表明，异性交往的动机多种多样，在很多时候并不是为了谈恋爱。即使是一对一的男女约会，也不能与恋爱画等号。两个男女学生单独在一起，可能是在讨论学习问题，也可能是在交流对一些事情的看法，甚至可能是在讨论怎么样才能避免"早恋"。虽然青少年还不成熟，容易冲动，但是，他们都有自我保护

意识和自制能力，在恋爱问题上一般会相当慎重。如果说有一些中学生真的"早恋"了，他们也可能是被教师和家长"逼上梁山"的。"早恋"是成人世界制造的一个标签，一些人拿着这个标签到处乱贴。例如，如果两个男女学生关系很密切，经常在一起，那么我们本来应该给他们一个"异性友谊"的标签。然而，不少教师和家长从来就不相信有"异性友谊"这么回事，于是他们就会不由分说贴上"早恋"标签。一旦被贴了这个标签，这两个学生就有嘴难辩，外界的压力可能迫使他们真的恋爱起来。如果青少年真的"早恋"，也不是什么见不得人的丑事。"早恋"的学生也不是坏学生。"早恋"是一个心理现象，而不是道德品质错误。对"早恋"的学生，教师和家长不应该孤立、打击，而应该更多地关心和引导。

误解五：中学生谈恋爱成功率很低，中学生与异性交往没有什么好处

对于中学生谈恋爱的成功率，肯定没有任何正式的、权威的统计数字。这个成功率往往是由中学教师总结出来的。他们的根据就是自己的经验——他们教过的学生中，有多少人"早恋"，其中又有多少人最终没有结为夫妻。这种统计方法显然是有问题的，因为一些被教师贴上"早恋"标签的学生其实并没有谈恋爱，他们不存在成功与否的问题。这种思考的逻辑也是不成立的。首先，恋爱的成功与否不能只以结婚与否来衡量。如果一次恋爱使双方都得到成长，它就是有价值的。初恋的成婚率可能很低，但是这决不意味着初恋没有价值或没有必要。其次，"早恋"的成功率低也不能作为否定异性交往的理由。相反，这一点倒可以作为要加强异性交往的理由——如果教师和家长能够多做一些工作，引导学生学会与异性交往，他们将来的恋爱和婚姻就会更顺利，更成功。

误解六：与异性交往是少数学生的行为，"好学生"不应该仿效

前面已经提到，与异性交往是青少年心理社会发展的正常需要，所有发育正常的中学生都会自然地产生这方面的需求。但是，由于中学生被灌输了对异性交往的很多偏见，他们可能自觉或不自觉地压抑自己的需求，不敢做出相应的行为。一些学生则用"地下活动"的方式来与异性交往，不敢让老师和家长发现。这样的境况对学生们正当的异性交往是非常不利的。如果一个学校真的只有少数学生对异性交往感兴趣，我们就不得不怀疑它出了什么问题。

误解七：如何处理异性关系不需要别人指导，到时自然就会

对涉世不深的青少年来说，与异性交往是一个全新的领地，有很多的疑问和困惑。资料表明，在社会风气十分开放的美国，都有相当一部分大中学生把与异性交往当作一个难题。在观念相对保守，而且对青少年异性交往充满偏见的中国，不难想象青少年在这个方面的问题和困难更多。据一些心理咨询专家反映，我国青少年来电来信所寻求帮助的问题中，与异性交往有关的占了相当大的比例。

（来源：http://m.ssjyw.com/qingchunqiwenti/5352.html.）

### 3. 高中生性心理发展特点与异性交往特点
高中生已经跨过了青春期性意识发展的第一阶段——异性疏远期，从自身发育意识到

了男女生之间的差异,此阶段他们会产生胆怯、不安和好奇的心理。伴随着生理上的成长变化,他们会进入青春期性意识发展的第二阶段——异性亲近期和第三阶段——异性爱慕期,而高中生恰恰处在这两个阶段,男女同学都表现出一种渴望接近彼此的心理。他们从原来对自己身体的注意开始转向对异性身体和各种行为的注意,对异性表现出一种越来越强烈的异常感觉,产生羡慕和被吸引等情感,并开始用一种欣赏的眼光和友好的态度来对待异性的言谈举止,也总想以直接和间接的方式接近异性,或以各种方式引起异性的注意。男生乐于在异性面前表现自己的优势,甚至会以恶作剧方式引起异性注意,渴望得到肯定、赞扬和垂青;女生开始注意自己的妆饰,以吸引男生的注意和好感,内心充满了对爱情的憧憬。

高中生的异性交往行为,既符合青少年成长规律的共性,更鲜明地反映出时代特点。

(1) 满足青少年情感需要的渠道缺失。当今社会大环境下,学校对学生采取高压式的规范化管理,家庭教育方式的不当等,使满足学生情感需要的渠道缺失。

(2) 同伴对异性交往行为的宽容。在现今时代,中学生对两性关系的态度发生了天翻地覆的变化。高中生对中学生谈恋爱基本是认可的。

(3) 高中学生对异性交往行为缺乏道德性认知。现在的高中学生大多数都是独生子女,从小就养成了以自我为中心,在异性交往过程中,更多的是从自身的需要出发,很少考虑别人的感受。

(4) 异性交往行为成人化、公开化,情绪化。在公共场合常可以看到穿着校服的高中学生成双入对,牵手、搂腰,甚至当众拥抱亲吻。过密的异性交往既缺乏牢固的感情基础,更缺少理智的掌控。

处于青春期的高中生,他们的性意识不断增强,他们开始思考爱情,向往爱情,所以这个特殊阶段,是他们学习并提升爱的能力的重要时期。

## 二、人际交往的技巧[①]

### (一) 不能处处以自我为中心

在生活上以自我为中心,对于集体生活没有充分的思想准备,沿袭着在家中当"小皇帝"、"小公主"的习惯,觉得周围的人让着自己是应该的;在学习上以自我为中心,因为自己是班上的尖子,就觉得自己在学习上占有较大的优势,看不起一般的同学,不愿与他人共同探讨、相互学习,总认为自己是最好的;在社会活动、集体活动中以自我为中心,听不进别人的建议和想法,总希望别人依照自己的"吩咐"去做。这样的交往方式最易导致孤立、不受欢迎的局面,给自己、他人带来不必要的烦恼,给集体带来不必要的损失。以自我为中心的人应该学习伟人的谦虚美德,从他人身上汲取养分。

### (二) 友谊需要经常维护,要真诚

维护友谊,不等于迁就对方、附和对方。靠一团和气来调和矛盾,虽然表面上不伤情感,

---

① http://www.taoedu.cn/index.php?do=news_info&art_id=2236.

但实际上拉大了彼此的心理距离。交朋友必须坚持原则,有时不妨做诤友,给予他人真心的批评与建议,建立真正互帮互助的、和谐的人际关系。

### (三)尊重别人的价值观

人是复杂的,各人的价值取向也会各不相同,所以很难、也没有必要千人一律。尊重对方的价值观是交友中很重要的一个方面。学会理解他人,在人际交往中一定要提醒自己不要做让人反感的人。

### (四)站在对方的角度来考虑,努力理解对方的苦心

当观点不一致时,应想办法心平气和地向别人讲明你的想法,增进相互理解,使彼此间的感情融洽。切记不可粗鲁、顶撞,那样会伤害朋友的自尊心。凡事多从他人角度着想,自己有错时应主动承认、道歉,对同学的缺点也要给予宽容。平时多参加集体活动,多和同学交往。

### (五)交往的方式要及时作调整

我国著名心理学家丁瓒认为:"人类的心理适应,最主要的就是对人际关系的适应。"进入了一个崭新的学习和生活环境,同时也意味着进入了一种新的人际关系之中。对中学生来说,对新的人际关系的适应要远比对学习和生活环境的适应困难。有的同学还像上小学时那样,只跟自己喜欢的人交往,对自己看不惯的人根本不理。也有的同学还是动不动就"我不爱理他",在交往中显得十分幼稚。这些较为情绪化的交往方式很容易造成交往障碍,增加自己的心理压力。所以,中学生要调整自己的交往方式,和不同的人多接触,多看别人的优点,这样才能有更多的好朋友。

## 三、案例分享

**案例1:学会沟通,让心靠近(设计者:杨红霞)**

1. 设计理念

人际交往是人的一种基本需要。如何与他人进行有效的沟通,是高中阶段学生加速社会化、促进心理成长的重要课题。在沟通的过程中,我们应该掌握怎样的原则?学会人际交往的技巧对学生的健康成长和从业就业具有不可小觑的意义。

本课中创设了多种学生喜闻乐见、愿意积极参与的活动形式:开头由自画像引入,中间有游戏、故事、讨论、现场演示,最后设置了行为训练。课程始终以学生体验和参与为主要形式,发挥学生的主体作用,让学生在活动中成长,在体验中升华。

2. 教学目标

(1)认知目标:认识到人际沟通中出现困扰是正常的。

(2)情感目标:让学生在活动中感受到积极的互动氛围,使其产生行为改变的倾向。

(3)能力目标:掌握人际沟通中正确的态度和方法技巧。

3. 教学时间

一课时。

4. 教学对象

高一学生。

5. 教学重点

在体验与分享中掌握人际沟通的方法与技巧。

6. 教学难点

人际沟通方法与技巧的有效运用。

7. 教学过程

【课前准备】

(1) 学生分组:全班分成7个6人小组,座位安排如图6-36所示。

(2) 多媒体演示课件。

(3) 轻松柔和的背景音乐。

(4) A4白纸42张。

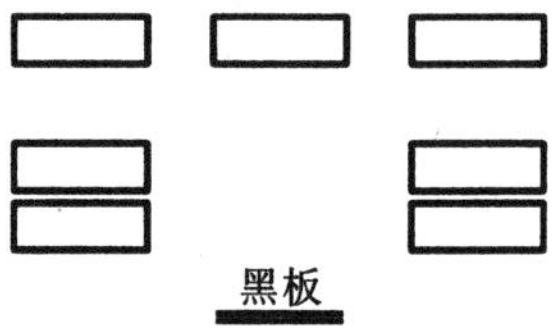

【活动步骤】

第一环节:课前组织

热身活动:请同学们站起来,我们一起做运动,伸出你的双手:①左手掌放在右手掌上面;②左手放回原位;③右手掌放在左手掌上面;④右手放回原位。请跟着节奏一起做,1、2、3、4……(节奏越来越快)。大家加快点,发现其实这是一个鼓掌运动。好,让我们一起来鼓掌,欢迎大家来上心理健康活动课。

图 6-36 "学会沟通,让心靠近"课程组图

第二环节:课题引入

1) 自画像分析

呈现四幅以"人际沟通"为主题、学生用投射的方法画的自画像(见图6-37)。

图 6-37 "学会沟通,让心靠近"课程组图

请若几位学生来做小小心理咨询师,分析一下这些自画像反映出同龄人怎样的沟通状态?并简要谈谈自己在沟通中曾经出现过的矛盾和烦恼。

2) 教师导语

人际沟通是需要学习的,没有人天生就是沟通大师,每个人在与人沟通中都会遇到这样或那样的问题、困惑,这是非常正常的事情。重要的是通过不断的实践和学习,来提高自己的沟通素养和水平。世界著名成功学大师、心理学家卡耐基说:"一个人的成功,15%靠专业

知识,85%靠人际关系和处世技巧。"就像"人"这个字,是由一撇一捺这两笔构成的,一撇是自己,一捺是别人,这一捺你写好了吗?下面,我们通过一个游戏活动来检测一下。

第三环节:人际沟通的方法与技巧

1)相互信任,主动交往

(1)游戏活动:倒下与接住。

游戏规则:根据场地的大小,组织学生两两对应站好,前面一排的学生站在离地面一定高度的台上,合起双臂抱于胸前,向后直倒;注意脚不可以踩下面一级的楼梯或地面,身体尽可能平直。后面的学生距离前面的学生大约半个身位,要用力接住。依次换位进行。

要求:让尽可能多的学生参加这个游戏(加强内心真实感受)。

(2)教师导语。

① 倒下的那一刻你害怕吗?你相信其他同学会稳稳地托住你吗?倒下的时候你的身体是弯曲的还是挺直的?

② 你现在的感觉是什么?

③ 你从这个游戏中学到了什么?

(3)学生感受。

(4)教师归纳。

通过刚才活动的体验和亲身感受,我们可以悟出一个道理——人与人之间要互相信任。能放心倒下去的人是信任别人的人,而接住别人的人是被人信任的人。要想被人信任,首先应信任别人。这种相互信任还可以延伸到与人交往的方方面面。在人际交往中,我们有一个共同的期望,那就是希望别人能喜欢自己,接纳自己,支持自己,承认自己。但是任何人都不会无缘无故地喜欢我们、接纳我们。别人喜欢我们是有前提的,那就是我们首先要喜欢他们。要想被人尊重,首先应尊重别人;要想被人关心,首先应关心别人……对于交往的同学,我们首先主动敞开心扉,接纳、肯定、喜欢他们,保持在人际关系中的主动性,这样别人才会接纳、肯定、支持、喜欢我们。

(5)教师引导。

人际交往中可以通过哪些方式来主动表达对别人的喜欢和肯定?

(6)学生讨论。

(7)教师总结。

根据学生的讨论和小组发言,教师概括出若干与人主动交往的方式,如主动向别人问好、打招呼,主动向别人点头、微笑,主动关心别人,主动约别人一起出去玩,等等。

你希望别人怎样对待你,你就应该首先这样对待别人,相互信任、主动交往,这是我们人际沟通永久不变、终身受用的黄金法则和沟通技巧。

2)互相帮助,助人助己

(1)故事《天堂和地狱》。

故事概要:有一个人想知道天堂和地狱的区别,就去找上帝。上帝带他去地狱看,地狱里有一口装满食物的大锅,可这里的人都饿得要命,因为他们每个人都拿着一个长柄的勺子,柄太长,食物送不到嘴里,所以他们吃不到食物。上帝又带他去天堂,结果遇到了同样的装满食物的大锅,同样的长柄的勺子,所不同的是人们生活得很幸福、快乐,根本不存在饿肚子的情况。

(2) 教师引导。

同样的装满食物的大锅,同样的带着长柄的勺子,天堂和地狱的景象却有天壤之别,这究竟是为什么?

(3) 学生讨论。

原来天堂里的人们用长柄的勺子互相将食物喂到对方的嘴里,生活在互帮互助互爱的世界里,这是人们建立和维护人际关系的基础与前提。

启示:快乐并不在于勺子有多长,而在于你如何去用它。

(4) 教师小结。

在我们的生活、学习及人际交往中,我们都喜欢热情、乐于助人的人,能得到别人的帮助是幸运和幸福的;而帮助别人,最大的回报就是快乐!(助人为乐)帮助别人就是帮助自己。

3) 学会倾听

(1) 现场随机演示。

情景创设:请一位学生讲讲在班上哪位同学最受欢迎,他哪些方面值得自己学习。学生在讲话时,老师东张西望,似乎在寻找什么物品,或打断对方说话,或是到学生中间处理问题,学生讲完了,老师追着问:"你刚才讲什么?"

问题讨论:刚才我扮演的这个角色是不是一个合格听众?为什么不是一个合格听众?有哪些地方做得不对?

分析引导:请这位学生谈谈自己的感受。引导学生分析不合格听众的表现。如不看对方、不感兴趣、做其他事情、不断插嘴、不耐烦等。指出在倾听时,除了耳朵之外,还要学会用眼睛、表情、动作、语言告诉对方你在真诚、认真地倾听(见表 6-1)。

表 6-1 倾听的技巧

| 途 径 | 合 格 倾 听 |
| --- | --- |
| 眼睛 | 自然的眼神接触 |
| 表情 | 配合内容的专注表情 |
| 动作 | 身体面向说话者 |
| 语言 | 适度简短的语言 |

倾听训练:请学生听一篇名为《花雨》的文章。文章中多次出现"花朵"和"雨滴"这两个名词。每当听到"花朵"时,女学生起立,听到"雨滴"时,男学生起立。如果连续听到两个相同的名词,则站立不动。站立的学生要等另一组学生起立后才可坐下。

素材分享:

花雨

当花朵最需要雨滴的时候,雨滴适时而来,在我们的故乡,称此时的雨滴为"花雨",此时的花朵为"雨花",因为只有这个时候,花朵才最艳丽动人,雨滴才最晶莹光彩。

怎样才能描述两者"结合"的情景?曾经让我苦苦思索。近读台湾一位诗人的新作,才让我惊喜地读懂了我所理解的诗美:花朵是雨滴的最佳归宿,雨滴是花朵最爱恋的宝贝。雨滴流进了花朵,自己充满了花的欢笑,花朵迎进了雨滴,焕发着雨滴的晶莹。雨滴感染了花朵的颜色,花朵呈现了雨滴的光泽,它们共同映见了天光,并使天光与它们的颜色结合,雨滴进入了花朵,成了花的一部分,花朵融入了雨滴,它的生命是由雨滴构成的。

教师总结:在人际沟通中,成为一个受欢迎的人的前提就是要学会倾听。不仅要表达自己的意见、想法,更重要的是要用心听对方所传达的信息,才能真正达到沟通的目的。这种倾听的能力,既是一种尊重人的态度,也是一种可以训练的、十分有效的人际沟通的方法和技巧,在人际交往中灵活运用倾听的技巧,将会拥有更多的朋友,赢得好人缘。

4)双向沟通

(1)折纸游戏。

游戏规则:请大家拿出一张长方形的纸,然后根据教师的提示进行操作。操作过程中,第一组学生面对面,可以商量,也可以询问教师;其他小组学生背对背,不能相互商量,也不能询问教师,独立完成。

游戏过程:

① 折一折:a.把这张纸上下对折;b.再把它左右对折;c.在右上角撕掉一个等腰三角形;d.然后把这张纸左右对折;e.再上下对折;f.在左下角撕掉一个等腰三角形。

② 看一看:做完后,请将这张纸展开来看一下,它的形状是什么?比较第一组与其他六组学生撕的"作品",发现第一组学生的作品形状一样或接近,而其他6个组的学生撕出来纸的形状差别很大。

③ 议一议:为什么同样的材料、同样的指令,其他6个组的学生撕出来的"作品"形状会如此千差万别?

学生讨论。教师概括学生的讨论结果,如"没有交流"、"不能问老师"、"不能看别人的"等,肯定学生的看法。

(2)教师小结。

第一组同学在折纸过程中,因为可以与同学、老师不断进行信息交流和感情沟通,不断反馈修正结果,取得的效果自然很好。其他组的同学因为不能实现双向、多向沟通,作品自然千差万别。一个小小的游戏尚且因为理解不同又无法沟通而出现了这么多的结果,要是我们的人际交往中缺乏理解交流或者理解偏差可能会造成什么后果?产生误解、人际关系紧张等常常是因为你所表达的并不一定就是别人所理解的,你所听到的未必就是别人想表达的。人际交往从来都不是一厢情愿的,它是一个双向的互动过程。我们要有意识地增加双方的信息交流和感情沟通,不断反馈、调节沟通方式,才能达到沟通的最佳效果,实现人际交往愉快,人际关系融洽。

第四环节:教师总结提升,引导学生做人际沟通的拓展练习

通过同学们参与体验和讨论交流,我们了解掌握了相互信任、助人助己、学会倾听、双向沟通这四个人际沟通方法与技巧。下面请大家在熟悉的歌声中,运用本节课学到的这几个十分有效的人际沟通方法与技巧,用表示友好的各种动作、语言(如握手、微笑、问好、招手、鼓掌、拥抱、点头、拉手、击掌等)来表达我们与老师、同学主动交往的心愿,体验与人交往带来的快乐,相信这一路走来,欢笑伴随你,友情伴随你。

播放歌曲《朋友》,引导大家面带微笑,与组里的每一位成员热情地握手、打招呼、问好,并争取与教师、与更多其他小组的同学握握手,打个招呼、问声好。鼓励学生越主动越好,交

往人数越多越好。

在歌声、欢笑声中结束课程。

**案例2:青春结伴同行——青春期异性交往辅导(设计者:张锦芬)**

1. 设计理念

高中生处在青春发育的后期,生理上不断发展和成熟,特别是性机能的成熟和性心理的发展,随之产生了一些特殊的心理体验,对异性交往非常敏感而好奇。处于青春期的高中生渴望和异性交往,在各种活动中都努力想引起异性的注意和喜欢,并想方设法寻找或制造各种机会接近自己喜欢的异性。异性同学之间的接触和友谊,有助于培养高中生的人际交往能力和促进个性的发展。但是由于高中生的理想主义和自我意识较强,自我控制能力较差,在与异性交往过程中面临着困惑和各方面的压力,在处理情感问题上不能把握好分寸,容易影响到学习和人际交往。

因此,本节课的设计旨在让学生对异性交往有一个正确的认识,有一个健康的心态,并通过活动,掌握一定的异性交往的尺度和技巧,能与异性同学自然、正常地交往。

2. 教学目标

(1) 认知目标:使学生认识到青春期接近异性是正常的生理心理现象。

(2) 情感目标:使学生正确认识异性交往的意义;引导异性学生积极交往,收获美好的同学友情。

(3) 能力目标:引导学生掌握异性交往的原则和方法。

3. 教学时间

一课时。

4. 教学对象

高一学生。

5. 教学重点

感受异性交往的原则。

6. 教学难点

引导学生掌握异性交往的方法。

7. 教学过程

【活动准备】

(1) 用红、绿、白颜色的A4纸分别打印好"A"、"B"、"C"字样,每位学生1份(在上课时用于举牌选择)。

(2) 安排好学生座位;每8位学生中间摆放1张桌子,组成1个小组,每小组选1名组长主持分组讨论。

(3) 音乐视频和课件。

【活动过程】

第一环节:热身活动:面对面

师:同学们,在正式讨论今天的主题之前,我要请同学们来做两个面对面的活动。

活动规则:学生面对面,听指令,做动作。

指令一:与同性同学(同桌)面对面,和对方握手并用另一只手拍拍对方的肩,同时问好,然后说句悄悄话。

指令二:与异性同学(后桌)面对面,和对方握手并用另一只手拍拍对方的肩,同时问好,然后说句悄悄话。

师:活动时,面对同性同学和异性同学的感觉是否不一样?我们正处于青春期,而且已经进入性思慕期了,我们有了青春朦胧的性意识,我们与异性交往时的感觉自然不一样。今天我们要一起探讨的主题就是"青春结伴同行——青春期异性交往"。

第二环节:课程主体——情景对对碰

阅读故事《青春的选择》,请同学们帮助主人公作选择。

1) 青春的萌动

情景背景:

丽丽和彬彬是初中同学,虽然进入高中后不同班,但还是常常有来往,慢慢地彬彬特别想和丽丽在一起,上课也常常会想到丽丽,终于,他发现自己喜欢上丽丽了,一日不见,如隔三秋。

活动1:你认为彬彬会怎么对待这份感情?

A. 向她表白。

B. 向好友倾诉。

C. 把感情珍藏在心底。

(学生举牌选择,3位助理统计每一选项的人数)

师:选择A的有××同学,选择B的有××同学,选择C的有××同学。当男女同学在一起学习、交谈、劳动、交往时,双方会产生一种愉悦的心理感受,同学们对某位异性产生好感,是一种青春萌动,一种美好的情感。

2) 青春的烦恼

一个月后,丽丽收到一封奇怪的信,她看后不禁红了脸。

丽丽:

你好!在我心中,你是个非常优秀的女孩,文静,端庄,聪颖,特别会体贴人,我有什么不开心的事儿都喜欢告诉你。你心地非常善良。还记得吗?有一次我打球把脚扭伤了,在家躺了一个礼拜,回校上学第一天,你悄悄地把我缺课那周的笔记递给我。丽丽,我觉得我越来越喜欢你,越来越离不开你了。你知道吗?只要见到你,我的心就怦怦直跳,上课也老想着你。不知从什么时候起,你已成为我生命中的一部分。丽丽,做我的女朋友,好吗?

爱你的彬彬

活动2:丽丽在收到信后会怎么处理呢?请大家帮她作个选择。

A. 答应他,并与他交往。

B. 婉转地拒绝他,仍然做好朋友。

C. 向朋友请求帮助。

3) 青春的选择

如果"丽丽和彬彬交往了",有以下两种情况。

(1) 第一种情况。

丽丽接受了彬彬的表白,相处1个月后,丽丽觉得影响学习,而且两个人在一起反而没有以前轻松自如,常常闹别扭。于是,丽丽提出分手。

活动3:彬彬会怎么做呢?

A.继续寻找机会,直到对方同意。

B.反目成仇,不理不睬。

C.尊重对方的决定,仍然做朋友。

(2)第二种情况。

丽丽和彬彬交往了,经常单独在一起。起初两个人都觉得很幸福,很快乐,两人的感情继续发展,一次周末,彬彬约丽丽去他家,两人单独在房间里看照片,听着美妙的音乐,彬彬有了一种身体的冲动,他慢慢向丽丽靠近,向丽丽提出发生性关系的要求……

活动4:丽丽在这个时候会怎么做呢?

A.拒绝他,转身离开。

B.跟他讲道理,打消他的念头。

C.为了表示自己真的喜欢他,答应他的要求。

分组讨论:各选择可能的结果是什么?

(每8人为1组,把全班分成若干小组进行讨论,各小组讨论由组长主持;各组派1名代表发言,教师主持全班交流。)

A.看着丽丽愤然离去的背影,彬彬感觉很丢脸,想追出去又没有勇气,觉得自己不应该这样,对丽丽很愧疚。后来他们见到对方都觉得尴尬,于是越来越疏远对方,不久他们就不再交往了。

B.彬彬觉得丽丽说得很有道理,打消了念头,也不觉得丢脸,两个人继续交往。

C.丽丽和彬彬发生了性关系,不久发现自己怀孕了。彬彬得知丽丽怀孕后非常害怕,惊惶失措,但又不知该如何对待伤心欲绝的丽丽。

(教师将根据学生的现场反应予以点拨、回应。)

第三环节:教师总结

师:最美的花儿开放在春天,十六七岁的我们就是那最美的花儿。健康的、正常的男女同学交往使我们的人际关系更完善,使我们更自信、自强、自尊和自爱。同学们,请你们用青春的画笔,把真诚、纯洁、美丽、幸福、幻想都画进绚丽多彩的人生画卷。希望同学们珍惜青春,珍爱自己!祝愿大家青春无悔,与异性同学建立真诚的友情,留下美好的情感,友谊地久天长!

**案例3:"喜欢"与"爱"**(设计者:廖苑兰)

1. 设计理念

根据美国心理学家赫洛克的把人从性意识的萌发到爱情的产生全过程分为四个阶段的理论得知,高中生正处于第三个阶段,即积极接近异性的狂热时期。处于这个时期的学生都有一种对异性好奇与探究的愿望,他们会很自然地相互吸引,但同时又对异性交往充满困惑,出现"总想看见他"、"看不见他就心烦意乱"等烦恼。有资料表明:青春期学生对异性的向往,大量的并不是表现为对爱的渴望,而主要是求得心理接近和情绪接近,即友情的成分更多一些。但是在面对异性同学的友谊时,会有一部分学生将之与爱情混淆;也可能处理不当,将友谊轻率地发展为爱情,影响了正常的生活和学习。

2012年教育部发布《中小学心理健康教育指导纲要(2012年修订)》,对各个年龄阶段的中小学生心理健康教育,提出了不同的要求。其中,在高中阶段,老师要帮助学生正确对待和异性同伴的交往,知道友谊和爱情的界限。

本课程针对以上两点,设计了三个环节。首先以故事《绿鹅》引出青春期异性交往问题。接着展示《安安的日记》摘选,引导学生思考并讨论喜欢与爱的区别,并明白虽然喜欢有可能发展成爱情,但喜欢不等于爱情。最终让学生帮助安安解决问题,强化学生对喜欢与爱的辨别,将其运用到实际生活中去。

2. 教学目标

(1) 认知目标:帮助学生认识喜欢不等于爱。
(2) 情感目标:引导学生对喜欢与爱的思考,树立正确的异性交往观念。
(3) 能力目标:帮助学生学会辨别喜欢与爱的区别,并将其运用到实际生活中去。

3. 教学时间

一课时。

4. 教学对象

高一学生。

5. 教学重点

掌握"喜欢"与"爱"的区别。

6. 教学难点

辨别"喜欢"与"爱"的区别,并运用到实际生活中去。

7. 教学过程

第一环节:热身游戏——你我猜猜猜

设计意图:通过猜歌曲名、影视名(有关青春恋爱)游戏,活跃课堂气氛,并引出课程主题。

活动过程:

(1) 全班分为两组进行"你我猜猜猜"比赛,看哪一组猜对的数量最多。(注:老师板书"一"、"二",并用"正"字法计分。)

(2) 随机播放有关青春恋爱的歌曲和影视图片。

歌曲:《亲爱的那不是爱情》、《小手拉大手》、《靠近一点点》、《柠檬草的味道》

影视:《那些年我们一起追过的女孩》、《匆匆那年》、《致青春》、《恶作剧之吻》

刚刚同学们都表现得非常活跃,不知道同学们有没有注意到:刚刚老师播放的歌曲或者影视有什么共同点?

是的,这些歌曲或者影视都是与爱情有关。而我们今天要探讨的主题也与爱情有关,叫作喜欢与爱。同学们正处于青春期,有了朦胧的性意识,会喜欢和异性相处,还会倾慕异性。但与此同时,也会出现一些有关男女生交往的困扰。安安就是其中的一位。我们一起来看看安安的内心独白。

第二环节:"喜欢"与"爱"的区别

※设计意图:通过展示两篇"暗恋"日记,提问学生:"她怎么了?"进而分享讨论喜欢与爱情的区别,让学生区分喜欢与爱情,明白虽然喜欢有可能发展成爱情,但喜欢不等于爱情。

活动过程:

1) 展示日记:《安安的日记》摘选(播放背景音乐)

4月5日　晴

今天下午放学的时候,何亚轩竟然跑到我们学校来找我。他是来送同学聚会那天的相片的。不是说好寄过来的吗?干吗非得跑一趟呢?今天的何亚轩有点不一样,觉得他笑起来特别迷人,但又好像有点不太自然,眼睛也不敢看人,眼神左躲右闪,说话也有点结巴。看着相片里的他,帅气、腼腆。还有,他打篮球的样子……好友小景说,他是醉翁之意不在酒。天啊,这是真的吗?我一直在问自己这个问题,脑子里乱乱的,有点害怕,又有点兴奋……

4月8日　多云

这几天他都没有再联系我,我忍不住想他,又有点恨他。周末的晚上,他给我打来了电话,接电话时,我听到他的声音,心跳一下子加快。他约我明天到图书馆查资料,我本来想矜持一下再答应的,可没管住自己的嘴巴,马上就说好,好像显得我特迫不及待似的。明天穿什么衣服去呢?头发怎么梳呢?他喜欢活泼型的还是淑女型的呢?天啊,我是不是有点神经质了,完蛋了,我是不是……周围已经有几对小鸳鸯了,看他们整天偷偷摸摸地瞒着父母和老师,这种滋味好受吗?我是不是多心了?我是不是自寻烦恼?我该怎么办?

思考:安安到底怎么啦?爱上何亚轩?还是只是对何亚轩有好感?

2) 讨论分享喜欢与爱的区别

有一部分同学认为安安爱上了何亚轩,也有一部分同学认为安安只是对何亚轩有点朦胧的好感,还有一部分同学认为不能下结论。你们是怎样做出判断的呢?喜欢和爱之间又有什么区别呢?

下面请全班同学分为四组,其中两组讨论什么是爱情,其他两组讨论什么是喜欢。每个小组推选一个人做记录,讨论完后分享。

注:老师板书——"喜欢","爱"。根据学生的分享,总结成词语写在"喜欢"或"爱"的下方,以便进行对比分析。

我们一起来对比一下喜欢与爱有什么异同点。在同学们的理解中,喜欢与爱具有一些共同的要素,例如……不同的要素有……你们怎么看待这个结果?哪位同学愿意发表自己的观点?

教师引导:喜欢有可能发展成爱情,但喜欢不等于爱情,它们是两种不同的情感体验。社会心理学家鲁宾对喜欢和爱情进行了系统研究,他发现爱情不是喜欢的一种特殊形式,爱情与喜欢根本就是两种不同的情感。确实,生活中"我喜欢他(她),但不爱他(她)"的现象经常发生。爱情主要表现在以下三个方面。

(1) 依恋:在感到孤独的时候,会寻找对方来陪伴和宽慰。

(2) 利他:高度关怀对方的情感状态,觉得对方快乐和幸福是自己义不容辞的责任;对对方的不足有高度的宽容。

(3) 亲密:对对方有高度的情感依赖,以及会有身体接触的需求。

第三环节:强化辨别,知识运用

※设计意图:让学生在帮助别人解决问题的同时,强化对喜欢与爱的辨别,将其运用到实际生活中去。

活动过程：

在上一环节，我们掌握了喜欢与爱的区别，我们接下来再看看安安的第3篇日记，揭开"安安到底怎么了？"的谜底。

展示"安安的第3篇日记"。

5月5日　阴天

这几个周末，我都瞒着妈妈跟何亚轩出去，他也总是会到学校找我。虽然我没有跟他明确表态喜欢他，但他也感觉到我对他的好感，我们的几个好友也已经公认了我们是一对，经常拿我们开玩笑。可我却越来越搞不懂自己了，几个星期前的那种喜悦少了，越来越多的是心烦意乱的感觉。经常在上课的时候走神，老师也对我产生了怀疑，还专门找我谈话，问我这段时间的学习状态为什么没有以前好。我不敢说，就说身体不舒服。老师没再问什么，可我回家后却想了很久。

还有，经过几个星期的接触，我发现何亚轩身上的缺点越来越多，最看不惯他不懂装懂，总想在朋友面前表现出很渊博的样子，特别是有我在场的时候，有必要吗？有时，我看着他跟朋友开玩笑，会突然感觉到他很陌生。

我该怎么办？放弃？继续？谁能告诉我？

这是喜欢还是爱呢？根据刚才的分享分析，我们可以判断安安对何亚轩的感情不是爱情，而是青春期男女同学之间一种特殊的情感体验——喜欢。当安安发现何亚轩身上的不足时，并没有表现出爱情中高度的包容。但安安似乎并不明白自己到底怎么了，发出了内心无助的求助："我该怎么办？放弃？继续？谁能告诉我？"

假如你是安安的朋友，你会如何帮助她？请各小组讨论。最终请2名同学分别扮演"安安"和"安安的朋友"。

第四环节：心灵总结

我们喜欢一个人往往是因为他/她身上某些特质吸引了我们，也许是迷人的外表，也许是两个人说话在"同一频道"上，也许是他/她多才多艺。但这些都并不是爱。如果错误地把喜欢当作爱，那将会给你们带来更多的困扰。所以真诚希望同学们能分辨两者的区别。也许有同学说："我真的遇到了爱情，不是喜欢，那怎么办？"关于这一问题的解答，就留到下一节课：爱了，怎么办？

◆ 学科前沿

焦点解决短期心理咨询（SFBT），是在不注重探求问题发生原因的情形下，探寻发掘自己的资源可以做什么让问题不再继续下去，以便使问题在短期内得到解决的咨询方法。焦点解决短期心理咨询的基本主张是用正向的、朝向未来的、朝向目标解决问题的积极观点来促使改变的发生。SFBT的流程一般分为三个阶段：第一，建构解决的对话阶段；第二，休息阶段；第三，正向回馈阶段。

目前，各类研究均指出，团体辅导对青少年的人际交往具有不同程度的效应。高中生所呈现的人际交往状况，具有心理健康、动机、情感等取向的问题，而这些问题又可以是由于身心发展以及文化冲突等因素引起的。寻求这些问题的解决方案，并不能从解决问题本身进行，而需要通过对问题解决方案的建构，进而循序渐进地使问题得到最终解决。这正符合焦点解决短期心理咨询。而有人认为焦点解决短期心理咨询对高中生人际交往的意义在于建构问题解决方案而引发涟漪式的变化，最后导致行为的改变。而且他们认为，这种变化能产生更持久而有效的改变。

焦点解决短期班级心理咨询取得成功的主要因素可能基于以下两个方面。

（1）焦点解决短期心理咨询属于"积极心理学"范畴，提倡积极正向的人性观。

（2）焦点解决短期心理咨询倾向于让学生形成"问题解决专家"的意识；学生自身就是问题解决的专家；相信例外的力量；具有积极的信念，小进步变大成功；具有明确的目标和改变过程的意识。

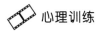 心理训练

## 人际关系不良之教师辅导策略

### 层次一

| 行为层次 | 生活在自我世界里，失去人际关系学习机会 |
|---|---|
| 可能之线索表征 | 1. 沉默寡言，很少与同学交谈。<br>2. 面对陌生人会退缩。<br>3. 说话紧张，无法完整表达自己的意思。<br>4. 独来独往，少有朋友 |
| 可能之原因分析 | 1. 缺乏人际交往能力，不知如何应对。<br>2. 自我封闭，不爱说话。<br>3. 自信心不足。<br>4. 不喜欢与人打交道 |
| 辅导策略 | 1. 从活动中刻意教导学生养成人际交往的良好方式。<br>2. 对学生进行自我肯定训练。<br>3. 安排同学主动与其接近。<br>4. 通过小组讨论方式，鼓励学生发表意见，表达看法。<br>5. 培养兴趣，结交朋友，扩展人际关系 |

### 层次二

| 行为层次 | 自我意识强烈,坚持己见,不愿合群,易与人产生误会和争论 |
|---|---|
| 可能之线索表征 | 1. 朋友不多。<br>2. 遭人排挤。<br>3. 意见特别多。<br>4. 对任何事情常持怀疑的态度。<br>5. 喜好争辩,常与人针锋相对。<br>6. 常挑剔别人或被别人挑剔。<br>7. 经常与人相见形同陌路,不点头也不打招呼 |
| 可能之原因分析 | 1. 以较自我中心的思考形式,与同学互动时,易导致自私自利,不易与人妥协。<br>2. 不善于表达意思,缺乏沟通技巧。<br>3. 主观意识强烈,强词夺理 |
| 辅导策略 | 1. 实施个别辅导,促使学生开放自己,接纳他人。<br>2. 落实自治活动,培养领导能力,学习服从的态度。<br>3. 培养民主风度,尊重他人看法,接纳不同意见。<br>4. 设计活动,让学生学习沟通技巧。<br>5. 辅导学生提出建设性意见,减少负面批评。<br>6. 辅导其以理性温和的言词代替辩论 |

### 层次三

| 行为层次 | 出言不逊,行为偏激,人际不协调,偶有冲突事件发生 |
|---|---|
| 可能之线索表征 | 1. 言行偏激,态度傲慢。<br>2. 不服管教,顶撞师长。<br>3. 以老大自居,欺负弱小 |
| 可能之原因分析 | 1. 人格发展较不健全。<br>①有强烈的自我中心倾向;<br>②冲动易怒,缺乏同情心。<br>2. 以抗拒权威作为英雄主义的表现,并以此作为肯定自我的方式。<br>3. 自尊心受到伤害,挫折忍受能力低。<br>4. 疑似精神疾病 |
| 辅导策略 | 1. 培养学生发展出健全人格:<br>①落实生活伦理教育及公民道德教育,培养知礼善群的美德;<br>②鼓励学生参加各种社团活动,学习守法、服务的生活态度;<br>③教导学生学习良好的人际互动方法,学会互相尊重、互相帮助。<br>2. 采用人性化的行为规范准则,以理性民主的态度来指导学生。<br>3. 为学生提供自我表现的机会,使学生从成功的经验中获得自我肯定。<br>4. 请辅导老师或校外资源协助了解学生真正问题或联络心理辅导机构、心理医师协助治疗 |

## 第四节 生涯规划

### 案例分享

某教学设计中,教师指导学生使用生命平衡轮进行年度计划安排,具体如图6-37所示。

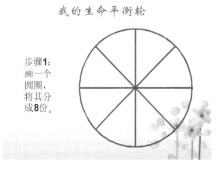

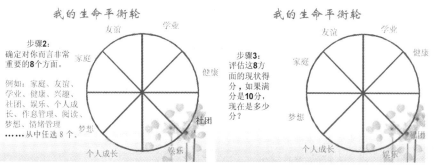

图6-37 课程组图

如果在针对高中学生的生涯规划系列课程中,使用上述案例中的工具,你将如何设计?你会把该操作放在生涯的觉察阶段,生涯的探索阶段,生涯的决定阶段,生涯的规划阶段,还是……要回应这些问题,需要了解生涯规划的基本内涵以及相应的理论,并根据高中学生的需求、自身的教学风格与习惯等多方面因素,进行综合论证。让我们一起来探索一下吧。

### 学习导航

一、概述生涯规划

（一）生涯辅导

生涯辅导是依据一套系统的辅导计划,通过辅导人员的协助,引导个人探究、评判、整合并运用有关知识、经验而开展的活动。这些知识、经验包括对自我的了解,对职业世界及其他有关影响因素的了解,对休闲活动对个人生活的影响与重要性的了解,对生涯规划和生涯决定中必须考虑的各种因素的了解,对在工作与休闲中达到成功或自我实现所必须具备的各种条件的了解等。职业辅导是帮助学生选择职业、准备职业、安置职业,并在职业中取得成功的过程。职业辅导只是生涯辅导中的一个环节,生涯辅导的范围比职业辅导宽广。

生涯辅导更符合促进个人生长发展的发展性心理健康教育的本意,具体来说,生涯辅导具有以下三个特性。第一,发展性。生涯辅导的实施必须遵循人类生理、心理、职业及社会发展的原理,通过对个人进行有关生涯的意识、认识、试探、引导、准备、规划、决定、体验、评价等一系列辅导活动,实现个体的生涯发展目标。第二,广泛性。生涯辅导的内容具有广泛性,生涯辅导的重点是工作价值、职业观念和服务精神的培养以及个人志趣、潜能的发挥,但生涯辅导同时要满足个人、社会及国家的实际需要,还需要注重人类认知、学习、职业、社会及娱乐生活必需的知识和技能。第三,综合性。生涯辅导的实施需要学校全体教师、学生团体、社会团体、家长、社区等多方面互相配合,共同为生涯辅导服务。

学校生涯辅导是根据一定的社会发展要求和学生的发展需求,有目的、有计划、有组织地对学生施加影响,以达成生涯发展为目的的教育手段。

### (二) 生涯规划

生涯规划是指个体在自我认识和环境分析的基础上,对各种可能发展方向进行评估,并做出生涯决定,而后制定和实施相应的生涯行动方案,并在方案施行的过程中对各个环节进行实时评估和调整,以实现生涯目标。从生涯的含义方面理解,个体在进行生涯规划的时候,生涯规划的内容应该涵盖个体生活的每一个层面。首先,生涯规划要对自身的健康做出规划。身体是革命的本钱,一个人要立足于社会,就必须先有一个健康的身体。其次,生涯规划的重点在于对个人的工作和职业进行规划。工作是一个人安身立命的根基所在,人要顺利地活下去,就必须积极从事工作,才能满足生存所必需的基本需要。在一定程度上说,"职业是人的第二生命"。并且,工作、职业也是实现自身价值和社会价值及其相互转换的基本途径。最后,生涯规划离不开家庭生活、公共生活和休闲生活的规划。家庭生活、公共生活和休闲生活与职业生活一样是个体生活不可或缺的一部分。人生的幸福同样离不开这三个方面的有力支撑。

生涯规划是对于人的整体生命过程的设计,因此对于人的生存、发展和幸福至关重要。个体在进行生涯规划的过程中,需要遵循生涯规划的特定规律,做到按客观规律来办事。在生涯规划的过程中需要遵循以下三个原则。第一,整体性原则。人的生涯是一个有机的整体,这个整体表现在生涯既是由一连串相衔接的生命阶段构成,又是由各种不同的且不可缺少的生命活动所组成。生涯规划既要从生命发展的整体过程出发,又要考虑到生命活动的多种类型的需要。第二,客观性原则。从某种意义上来说,生涯规划实质上就是一种自我负责的过程,自己要对自己的命运负责。因此,在生涯规划当中,我们就需要遵循客观性原则,诚恳地面对自身,如实地面对外部环境,这样才能使生涯规划具有客观实在性,才能避免由于主观臆断而带来的风险。第三,可行性原则。生涯规划的过程就是确立人生目标和追求。对于未来的规划需要遵循可行性原则,这样才有将理想转化为现实的可能。

## (三) 生涯辅导理论

**1. 帕森斯的特质因素理论**

特质因素理论以"职业辅导之父"帕森斯关于职业辅导的三要素思想为基础,后来在威廉姆逊的努力下得到进一步的发展。1909年帕森斯在其《选择职业》一书中,首次提出了人与职业相匹配是职业选择的关键的观点,人职匹配是特质因素理论的核心。

特质因素理论认为,个别差异现象普遍存在于个人的心理与行为中,每个人都具有自己独特的能力模式与人格特质,某种能力模式和人格特质又与某些特定职业存在着相关性。每个人都有选择与自己人格相适应职业的机会,人的特质是可以客观测量的。在特质理论的指导下的职业辅导就是要解决个人的兴趣、能力与工作机会相匹配的问题,帮助个人寻找与其特质相一致的职业。

**2. 人格类型理论**

人格类型理论是霍兰德在特质因素理论基础上发展起来的。霍兰德对于人格类型与职业的关系提出了一系列的假设。第一,人可以划分为六种人格类型:实际型、研究型、艺术型、社会型、企业型与传统型。每种类型人格的人对相应的职业类型中的工作或学习感兴趣。第二,人会主动寻求那种能充分展现其能力与价值的工作环境,且环境也同样可以划分为上述六种类型。第三,个人的行为取决于个体的人格与所处的环境特征间的直接的相互作用,人格类型和工作环境之间的适配和对应,是获得职业满意度、职业稳定性和职业成就的重要基础。

霍兰德在《职业决策》中描述了六种人格类型的特点及与之相应的职业种类(见图6-38)。

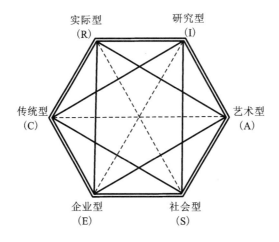

**图 6-38 霍兰德人格类型与职业类型的六角模型**

(1) 实际型(R):这种人格类型的人顺从、坦率、谦虚、坚毅、实际、有礼、害羞、稳健,喜欢有规则的具体劳动和需要基本操作技能的工作,缺乏社交能力,不适合社会性质的职业。其典型的职业包括技能性职业(如修理工等)和技术性职业(如机械装配工)。

(2) 研究型(I):这种人格类型的人聪明、理性、独立、谨慎、好奇心重、有批判精神,喜欢观察、学习、研究、分析、评估和解决问题,但缺乏领导能力。其典型的职业包括科研人员,以及数学、生物方面的工程师等。

(3) 艺术型(A):这种人格类型的人冲动、无秩序、情绪化、有创意、不重实际,喜欢运用想象力和创造力,喜欢在自由的环境中工作,但不善于做事务性工作。其典型的职业包括艺术方面(如演员、画家等)、音乐方面(如音乐家、作曲家等)和文学方面(如诗人、小说家等)。

(4) 社会型(S):这种人格类型的人具有合作、友善、慷慨、助人、负责、圆滑、善解人意、善言谈、洞察力强等特质,关心社会问题、喜欢教导、帮助、启发和训练别人,但缺乏机械能力和科学能力。其典型的职业包括教育工作者和社会工作者等。

(5) 企业型(E):这种人格类型的人自信独断,精力充沛,冒险精神强,乐观,追求享受,善于说服和领导别人,追求政治和经济上的成就,喜欢从事领导及企业性质的职业。其典型的职业包括政府官员、企业领导、销售人员等。

(6) 传统型(C):这种人格类型的人顺从、谨慎、保守、自控、踏实稳重、做事有效率,喜欢有系统有条理的工作任务,有文字与数字能力。其典型的职业包括秘书、办事员、会计、出纳员、图书馆管理员、交通管理员等。

霍兰德还提出了三个重要的概念。①一致性:是指人格类型之间在心理上的一致程度。实际型与研究型存在较高的相关性,而传统型与艺术型之间的相关程度低。②区分性:某些人或某些职业环境的界定较为清晰,较为接近某一类型而与其他类型相似性较少,这种情况表示区分性较高;反之,则表示区分性较低。③适配性:不同人格类型的人需要处于不同的生活或工作环境中。

### 3. 心理动力理论

心理动力理论是心理学家鲍亭、纳奇曼和施加等人于20世纪60年代以精神分析理论为基础,吸取了特质因素理论和心理咨询的一些概念和技术,而提出的一种以强调个人内在动力和需要等动机因素在个人职业选择过程中的重要性的职业选择和生涯辅导理论。

心理动力理论认为职业选择是个人综合快乐原则和现实原则的结果。职业辅导的重点应着重于自我功能的增强,若心理问题得到解决,则包括职业选择在内的日常生活问题将可以顺利解决而不需要加以辅导。心理动力理论认为影响个人职业选择的动力来源是个人早期经验所形成的适应体系、需要等人格结构。职业辅导最根本的目的是帮助个体发展良好的职业自我概念,实现自己选择自己的职业。

### 4. 生涯发展理论

舒伯是这一领域的集大成者,他系统地提出了有关生涯发展的观点。他从发展、测评、职业适应以及自我概念等领域进行纵横研究,提出了一系列有关人职关系的假设,成为生涯发展理论的基础。其假设主要有以下几点。第一,个体在能力、兴趣以及人格上均具有不同的特征,而每种职业均要求个体具有特殊能力、兴趣与人格特征。但两者又具有很大的弹性,即每个人均适合从事多种职业,不同的人也能从事同一种职业。第二,个人的职业兴趣、能力、工作、生活环境和自我概念,会随着时间和经验而改变。因此职业的选择与适应是一种持续不断的过程。职业发展的过程即是自我概念的发展过程。第三,职业发展过程是个人与社会环境之间、自我概念与现实之间的一种调和过程,而个人的职业形态或职业发展模式的性质受社会环境、个人能力、人格特征和机遇所决定。第四,工作满意的程度与其自我概念实现的程度成正比。工作满意度与生活满意度基于两种情形而定:一为个人的工作与其能力、兴趣及人格特征等配合的程度;二为工作满意与生活满意有赖于个人在成长与探索经验上是否使自己觉得称职而定。

舒伯将个人的生涯发展划分为五个阶段,每个阶段有自己的次阶段,不同的阶段需要完成不同的任务。具体如表6-2所示。

表6-2 职业生涯发展的五个阶段及发展任务

| 阶段 | 年龄 | | 主要任务 |
|---|---|---|---|
| 成长阶段 | 出生至14岁 | | 经由家庭、学校中重要任务的认同,而发展出自我概念。此阶段的一个重心是生理和心理的成长。经过对现实世界的不断探索,发展自我形象,发展对工作的正确态度,并了解工作的意义,形成关于职业的意识 |
| | 次阶段 | 幻想期(4~10岁) | 需要占决定性因素,幻想中的角色扮演在这一阶段很重要,会有自我职业角色扮演 |
| | | 兴趣期(11~12岁) | 喜欢是个体抱负和活动的决定性因素,对不同的职业产生好恶评价 |
| | | 能力期(13~14岁) | 注意到职业有能力等要求 |
| 探索阶段 | 15~24岁 | | 个体通过自身的实践活动,积极主动地认识自我,对自我能力、角色、职业进行一番探索,使职业偏好逐渐具体化、特定化并实现职业偏好 |
| | 次阶段 | 试探期(15~17岁) | 基于自身的兴趣、能力而关注升学或就业机会,做出暂时性的职业选择。此时的选择会缩小范围,但对自己能力、未来的学习与就业机会还不是很明确,以后也不一定会采用此时的选择 |
| | | 过渡期(18~21岁) | 进入就业市场或进行专业训练,更重视个人条件与现实因素,并试图实现自我概念,将一般性的选择转变为特定的选择 |
| | | 试验并稍作承诺期(22~24岁) | 初步确定一个比较适合的领域,找到一份入门的工作后,尝试将它作为维持生活的工作。如果不适合则可能再经历上述各阶段以确定方向 |

续表

| 阶段 | 年龄 | | 主要任务 |
|---|---|---|---|
| 建立阶段 | 25～44岁 | | 这个时期个体找到了适合自己的职业领域,并为自己所从事的工作而努力 |
| | 次阶段 | 试验承诺稳定期（25～30岁） | 原本以为适合自己的工作,后来发现可能不太令人满意,于是会有一些改变,进行自我修正或自我调整。但是这个阶段是定向后的探索,不同于探索阶段的尝试 |
| | | 建立期（31～44岁） | 随着职业的明确化和安定化而尽力发挥潜能并富有创造力 |
| 维持阶段 | 45～65岁 | | 面对新人员的挑战,维持既有的成就和地位,而对于开拓新的职业领域的兴趣逐渐下降。这个时期的个人容易进入"职业发展的高原期",职业成就遭遇瓶颈,很难突破 |
| 衰退阶段 | 65岁以上 | | 由于心理和生理机能的日渐衰退,个体不得不面对现实,从积极参与到隐退。这一阶段往往注重发展新的角色,寻求不同的方式以替代和满足需求 |
| | 次阶段 | 减速阶段（65～70岁） | 刚刚退休还能做一些自己力所能及的工作 |
| | | 引退阶段（71岁以上） | 完全离开职业工作 |

舒伯经过长期的跨文化研究之后,提出了生涯彩虹理论。该理论从时间层面和领域层面,融合了角色理论,将生涯发展阶段与角色彼此之间相互影响的状况,描绘成一个多角色生涯发展的综合图形(见图6-39)。

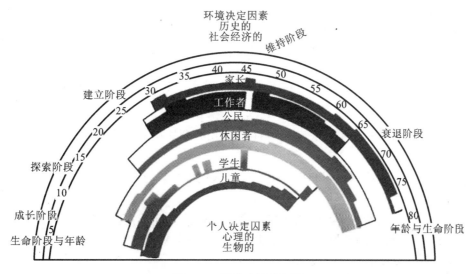

图6-39 舒伯生涯彩虹图

(1) 时间层面,即生活广度。生涯彩虹图中的横向层面代表着横跨一生的生活广度,按个体的年龄和生命历程划分为成长、探索、建立、维持和衰退五个阶段。舒伯认为各个阶段的年龄划分有很大的弹性,应根据个体的不同情况而定。

(2) 领域层面,即生活空间。生涯彩虹图中的纵向层面代表着纵观贯上下的生活空间,由一系列职位和角色组成,包括儿童、学生、休闲者、公民、工作者、夫妻、家长、父母、退休者。这九种角色活跃于三种主要的人生舞台:家庭、社区和工作场所。角色之间是交互作用的:一方面,某一角色的成功可能带动其他角色的成功;另一方面,某一角色的成功也可能由于投入程度过深而导致其他角色的失败。

**5. 生涯认知理论**

生涯认知理论是集合了埃里克森的人格发展阶段说、皮亚杰和科尔伯格的认知发展学说而由克内菲尔坎姆和斯列皮兹提出的。该理论强调个体的生涯认知遵循一个循序渐进的发展阶段,生涯发展、生涯知识和生涯选择是从最简单的层级逐步推向复杂多元的层级的。个体对这些不同区域的观点会影响其整个生涯发展的方式。

生涯发展的过程有一连串的质变现象,共有语义结构、自我处理能力、分析能力、开放及有弹性的见解、承担责任的能力、扮演新角色的能力、控制点、综合能力和自我冒险的能力等九项。由此构成从简单的二分法的观点到复杂的多元化的生涯观点这一连续的认知过程。在九个质变项的基础上,生涯认知发展可划分为二元关系期、多元关系期、相对关系期和相对关系承诺期等四个时期。

1) 生涯认知变化的九个项目

语义结构,指个人在讲话或写作时,会逐渐地从绝对性的语义结构,变为较有弹性及开放性的动词及修饰词。这反映出个体的职业生涯认知思维模式的改变,即客观性思维的增加。

自我处理能力,指检视自我并了解影响自我的因素的能力。

分析能力,指个人从不同观点了解问题的能力。

开放及有弹性的见解,指知觉并认识到不同的观点与可能的解释方法,并能用开放的态度去了解并接纳与自己看法不相符的观点。

承担责任的能力,指个人愿意接受自己的决定或行为的结果,而不去计较一些未知的或不可抗拒的阻碍等因素。

扮演新角色的能力,指主动寻求扮演新角色的机会,并能在新角色或新活动的情景中扩展个人能力与行动的基础。

控制点,指个人对职业生涯决定因素的看法,由强调外在因素转变为以内在结构为核心的立场。

综合能力,指将事物中不同的成分整合在一起的能力。这种能力在生涯的较后阶段才出现。

自我冒险的能力,指其特殊性在于当一个新的和适当的要求来临时,个人会不顾及"自尊"地冒险进入,接受新的学习经验,而不担心自我是否会受到伤害。

2) 生涯认知发展的四个阶段

处于二元关系期的个体以"非黑即白"的二元思维来思考个人的生涯问题,认为人是完全由外界环境控制的,人的一生只有一个正确的生涯选择,生涯选择的过程就是寻求权威人士所提供的正确答案的过程。此时期的个体缺乏对各类信息进行综合分析的能力。这个时期又可分为两个阶段。其一,平衡阶段。个体完全依赖于外界,生涯决策过程不会出现认知失调,其绝对顺从外在权威的建议,只想找到唯一正确的职业。其二,焦虑阶段。个体逐渐观察到生涯选择存在多种可能性,而且有好坏之分,因此产生焦虑和认知失调现象。这个时候,他们只能粗浅地了解决策过程,而无法有效地处理困扰,必须依靠权威给予解疑和正确答案。

多元关系期的个体认知内容日益复杂化,其认知失调的压力更高,而且他们更加清楚地认识到生涯选择的多样性。为了消除或降低错误决定的概率,个体开始注意辅导师所提供的职业选择方面的信息。个体虽然能够进行自我检视,具有一定的分析能力,开始对生涯决定的各种影响因素做综合考虑,也可以整理出这些多元因素之间的因果关系,但个体的控制点仍然倾向于外在的控制。此时期的个体最重要的转变是不再迷恋于权威。开始审视权威的意见对自己生涯决定过程是否真的有帮助。多元关系期可以分为两个阶段。①冲突阶段。个体更加了解生涯选择过程中有非常多的可能性,导致个体内心矛盾和冲突增加。他们在辅导师的协助下开始自我分析,思考自我价值与生涯选择的关系。②区分阶段。个体更加了解选择过程中各部分的细节,能区分内外在因素的影响。但其认知发展还无法承担起决定的责任,外在因素的控制力量还是很强,其仍然很依赖辅导师。

进入相对关系期后,个体发生比较明显的波动,控制点由外控转变为内控。他们倾向认为生涯决定的成败应该归因于自己。个体决策的重心逐渐转向自己,他们能够运用分析能力,比较客观地接纳和处理不同信息。确定自己的生涯发展方向时,个体能进一步分析其利弊以及其对未来角色的影响,并能对决定结果负起责任。这一时期可以分为两个阶段。①检视阶段。这是一个探索和实践的阶段。自我成了最主要的推动者,个体能够了解各种可能的选择,列出个人需求的先后顺序,分析出自己对生涯的期望,探索现实自己生涯的各种可能的途径。②综合阶段。这是一个深思熟虑的阶段。个体能够综合检视阶段的所有结果而做出选择,但其认知发展的不成熟尚不足以做出最后承诺。他们必须考虑一些问题:建立自我和事业生涯的联结关系,选择任何事业生涯方向的后果,独自面对各种不同承诺所要承担的责任。

在相对关系承诺期,个体开始承担在生涯选择过程中日益增加的责任感,不仅能够分析各种复杂问题,也能将不同因素综合到自己的决定框架内。他们从早期的焦虑状态转化为自我世界的扩展,找到了一个与职业生涯有关的立足点,能够整合个人价值、思想和行为,生涯认同和自我认同从而融为一体。这个时期可以分为三个阶段。①整合阶段。这是个体的职业生涯认知开始取得结果的阶段。个体整合了自我与生涯的角色,进一步肯定自我与职业生涯之间的关系,逐渐形成自己的独特风格,并思索如何实践新角色。②承诺阶段。这是一个验证的阶段。个体从各种承诺中澄清自己的价值观,会肯定"我是谁"、"我到底相信什么"、"我该如何"、"我在这个世界中的位置在哪里",同时也会遭遇到新挑战。③自觉阶段。个体能够自我肯定并深入他人、自我与环境之间的交互作用,积极寻求新方式和新行动,积极进行自我挑战和自我冒险,以求得潜能的发挥。

**6. 生涯规划金三角**

美国伊利诺大学教授 Swain 指出,做生涯规划决定时要考量自我、教育与职业资料及环境三个方面,此即生涯规划金三角(见图 6-40)。自我部分包括个人的能力、性格、兴趣、需求与职业资料。环境部分包括家庭与师长、社会与经济及其所形成的助力或阻力因素。教育与职业资料部分包括对各种生涯选项的了解与资讯收集。例如:与从事专门职业者的接触,阅读书籍与杂志,看影视资料与浏览网页等。

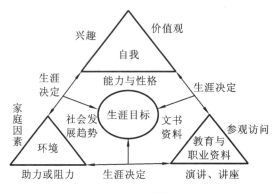

图 6-40　生涯规划金三角

## 二、高中生涯规划策略

在前面我们已经了解到有关生涯规划的定义以及生涯辅导的相关理论。一般来说,生涯规划的内容涵盖个体生活的每一个层面,包括对身体健康、职业生活、家庭生活、休闲生活和公共生活的规划。在进行生涯规划时需要遵循整体性原则、客观性原则和可行性原则。在规划的过程中要从客观实际出发,在把握生命发展的整体过程的规律的同时,又考虑到生命活动的多重类型的需要,以制定和实施切实可行的生涯规划。

关于生涯辅导的各种理论,如特质因素理论、人格类型理论、心理动力理论、生涯发展理论、生涯认知理论等,从不同的侧面解释了个体的自我与职业、生活方式之间的关系。生涯规划离不开对自我的探索、职业的认知以及自我与职业之间的适配。在进行生涯规划的时候,要全面考虑到这些的内容。

另外,"今日之教育是为了学生明日之发展",这既是生涯教育理念的根本价值,也是学校教育的终极目标所在。生涯教育不应该是飘着的,在引导学生规划未来的时候,更要安顿好现在。高中生的生涯规划需要回归高中的实际生活,规划自己在高中阶段的学习计划与能力发展。故高中生的生涯规划除了具备生涯规划普遍的内容和特征外,还要考虑到他们所处的特殊的年龄阶段,要从其所处的年龄阶段特征和面临的任务出发来进行规划。生涯发展理论指出,不同的年龄阶段有不同的发展任务,生涯规划的过程亦要考虑到个体所处的年龄阶段。台湾地区学者林幸台等人也认为,生涯发展过程的各个阶段会因个人的年龄、所处环境以及社会期待等因素而有不同的需要和任务。例如,在大学生的生涯规划中,目前各高校普遍注重的是对于大学生的职业生涯的指导。而对于高中生,因为他们正处于一个过渡阶段,很多东西尚不明确。他们开始积极主动地认识自我,对于自我能力、角色和职业进行初步的探索,会基于自己的能力、兴趣等开始关注升学和就业机会,做出暂时性的职业选择。但是,在高中的时候就明确自己今后的职业是不太可能的,在这个时候,生涯规划更多是注重探索,而非定向,这一时期的选择在以后可能不会被采用,所对应的生涯规划会具有很大的弹性。

（一）自我认识

高中学生在所处的环境中,自我概念的确定会对个体的生涯选择和规划产生重要乃至决定性的影响,同样,生涯的选择与对生涯的投入程度会对高中生的自我认定产生极大影响。"我将会成为怎么样的人"、"我的将来会是什么样子的"等问题会一直存在于高中生涯,乃至人生发展的每一个阶段。生涯规划是在对自己的认识和了解下做出的决定。因此,高中生在做出自己的生涯规划之前,必须先认识自己,形成明确的自我概念。

生涯规划是在对自我充分认识的基础上进行的。对于自我了解和分析越透彻,生涯规划也就越有针对性。每个人都需要认识自己,并做出实事求是的自我分析和评估。认识自我是生涯规划的前提。

一般来说,认识自我的内容包括:分析自己的性格、兴趣和爱好;透视自己所有的价值观;了解自己的特长领域;了解自己的能力和所拥有的资源等。在生涯辅导理论中,特质理论和人格类型理论对于了解自我的性格类型都有很好的指导作用。

在自我了解的过程中,除了了解自己的性格类型、个性特征、价值取向外,对于不同的角度下表现的自我也应当清楚把握。人具有自我保护的机制,自身所理解的自己和展现在别人面前的自己会有不同,并且在面对不同的人时所表现出来的层面也不一样。鲁夫特和英格汉根据自我展现的层面不同,将自我分为四个不一样的部分:有一部分可能只有自己能体会到,叫隐藏我;有一部分自己清楚别人也清楚,叫开放我;有一部分别人清楚而自己不知道,叫盲目我;还有一部分是自己和他人都不知道的,叫未知我。所以个体认识自己的时候,不仅要从自己的角度来思考,更要听取别人的看法和观点,看看别人眼中的自己是如何的,并比较自己所体验到的自我和别人看到的自我有哪些不一样。

**知识链接 6-3**

**周哈里窗**

人是一个多方面存在的复合体,一般情况下,除了我们刻意隐瞒的一面和众所周知的一面外,还存在一个只有别人知道而自己却不易察觉的一面和一个无论是谁都不知的潜在的未知的自己。鲁夫特和英格汉根据自己和他人对自己的了解提出了周哈里窗。他们认为普通的窗户分成四个部分,人的内心也是如此,可以将自我认识分成四个部分:开放我、盲目我、隐藏我和未知我。如表6-3所示。

表 6-3 周哈里窗

|  | 自己知道 | 自己不知道 |
|---|---|---|
| 别人知道 | 自由活动领域<br>开放我（公众我） | 盲目领域<br>盲目我（脊背我） |
| 别人不知道 | 隐藏或逃避领域<br>隐藏我（逃避我） | 处女领域<br>未知我（潜在我） |

开放我又称公众我，是自己了解别人也知道的部分。比如，我们的性格、外貌及某些可以公开的信息等。开放我是自我基本的信息，也是认识自我、自我评价的基本依据。开放我的大小取决于自我心灵开放的程度、个性张扬的力度、人际交往的广度、他人的关注度、开放信息的利害关系等。

盲目我又称脊背我，是自己不知道而别人知道的部分，就像我们的后背一样，自己看不到别人却看得清清楚楚。所谓"当局者迷，旁观者清"就是这个道理。如一个不经意的小动作或行为习惯，如一个得意或不耐烦神情的流露。盲目我的大小与个人是否能自我察觉、自我反省有关，通常自己具有深刻内息能力的个体，盲点比较少，盲目我比较少。熟悉并指出盲目我的他人，往往是关爱、欣赏和信任我们的人。所以，个体应当用心聆听，尊重他人的回馈。

隐藏我又称逃避我，是自己知道而别人不知道的部分。缺点、往事、痛苦、愧疚、尴尬、欲望、意念等，都可能成为隐藏我的内容。隐藏我的存在一定程度上能够给自我保留一个私密的心灵空间，避免外界的干扰。没有隐私的人就像在一个透明的房间里面，缺乏控制感与安全感。但是隐藏我太多，就会与外界隔离，无法进行有效的交流与融合，既压抑了自我，也令周围的人感到压抑。一般来说，心理承受能力强的人、隐忍的人、自闭的人、自卑的人、胆怯的人、虚荣的人的隐藏我会多一些。

未知我又称潜在我，是自己和别人都不知道的部分，有待挖掘和发现。通常指一些潜在的能力或特性，比如一个人经过训练或学习后，可能获得的知识与技能，或者在特定的机会里展示出来的才干，也包含个体内心深处的潜意识层面。对未知我进行探索和开发，才能更全面而深入地认识自我、激励自我、发展自我、超越自我。

（资料来源：蒋奖.中学生心理健康教育：心理教师用书[M].北京：中国轻工业出版社，2008.）

## （二）了解职业与升学

职业生涯是贯穿于人一生的重要部分。虽然，相对于大学生来说，高中生对于就业的要求并不是那么急切。但是，高中时期的一些选择，如文理分科、大学和专业的选报、出国、就业与升学等问题，都会对以后的职业选择产生较大的影响。所以，在于高中生的生涯辅导中，需要对于各种职业的分类以及从事该职业所需的素质与能力等进行引导。

在大陆地区,对于大多数的高中生来说,高中毕业之后他们的选择是继续求学深造,似乎与就业这个话题还没有直接相对应。但是,高中志愿填报与专业选取与职业的取向有重要联系。

更有人直接将升学选择纳入职业选择的范畴之中。卢家楣在《青少年心理与辅导——理论和实践》一书中指出,职业选择是指个体根据自己的能力、性格、气质、兴趣、知识结构、技能水平等内部条件,以及家庭期望、社会环境、就业机会等外部条件来选择最适合自己的职业。职业选择包括两个方面的内容:一是就业选择,二是升学选择。对于个体而言,升学选择与未来的就业选择有着直接的联系,升学选择可以说是日后就业选择的前奏曲,因为各个学校的专业都是根据学科门类和技术门类而设置的,所针对的无非是某一具体职业或某一具体职业群。

### 三、案例分享

**案例1:百样的"我"(设计者:杨微)**

1. 设计理念

个体在进行自我认识的时候,需要从不同的角度全面认识自己。该设计从周哈里窗理论,以及人在生活中所扮演的不同角色下的自我和现实自我与理想自我出发,进行课程设计,引导学生认识自己。

2. 教学目标

1)认知目标

了解在不同的人的眼中的我是不一样的,别人眼中的我和自己眼中的我,都是我的一部分;把握周哈里窗对于不同的我:开放我、盲目我、隐藏我和未知我的定义;认识现在的我,并开始探索我想要成为的理想我是什么样的。

2)情感目标

接纳和认同不同的我。

3)技能目标

从各类不同的我出发,进行自我的认识和探索,全面认识自己。

3. 教学时间

一课时。

4. 教学对象

高一学生。

5. 教学重点

什么是周哈里窗,以及其对于四个我的划分;认识现在的我和以后的我。

6. 教学难点

对自己"四个我"的探索和理解。

7. 教学过程

第一环节:能否猜出他是谁

将全班按照座位分为4组。每组选取一名同学作为组长。

请每位同学在空白的纸上写上自己的姓名的特征,至少写5条。要求写上自己觉得最能代表自己的,能让别人听到后能够联想到自己和辨别出自己的特征,按照特征的代表性从上往下写;大家都独自完成,写的时候同学之间不要交流。

写完之后请各组组长收集起来,交到讲台上面。老师从每个组随机抽取2名同学的自我描述,念出其所写的特征,其他同学按照分组进行猜人比赛。为保证同学们慎重猜测,每组每次只有三次机会去猜,最先猜对的组将会得10分。事先说明,请被选到的同学保持镇定,不要轻易暴露出来,并且不能向同组的同学泄密,若被发现有"放水"现象,则将接受"残酷"惩罚。

最终,得分最高的组可以要求得分最低的组做一件简单的小事作为小惩罚,比如,要求做一个小动作、念一句口号等。

活动结束后,引导同学们思考为什么有的人会很容易就被猜出来,为什么有的人却很难被猜出来?倘若没有被猜出来,那到底是因为自我的认识有偏差还是同学的认识有偏差,或者说是其他原因。

设计意图:引出自我认识这个话题。同时用周哈里窗理论在理念上引导学生进行自我认识。在进行自我认识的时候,需要兼顾到自己眼中的我和别人眼中的我。倘若在猜测中,同学们能够根据特征描述一下就猜出那个人是谁,那么这个人所描述的特征可能是其公开我,因为这些特征是自己知道,别人也知道的。倘若没有能够根据特征描述猜出那个人是谁,那么这个人所描述的可能是隐藏我,因为,这些特征是自己知道而别人不知道的。

第二环节:我觉得的不同对象眼中的我

将学生分成5~6人一个小组,每个人都发一张A4白纸。

指导同学以顺时针方向从左上角开始,依次在纸的四角写上父亲眼中的我、母亲眼中的我、同学眼中的我和陌生人眼中的我。

要求每个人在相应的角上写上自己觉得的这些人眼中的自己是什么样的,可以从自己的性格、兴趣、特长、能力、人际关系等方面进行描述。

写完之后小组之内进行自愿分享。重点分享我觉得的同学眼中的我。在谈到我觉得的同学眼中的我时,小组其余成员给予自己回馈,分享一下自己眼中的该分享者。

鼓励同学们在课后去询问其他对象对于自己的看法。

设计意图:在生活中每个人都需要扮演各种各样不同的角色。在不同的角色下所表现出来的自我也是不一样的。当每个成员去思考自己在他人眼中是什么样的时候,投射出的是对于自己在各种角色下所表现的自我的认识。个体在尝试从不同的人的角度去看待自己的时候,也是从自己在生活中所扮演的各种角色来认识自己。

第三环节:我想成为的自己

给每位学生发放印有问题的纸张,请同学们仔细填答上面的问题。之后请2~3名同学分享自己的答案。

姓名:_____。

想要成为的我(从职业、生活方式、价值观等方面思考):_____。

现实中的我：_____。
成为自己想成为的人我所具有的资源和优势：_____。
可能会存在的困难：_____。
在高中时期我能做到的事情（学业、体能、生活方式等）：_____。

设计意图：自我是不断成长和变化的，对于自我的认识也应该不断更新与变化。该环节引导学生思考自己想要成为什么样的人，并立足于现在，为自己去努力。

第四环节：教师总结

设计意图：回顾该堂课中所讲内容，同时鼓励大家在课后继续以不同层次和视角去进行自我的认识和自我探索。

另外，结合第三环节的思索，请同学们了解自己家庭成员、亲戚、邻居等人的职业，了解内容包括所需技能、性格要求、工作内容、薪资水平、工作环境等，并思考"自己想成为的我"对于职业有什么样的期待。

**案例2：学好语数外，择业更愉快（设计者：李会芳等）**

1. 设计理念

目前高中生自我意识高度发展，自我形象逐渐达到稳定状态，大部分高中生能进行适当的自我评价。并且大多数高中生都产生了独立自主的需求，其自治需求体现在职业选择以及职业生涯规划上。但高中生较少接受职业生涯规划教育，相当部分学生在面临职业生涯重要选择（比如高中文理分科、高考志愿填报等）的时候，认识不够，准备不足。因此，应从学生的现实出发，帮助其了解学好语文、数学和英语三门课程，今后能从事哪些职业，向其推荐这三个科目相关的专业，以及对应的大学；向学生普及职业知识，帮助其养成职业规划的意识。

2. 教学目标

1）认知目标

学生了解学好语文、数学和英语这三门课程，今后可以选择哪些大学的哪些专业，并了解这些专业对应的就业方向。

2）情感目标

激发学生对语文、数学和英语这三门课程对应专业、大学和职业的兴趣。

3）技能目标

学生学会分辨不同职业的性质和特点。

3. 教学时间

一课时。

4. 教学对象

高一学生。

5. 教学重点

学生初步了解语文、数学和英语这三门课程对应的不同职业的工作内容和特点。

6. 教学难点

激发学生对语文、数学和英语这三门课程对应专业、大学和职业的兴趣。

7. 教学过程

第一环节：活动引入

1）材料准备

（1）30 张分别写有与语文、数学和英语相关的职业的卡片。如下所示。

语文：记者，作家，写手，文秘，编辑，律师，编剧，自由撰稿人，图书馆管理员，语文教师。

数学：精算师，金融师，审计师，投资专员，注册会计师，程序员，统计家，股票分析师，数学家，数学教师。

英语：口译，笔译，同声传译，翻译，外企工作者，英文导游，外贸业务专员，外贸物流员，英语老师。

（2）用于抽取卡片的盒子 1 个。

（3）1 首时长为 1 分钟的计时音乐。一首时长为 5 分钟的背景音乐。

（4）计分笔 1 支和白纸 2 张。

2）活动流程

（1）介绍游戏规则。

游戏规则：

①将全体学生分成两组，分别为 A 组和 B 组。

②每组学生选出一名代表，负责抽取卡片并进行言语描述或肢体表演，不得直接说出卡片上的职业。

③每组学生再选出一名计分员，负责在对方组进行竞猜时计分。

④活动正式开始时，教师负责播放一分钟的计时轻音乐，A1 描述者开始在纸箱中抽取纸条（抽取后不放回），然后根据纸条上的职业名词用言语或动作描述其工作内容或工作特征，让其组内的同学竞猜该名词。在一分钟内让组内人员尽可能多地猜中名词。

（2）分组：每组选出两位同学表演描述者和各自的记分员，以 A1—B1—A2—B2 的顺序分别进行 1 分钟的猜词游戏（过程中老师判断是否得分，记分员计分），然后进行总结。

计分规则：

每组猜对一张卡片记分为＋1，猜不中、放弃、违反规则说出职业中的字记分为－1。

然后 B1、A2、B2 分别重复以上过程，最后算出两组总的得分，A1 和 A2 的成绩综合记为 A 组成绩，B1 和 B2 的成绩记为 B 组成绩，A、B 两组得分最高者获胜。

（3）惩罚：获胜者可以要求对方组员献歌一曲。

3）活动目的

（1）从游戏中考察同学们对语文、数学和英语三门课程对应职业的了解程度，以确定后续活动的开展深度。如果同学们对这些职业了解较好，则下边的重点是让他们选取自己的理想职业；如果同学们对这些职业了解并不好，则下边的重点是讲授相关的职业类型，互相讨论。

（2）活跃气氛，引出课堂的主题：学好语数外，择业更愉快。

第二环节：课堂主体活动

1）分享与语文、数学和英语相关的职业的成功人士的案例

（1）莫言——众多文学奖项获得者。

莫言，曾获第二届红楼梦奖、第八届茅盾文学奖、法兰西文学艺术骑士勋章、日本福冈亚

洲文化奖、20世纪中文小说100强、2005年意大利诺尼诺国际文学奖、第二届华语文学传媒大奖、2012年诺贝尔文学奖等。相关组图如图6-41所示。

图6-41 "学好语数外,择业更愉快"课程组图

（2）笛卡儿。

笛卡儿,法国著名的哲学家、物理学家、数学家,创立了著名的平面直角坐标系,将几何坐标体系公式化,被称为"解析几何之父"。

心形图的故事:1649年,在斯德哥尔摩的街头,52岁的笛卡儿邂逅了18岁的瑞典公主克里斯汀。几天后,他意外地接到通知,国王聘请他做小公主的数学老师。笛卡儿跟随前来通知的侍卫一起来到皇宫,他见到了在街头偶遇的女孩子。从此,他当上了小公主的数学老师。小公主的数学在笛卡儿的悉心指导下突飞猛进,笛卡儿向她介绍了自己研究的新领域——直角坐标系。每天形影不离的相处使他们彼此产生爱慕之心,国王知道后勃然大怒,下令将笛卡儿处死,小公主克里斯汀苦苦哀求后,国王将其流放回法国,克里斯汀公主也被父亲软禁起来。笛卡儿回法国后不久便染上重病,他日日给公主写信,因被国王拦截,克里斯汀一直没收到笛卡儿的信。笛卡儿在给克里斯汀寄出第十三封信后就气绝身亡了,这第十三封信的内容只有短短的一个公式:$r=a(1-\sin\theta)$。国王看不懂,便将全城的数学家召集到皇宫,但没有一个人能解开,他不忍心看着心爱的女儿整日闷闷不乐,就把这封信交给一直闷闷不乐的克里斯汀。公主看到后,立即明了恋人的意图,她马上着手把方程的图形画出来,看到图形,她开心极了,她知道恋人仍然爱着她,原来方程的图形是一颗心的形状（见图6-42）。这也就是著名的"心形线"。国王死后,克里斯汀登基,立即派人在欧洲四处寻找心上人,无奈斯人已故,先她一步走了,徒留她孤零零在人间……

（3）俞敏洪——新东方教育集团创始人。

俞敏洪,担任新东方教育集团董事长、洪泰基金联合创始人、中国青年企业家协会副会长、中华全国青年联合会委员等职。

三次高考经历:1978年,俞敏洪参加高考落榜,英语成绩只有33分。俞敏洪的母亲不甘心,在获悉当地一所初中缺乏英语教师之后,硬是找上门去让俞敏洪担任了初中的英语代课教师,用意是让他既能获得一些收入,还可以复习备考。1979年,俞敏洪第二次参加高考再次落榜,这次英语考了55分。两次落榜之后,俞敏洪决定放弃。但是俞敏洪的母亲听说县政府正在办一个高考补习班,四处找关系让俞敏洪上这个补习班。俞敏洪本来的目标是考取江苏当地师范学院的专科,但是高考补习期间成绩直线上升,所以报了北京大学。1980年,俞敏洪第三次参加高考,顺利考入北京大学西语系,这次高考的英语成绩是93分。

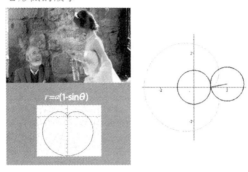

**图 6-42 "学好语数外,择业更愉快"课程组图**

创办新东方:为早日实现出国梦想,俞敏洪于北大任教期间在校外办班赚取课时费,被学校辞退。创立新东方。

电影:2013 年 5 月 17 日由陈可辛执导的青春励志喜剧《中国合伙人》上映,电影以新东方的创业故事为主线,以俞敏洪和徐小平、王强三人(见图 6-43)在新东方的共同奋斗、兄弟情谊为蓝本创作而成。电影中成东青这个角色的原型就是俞敏洪。

**图 6-43 "学好语数外,择业更愉快"课程组图**

2) 推荐与语文、数学和英语相关的职业、专业和大学

教师介绍:以上 3 个名人所从事的职业,是学好语文、数学和外语这三门课程可以从事的一些很典型的职业,但是学好这三门课程同样也可以从事其他很多的职业。接下来我们就来一起了解一下,学好这三门科目分别还能从事哪些职业,以及在高考报考志愿时,我们可以选择哪些对应的专业及大学。

(1) 与语文相关的职业、专业以及推荐的大学。

职业:文秘,文员,档案工作、行政人员、编辑、记者等。

专业:应用语言学、戏剧影视文学、古典文献、广告学、汉语言文学、对外汉语、新闻学、编辑出版学等。

推荐大学:北京大学、南京大学、南开大学、中国传媒大学、武汉大学、厦门大学。

(2) 与数学相关的职业、专业以及推荐的大学。

职业:程序员、理财规划师、注册会计师、精算师、证券分析师等。

专业:计算机科学与技术、软件工程、信息与计算科学专业、保险、金融学、经济学、投资学、税务、金融工程、财政学等。

推荐大学:北京大学、中国人民大学、中央财经大学、南开大学、复旦大学、浙江大学、南京大学、上海交通大学、中国航空航天大学。

(3) 与英语相关的职业、专业以及推荐的大学。

职业:英语教师、英语翻译(笔译、口译)、外贸业务专员、外贸经理等。

专业:英语、英语(师范)、国际经济与贸易、商务英语等。

推荐大学:北京外国语大学、上海外国语大学、南京大学、中山大学、广东外语外贸大学、南开大学、北京大学。

第三环节:讨论与分享

1) 讨论

通过案例的分享以及老师对与这三个科目相关的专业、大学和职业等信息的介绍,同学们一定也有了自己的看法。请同学们自由结合成四人小组,讨论自己感兴趣的职业以及原因。

2) 分享

先根据自愿原则选出3~5名同学分享成果,如果没有同学自愿分享,可选择开"小火车"的方式让同学们分享。

(如果有学生三门主科都不喜欢,而喜欢其他科目时,要给学生讲解这三门主科高考必考的重要地位,它们的普遍作用,以及对学生所喜欢科目的辅助作用。)

3) 教师总结

首先,教师对学生的回答做简单的反馈。

语文、数学和英语三门科目是基础学科,不管我们将来想从事那一行业,都需要学好它们。学好它们是我们日后选择自己喜欢的职业的基本条件。

然后,教师对学生说:我们不仅要学好语文、数学和英语三门科目,其他科目也很重要,擅长物理(爱因斯坦的相对论)、化学(居里夫人的三克镭)、生物(屠呦呦发明青蒿素)、地理(哥伦布发现新大陆)、历史(钱穆,著名历史学家)等科目也同样有很多职业可以选择。

除此之外,各学科之间具有相辅相成的作用。例如:喜欢数学的同学,以后想在数学界有所建树,免不了要发表一些论文、著作,这就需要有一定的文字功底,学好语文就可以满足这一点。如果还想在国际上继续发展,同样要学好英语,才能解决语言交流问题。不仅这三门主科之间有相互辅助作用,其他科目也同样有这样的作用,如地理和历史的普遍作用。

**案例3:职业知多少(设计者:黄海芳等)**

1. 设计理念

高中生涯发展指导是针对高中阶段学生进行的生涯发展指导。高中是"承上启下"的阶段,处于这一阶段的学生,生理上逐渐发育完全,价值观渐趋成熟,但能力还不足以胜任生涯抉择的要求。而这时他们既要准备升学,又要准备进入社会就业,面临着诸多人生抉择。

为了了解高中生涯发展的具体情况,郭兆年等开发了《高中生涯发展问卷调查》,该问卷从生涯发展构成因子出发设计了25道题,其中封闭题23道,开放题2道。而后研究者采用此问卷对上海市一个区的高中生进行了一次大型调查,分析结果表明,高中生的职业认知水平较低,问卷得分仅有2.60分(最高分为4分),说明高中生还不十分了解社会对人才的要求与标准,不了解职业种类和紧缺人才,以及职业的性质、内容、形式,不能很好地确定自己未来要从事的职业。通过本节课的学习,让学生学会思考现实生活中职业的两面性;在认识职业的过程中,认识自己的不足并懂得如何去有效收集所需信息,以做出正确的决策。

2. 教学目标

1) 认知目标

通过分享、讲述,引导学生了解社会职业的不同面,初步形成关注并参与社会生活的意识。

2) 情感目标

萌发对未来职业的理想,产生为社会做贡献的动力,进而培养学生的使命感和社会责任感。

3) 技能目标

学会合作、讨论、分析,科学决策,达成共识。全方位、多视角地了解职业与技术、社会及人的成长发展的联系。

3. 教学时间

一课时。

4. 教学对象

高一学生。

5. 教学重点

充分了解关于职业的两面性以及人们对于职业群体存在的一些刻板印象。

6. 教学难点

学会从多角度认识职业,多方面、多渠道收集关于职业的信息。

7. 教学过程

第一环节:职业的两面性

通过分析不同职业的不同特性(见图6-44),引领学生感受职业的两面性。

第二环节:分享讨论

每四人为一个小组,每个小组讨论解决一个问题。1~2小组负责第一个问题,3~5小组负责第二个问题,6~8小组负责第三个问题,9~10小组负责第四个问题。

问题包括:

(1) 我们可以通过怎样的方式或途径来认识职业?

(2) 我们收集职业的信息时要注意什么问题?

(3) 我们在认识职业过程中存在什么不足之处?

(4) 请你们列举与数学有关的专业名称。

图 6-44 "职业知多少"课程组图

第三环节：总结（见图 6-45）

**总结**

一不：不妄下结论。

二多：多方面、多渠道收集相关信息。

三早：早体验、早发现、早纠正。

图 6-45 "职业知多少"课程组图

 学科前沿

相关内容如表 6-4 所示。

表 6-4 中国大学专业分类表

| 学科 | 门类 | 专业名称 | 学科 | 门类 | 专业名称 |
|---|---|---|---|---|---|
| 哲学 | 哲学类 | 哲学 | 经济学 | 经济学类 | 经济学 |
| | | 逻辑学 | | | 国际经济与贸易 |
| | | 宗教学 | | | 财政学 |
| | | | | | 金融学 |
| 法学 | 法学类 | 法学 | 教育学 | 教育学类 | 教育学 |
| | 马克思主义理论类 | 科学社会主义与国际共产主义运动 | | | 学前教育 |
| | | 中国革命史与中国共产党党史 | | | 特殊教育 |
| | 社会学类 | 社会学 | | | 教育技术学 |
| | | 社会工作 | | 体育学类 | 体育教育 |
| | 政治学类 | 政治学与行政学 | | | 运动训练 |
| | | 国际政治 | | | 社会体育 |
| | | 外交学 | | | 运动人体科学 |
| | | 思想政治教育 | | | 民族传统体育 |
| | 公安学类 | 治安学 | 历史学 | 历史学类 | 历史学 |
| | | 侦查学 | | | 世界历史 |
| | | 边防管理 | | | 考古学 |
| 文学 | 中国语言文学类 | 汉语言文学 | | | 博物馆学 |
| | | 汉语言 | | | 民族学 |
| | | 对外汉语 | 理学 | 数学类 | 数学与应用数学 |
| | | 中国少数民族语言文学 | | | 信息与计算科学 |
| | | 古典文献 | | 物理学类 | 物理学 |
| | 外国语言文学类 | 外语 | | | 应用物理学 |
| | 新闻传播学类 | 新闻学 | | 化学类 | 化学 |
| | | 广播电视新闻学 | | | 应用化学 |
| | | 广告学 | | 生物科学类 | 生物科学 |
| | | 编辑出版学 | | | 生物技术 |
| | 艺术类 | 音乐学 | | 天文学类 | 天文学 |
| | | 作曲与作曲技术理论 | | 地质学类 | 地质学 |
| | | 音乐表演 | | | 地球化学 |
| | | 绘画 | | 地理科学类 | 地理科学 |
| | | 雕塑 | | | 资源环境与城市规划管理 |
| | | 美术学 | | | 地理信息系统 |
| | | 艺术设计学 | | 地球物理学类 | 地球物理学 |
| | | 艺术设计 | | 大气科学类 | 大气科学 |
| | | 舞蹈学 | | | 应用气象学 |
| | | 舞蹈编导 | | | |
| | | 戏剧学 | | | |

续表

| 学科 | 门类 | 专业名称 | 学科 | 门类 | 专业名称 |
|---|---|---|---|---|---|
| 文学 | 艺术类 | 表演 | 理学 | 海洋科学类 | 海洋科学 |
| | | 导演 | | | 海洋技术 |
| | | 戏剧影视文学 | | 力学 | 理论与应用力学 |
| | | 戏剧影视美术设计 | | 电子信息科学类 | 电子信息科学与技术 |
| | | 摄影 | | | 微电子学 |
| | | 录音艺术 | | | 光信息科学与技术 |
| | | 动画 | | 材料科学类 | 材料物理 |
| | | 播音与主持艺术 | | | 材料化学 |
| | | 广播电视编导 | | 环境科学类 | 环境科学 |
| 工学 | 地矿类 | 采矿工程 | | | 生态学 |
| | | 石油工程 | | 心理学类 | 心理学 |
| | | 矿物加工工程 | | | 应用心理学 |
| | | 勘察技术与工程 | | 统计学类 | 统计学 |
| | | 资源勘察工程 | 农学 | 植物生产类 | 农学 |
| | 材料类 | 冶金工程 | | | 园艺 |
| | | 金属材料工程 | | | 植物保护 |
| | | 无机非金属材料工程 | | | 茶学 |
| | | 高分子材料与工程 | | 草业科学类 | 草业科学 |
| | 机械类 | 机械设计制造及其自动化 | | 森林资源类 | 林学 |
| | | 材料成型及控制工程 | | | 森林资源保护与游憩 |
| | | 工业设计 | | | 野生动物与自然保护区管理 |
| | | 过程装备与控制工程 | | 森林生产类 | 园林 |
| | 仪器仪表类 | 测控技术与仪器 | | | 水土保持与荒漠化防治 |
| | 能源动力类 | 热能与动力工程 | | | 农业资源与环境 |
| | | 核工程与核技术 | | 动物生产类 | 动物科学 |
| | 电气信息类 | 电气工程及其自动化 | | | 蚕学 |
| | | 自动化 | | 动物医学类 | 动物医学 |
| | | 电子信息工程 | | 水产类 | 水产养殖学 |
| | | 通信工程 | | | 海洋渔业科学与技术 |
| | | 计算机科学与技术 | 医学 | 基础医学类 | 基础医学 |
| | | 电子科学与技术 | | 预防医学类 | 预防医学 |
| | | 生物医学工程 | | | |
| | 土建类 | 建筑学 | | | |
| | | 城市规划 | | | |
| | | 土木工程 | | | |
| | | 建筑环境与设备工程 | | | |

续表

| 学科 | 门类 | 专业名称 | 学科 | 门类 | 专业名称 |
|---|---|---|---|---|---|
| 工学 | 土建类 | 给水排水工程 | 医学 | 临床医学与医学技术类 | 临床医学 |
| | 水利类 | 水利水电工程 | | | 麻醉学 |
| | | 水文与水资源工程 | | | 医学影像学 |
| | | 港口航道与海岸工程 | | | 医学检验 |
| | 测绘类 | 测绘工程 | | 口腔医学类 | 口腔医学 |
| | 环境与安全类 | 环境工程 | | 中医学类 | 中医学 |
| | | 安全工程 | | | 针灸推拿学 |
| | 化学与制药类 | 化学工程与工艺 | | | 蒙医学 |
| | | 制药工程 | | | 藏医学 |
| | 交通运输类 | 交通运输 | | 法医学类 | 法医学 |
| | | 交通工程 | | 护理学类 | 护理学 |
| | | 油气储运工程 | | 药学类 | 药学 |
| | | 飞行技术 | | | 中药学 |
| | | 航海技术 | | | 药物制剂 |
| | | 轮机工程 | | | |
| | 海洋工程类 | 船舶与海洋工程 | 管理学 | 管理科学与工程类 | 管理科学 |
| | 轻工纺织食品类 | 食品科学与工程 | | | 信息管理与信息系统 |
| | | 轻化工程 | | | 工业工程 |
| | | 包装工程 | | | 工程管理 |
| | | 印刷工程 | | 工商管理类 | 工商管理 |
| | | 纺织工程 | | | 市场营销 |
| | | 服装设计与工程 | | | 会计学 |
| | 航空航天类 | 飞行器设计与工程 | | | 财务管理 |
| | | 飞行器动力工程 | | | 人力资源管理 |
| | | 飞行器制造与工程 | | | 旅游管理 |
| | | 飞行器环境与生命保障工程 | | 公共管理类 | 行政管理 |
| | 武器类 | 武器系统与发射工程 | | | 公共事业管理 |
| | | 探测指导与控制技术 | | | 劳动与社会保障 |
| | | 弹药工程与爆炸技术 | | | 土地资源管理 |
| | | 特种能源工程与烟火技术 | | 农业经济管理类 | 农林经济管理 |
| | | 地面武器机动工程 | | | 农村区域发展 |
| | | 信息对抗技术 | | 图书档案学类 | 图书馆学 |
| | 农业工程类 | 农业机械化及其自动化 | | | 档案学 |
| | | 农业电气化与自动化 | | | |
| | | 农业建筑环境与能源工程 | | | |
| | | 农业水利工程 | | | |

续表

| 学科 | 门类 | 专业名称 | 学科 | 门类 | 专业名称 |
|---|---|---|---|---|---|
| 工学 | 林业工程类 | 森林工程 | | | |
| | | 木材科学与工程 | | | |
| | | 林产化工 | | | |
| | 公安技术类 | 刑事科学技术 | | | |
| | | 消防工程 | | | |
| | 工程力学类 | 工程力学 | | | |
| | 生物工程类 | 生物工程 | | | |

(知识来源：http://www.360doc.com/content/15/0915/19/27749609_499364816.shtml.)

 心理训练

生涯规划目标训练：
(1) 请你写出你喜欢做的事情；
(2) 请写出你的特长和优势；
(3) 请写出你喜欢的生活方式；
(4) 请写出父母对你的期待。

请你根据以上的答案，查阅大学专业分类表，选择你自己感兴趣的专业，明确自己的目标。

## 小　结

本章概述了时间管理、开明人格、人际交往、生涯规划的基本内涵，详细介绍了时间管理的规律与方法、开明人格的培养方法、人际交往的技巧、高中生涯规划的策略，并以上述理论为依托，分享了围绕这些主题在高中阶段开展的具体教学案例。

## 练习与思考

**1. 练习题**

(1) 拖延者区别于高效者的五种自我陈述具体指哪些？
(2) 采用生命平衡轮的观点与步骤，描绘你的生命平衡轮。

**2. 思考题**

"有人说，引导高中学生进行生涯规划的第一步是进行准确的目标定位。"请谈谈你对该观点的看法。

## 慧眼识人

一、案例背景

本案例选自广东省首届中小学心理教师专业能力大赛教学节段展示模块的一等奖作品（高中组）。

1. 导入环节（见图 6-46）

图 6-46　课程组图

2. 展开环节（见图 6-47）

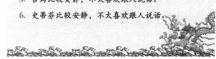

图 6-47　课程组图

3. 深入阶段（见图6-48）

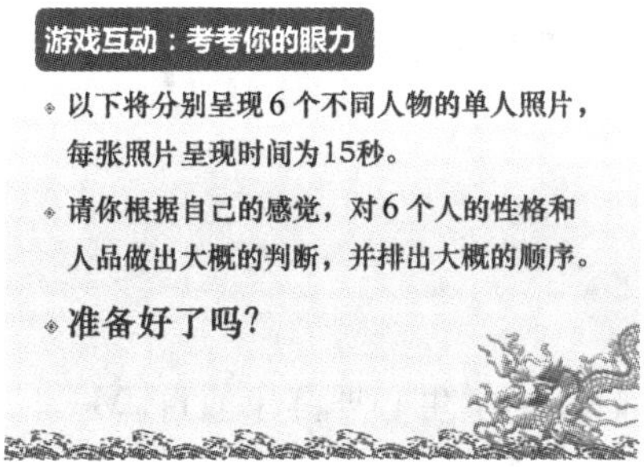

图 6-48　课程组图

4. 升华阶段（见图6-49和图6-50）

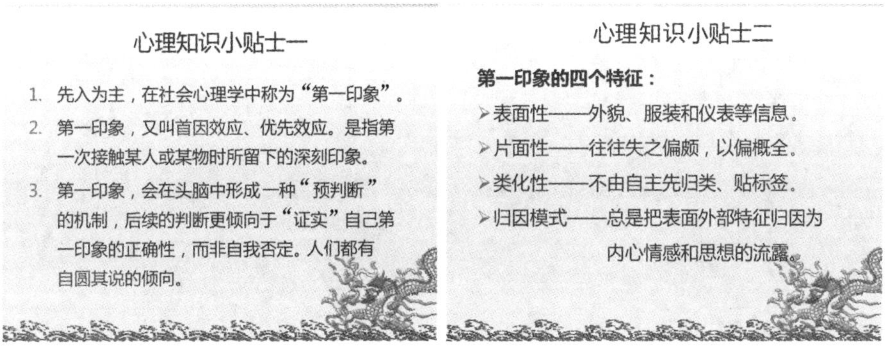

图 6-49　课程组图

结束阶段：

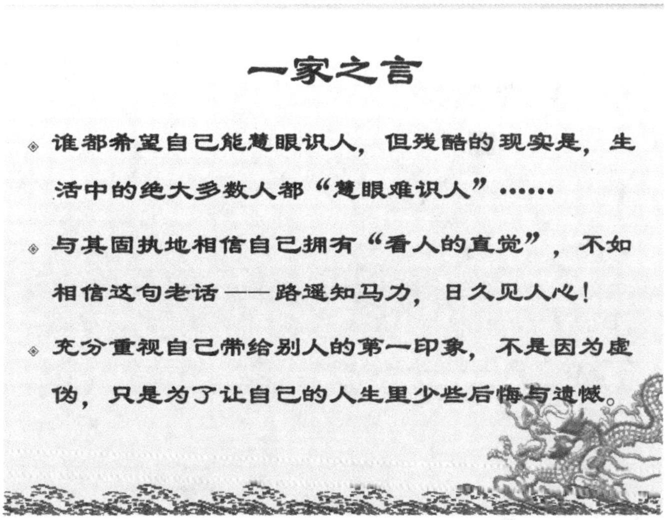

图 6-50　课程组图

二、案例讨论

1. 该教学节段中,体现了哪些教学理念?
2. 该教学节段中,教学难点在哪里?

(设计者:刘蒙)

 **本章推荐阅读书目**

[1] 刘学兰,曾彦莹,何锦颖.中学生心理健康教育[M].广州:暨南大学出版社,2012.
[2] 许思安.学校心理学[M].武汉:华中科技大学出版社,2015.

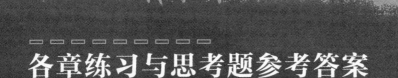

# 各章练习与思考题参考答案

## 第一章

**1. 练习题**

(1) 参考要点：辅导性、发展性、体验性、生活性和自助性。

(2) 参考要点：讨论选题并确定相应的教学内容；进行素材的选择并思考情景创设的问题；推敲教法与学法的最优配置。

**2. 思考题**

参考要点：该观点有失偏颇。采用体验式学习理论进行课程设计时，最大的难点在于第一环节，即体验情景的创设问题。具体而言，指如何通过活动，带出课程所需要的相应的情感。

## 第二章

**1. 练习题**

(1) 参考要点：主要板块包括"学习、人际、自我、情绪(含抗逆力)、适应、青春期、价值观、职业规划"等共计八大内容。

(2) 参考要点：真实性、典型性、情感性、学科性、问题性。

**2. 思考题**

参考要点：该观点有失偏颇。课程设计中，操作时首先要考虑的是选题与教学理念。

## 第三章

**1. 练习题**

(1) 参考要点：在教育教学中，善于利用首因效应与近因效应之间的微妙转换，将有利于提升教师的权威形象与语言魅力。

(2)参考要点:课堂控场,最大的难点在于生成性资源的应对问题。

**2. 思考题**

参考要点:教师语言的好坏直接影响到教学效率的高低与质量的好坏。教师成功的语言表达是提高教学效率和质量的基本保证。

## 第四章

**1. 练习题**

(1)参考要点:建议本专题课选择以下内容进行构建:①心理适应辅导,主要包含规则、纪律、学习、对新环境的认识与学习等;②学习心理辅导,主要包括学习动机、学习态度、学习方法、学习习惯和考试心理辅导等;③思维能力辅导,主要包括观察力、记忆力、思维能力、想象力和注意力等。

(2)参考要点:自我意识教育主要表现为,在认识过程中,培养小学儿童客观、全面地认识自我、评价自我和悦纳自我,在情感过程中就是自尊、自信、自爱,在意志过程中就是努力发展身心潜能,提升抗挫折能力。人际关系教育主要包括,学习人际交往技巧,养成良好的人际交往品质,包括倾听、尊重、换位思考、合作、分享、合理拒绝等等,旨在帮助小学儿童发展良好的人际关系,做一个受欢迎的小学生。

**2. 思考题**

参考要点:该观点有失偏颇。除了了解学生的基本特点外,还需要考虑教育部《中小学心理健康教育指导纲要(2012年修订)》的要求、具体班级的情况、理论支撑等。

## 第五章

**1. 练习题**

(1)参考要点:可以。来自塞利格曼的研究支撑。
(2)参考要点:略。

**2. 思考题**

参考要点:该观点正确。

## 第六章

**1. 练习题**

(1)参考要点:①用"我选择做"取代"我不得不做";②用"我什么时候开始"取代"我必须完成";③用"我可以走出一小步"取代"这个任务大且重要";④用"我完全是一个凡人"取代"我必须做到十全十美";⑤用"我必须花时间玩"取代"我没时间玩"。

(2)参考要点:略。

**2. 思考题**

参考要点:该观点错误。高中生涯规划的第一步是引导学生进行自我觉察。

# 参考文献

[1] 曹梅静.心理健康教育C证教程[M].广州:广东省语言音像电子出版社,2007.
[2] 崔丽霞,殷乐,雷雳.心理弹性与压力适应的关系:积极情绪中介效应的实验研究[J].心理发展与教育,2012(3).
[3] 常山.巧用"共情"开启倔孩子的心扉——班主任案例分析[J].成才之路,2011,24:75.
[4] 陈英和.儿童早期心理洞察力的发展——关于儿童社会认知的又一个研究方向[J].心理科学,1999(4).
[5] 杜文轩.初中生人格结构及其发展特点的研究[D].沈阳:辽宁师范大学,2014.
[6] 范雪.心流体验在人际团体辅导中的作用机制研究[D].电子科技大学,2011.
[7] 方楠.家庭在青少年人格发展中的作用[J].终身教育,2009,5(7).
[8] 胡月琴,甘怡群.青少年心理韧性量表的编制和效度验证[J].心理学报,2008,40(8).
[9] 何晓丽,王振宏,王克静.积极情绪对人际信任影响的线索效应[J].心理学报,2011,43(12).
[10] 邝丽湛,方拥香.中学政治学科导学设计[M].广州:广东高等教育出版社,2014.
[11] 李丹,李瑞成.信息洞察力及其作用浅析[J].情报杂志,2002(4).
[12] 林崇德.发展心理学[M].北京:人民教育出版社,2008.
[13] 林琳.新形势下新闻记者敏锐洞察力的塑造[J].学术探讨,2010(9).
[14] 吕厚超,黄希庭.时间洞察力的心理结构、特征及研究焦点[J].心理科学,2004,27(5).
[15] 刘学兰,曾彦莹,何锦颖.中学生心理健康教育[M].广州:暨南大学出版社,2012.
[16] 刘聪慧,王永梅,俞国良,王拥军.共情的相关理论评述及动态模型探新[J].心理科学进展,2009(5).
[17] 刘志军.初中生乐观主义与其学业成绩的关系及中介效应分析[J].心理发展与教育,2007(3).
[18] 刘志军.乐观主义——一种重要的积极人格[M].长沙:湖南人民出版社,2009.
[19] 牛更枫,等.青少年乐观对抑郁的影响:心理韧性的中介作用[J].中国临床心理学杂志,2015,4(23).
[20] 庞惠启.青少年良好性格的培养[J].衡水师专学报,2011,3(4).
[21] 彭聃龄.普通心理学[M].北京:北京师范大学出版社,2011.
[22] 乔倩倩,贾志科."抗逆力"研究现状述评与展望[J].社会工作,2014(5).

[23] 任俊.积极人格:人格心理学研究的新取向[J].吉林省教育学院学报(人文社会科学版),2004,44(4).
[24] 任顺元.关于导学设计的几个基本问题[J].杭州师范学院学报,2001(4).
[25] 孙涛.试论青年健康人格的培养[J].山西青年管理干部学院学报,2014,17(2).
[26] 田国秀.抗逆力研究——运用于学校与青少年社会工作[M].北京:社会科学文献出版社,2013.
[27] 唐红波,陈筱洁,周海林.小学生积极心理培养[M].广州:暨南大学出版社,2012.
[28] 王枫.中学生抗逆力的测量与团体干预研究[D].上海:上海师范大学,2013.
[29] 王建平.中学心理健康教育案例指导解读[M].北京:中国林业出版社.
[30] 王极盛.初中生主观幸福感与人格特征的关系研究[J].青少年研究,2004(2).
[31] 王赛东.初中生共情能力的培养[D].浙江师范大学,2012.
[32] 王鸿生.科学研究中的想象力、洞察力和理解力[J].科学技术哲学研究,2012(1).
[33] 熊宜勤.建构主义思想对心理学课程教学改革的启示[J].高教论坛,2006(5).
[34] 许思安,攸佳宁,陈栩茜.学校心理学[M].武汉:华中科技大学出版社,2015.
[35] 许思安.中学政治学科教学心理[M].广州:广东高等教育出版社,2014.
[36] 夏冬丽.乐观初中生的自我认知特征[M].开封:河南大学,2011.
[37] 项漪.初中生乐观心理的影响因素及其干预研究[D].江西师范大学,2011.
[38] 谢钰涵.人格特征与疾病关系研究[J].高校保健医学研究与实践,2006,3(3).
[39] 谢海涛.新形势下新闻记者敏锐洞察力的塑造探讨[J].西部广播电视,2015(12).
[40] 殷炳江.小学生心理健康教育[M].北京:人民教育出版社,2003.
[41] 杨延昌.基于人本主义心理学的有效教学策略研究——以高中教学情境为例[D].四川师范大学,2010.
[42] 杨思敏.基于体验式学习理论的教学游戏设计研究[D].陕西师范大学,2012.
[43] 叶斌.抗逆力:青少年抗逆力培育手册[M].广州:华东师范大学出版社,2011.
[44] 严标兵,郑雪,邱林.自我决定理论对积极心理学研究的贡献[J].自然辩证法通讯,2003(3).
[45] 姚如.人格特征与心身疾病[J].临床心身疾病杂志,2006,12(2).
[46] 阳志平,等.积极心理学团体活动课操作指南[M].北京:机械工业出版社,2010.
[47] 余祖伟,关冬梅,邬俊芳,等.中学生乐观与生命意义的关系——自我概念的中介作用[J].广西师范大学学报,2014,50(1).
[48] 朱智贤.儿童心理学[M].北京:人民教育出版社,2003.
[49] 中国心理卫生协会,中国就业培训技术指导中心.国家职业资格培训教程·心理咨询师(基础知识)[M].北京:民族出版社,2012.
[50] 赵红英.人格理论研究综述[J].天水师专学报(自然科学版),1998,18(3).
[51] 张明浩.气质的遗传因素:基因多态性研究[J].心理发展与教育,2010(2).
[52] 张婷婷.初中生人格研究综述[J].吉林省教育学院学报,2014,30(1).
[53] 张勇,李恒芬,张亚林,等.认知倾向问卷在儿童和少年情绪障碍患者中的信效度检验[J].中国临床心理学杂志,2006,14(5).

[54] 钟宇慧.香港抗逆力辅导工作及其启示——以"成长的天空"计划为例[J].广东青年职业学院学报,2009,23(3).

[55] 张学明,申继亮,林崇德.小学教师选择注意与洞察力对课堂信息知觉的影响[J].心理发展与教育,2002(3).

# 后记

  窗外,淅淅沥沥的春雨声成为今天的忠实伴奏;窗内,噼噼啪啪的敲击声见证着书稿的完成。此书从酝酿到组稿,从雏形到定型,走过了一年多的时光。此时此刻的我,既平静又激动。脑海里飘过一幕幕画面:那些站在讲台上的日子,那些曾苦思冥想力求突破的日子,那些孤军奋战的日子,那些逐渐被认可开始组建团队的日子,那些孜孜以求"模仿学习"的日子,那些用心体验尽力尝试的日子,那些回溯提炼逐渐定型的日子……

  如果要用一句话来概括这些经历的话,我只想到了这样一句话:"不忘初心。"如果要用几个词来概括这些经历的话,我还是会提这三个词:"用心、尽力、收获。"其中内涵,只可意会,不可言传……

  此书得以出版,需要感谢那些一直支持我的家人、老师、老领导、老同事、师兄弟姐妹、老朋友以及为本书贡献了素材的学生们。在本书的写作中,作者参考了国内外大量有关的文献资料,在此对各位原作者表示衷心的感谢。同时,感谢华中科技大学出版社的编辑们、朋友们,他们为本书的出版付出了辛勤的劳动。

许思安
2016 年春于广州

## 与本书配套的二维码资源使用说明

  本书部分课程及与纸质教材配套数字资源以二维码链接的形式呈现。利用手机微信扫码成功后提示微信登录，授权后进入注册页面，填写注册信息。按照提示输入手机号码，点击获取手机验证码，稍等片刻收到4位数的验证码短信，在提示位置输入验证码成功，再设置密码，选择相应专业，点击"立即注册"，注册成功。（若手机已经注册，则在"注册"页面底部选择"已有账号？立即注册"，进入"账号绑定"页面，直接输入手机号和密码登录。）接着提示输入学习码，需刮开教材封面防伪涂层，输入13位学习码（正版图书拥有的一次性使用学习码），输入正确后提示绑定成功，即可查看二维码数字资源。手机第一次登录查看资源成功以后，再次使用二维码资源时，只需在微信端扫码即可登录进入查看。